ENSINO FUNDAMENTAL

MATEMÁTICA

Marcos Miani

6º ano

1ª EDIÇÃO
SÃO PAULO
2012

Coleção Eu Gosto M@is
Matemática – 6º ano
© IBEP, 2012

Diretor superintendente	Jorge Yunes
Gerente editorial	Célia de Assis
Editora	Mizue Jyo
Assistentes editoriais	Marcella Mônaco
	Simone Silva
Revisão	André Tadashi Odashima
	Berenice Baeder
	Luiz Gustavo Bazana
	Maria Inez de Souza
Assessoria pedagógica	Ana Rebeca Miranda Castillo
Coordenadora de arte	Karina Monteiro
Assistentes de arte	Marilia Vilela
	Tomás Troppmair
Coordenadora de iconografia	Maria do Céu Pires Passuello
Assistentes de iconografia	Adriana Correia
	Wilson de Castilho
Ilustrações	Jorge Valente
	Jotah
	Osvaldo Sequetim
Produção editorial	Paula Calviello
Produção gráfica	José Antonio Ferraz
Assistente de produção gráfica	Eliane M. M. Ferreira
Capa	Equipe IBEP
Projeto gráfico	Equipe IBEP
Editoração eletrônica	N-Publicações

CIP-BRASIL. CATALOGAÇÃO-NA-FONTE
SINDICATO NACIONAL DOS EDITORES DE LIVROS, RJ

M566m

Miani, Marcos
   Matemática : 6º ano / Marcos Miani. - 1.ed. - São Paulo : IBEP, 2012.
   il. ; 28 cm   (Eu gosto mais)

   ISBN 978-85-342-3412-2 (aluno) - 978-85-342-3416-0 (mestre)

   1. Matemática (Ensino fundamental) - Estudo e ensino. I. Título. II. Série.

12-5709.   CDD: 372.72
                                                   CDU: 373.3.016:510

13.08.12   17.08.12   038066

1ª edição – São Paulo – 2012
Todos os direitos reservados

Av. Alexandre Mackenzie, 619 - Jaguaré
São Paulo - SP - 05322-000 - Brasil - Tel.: (11) 2799-7799
www.editoraibep.com.br   editoras@ibep-nacional.com.br

Impressão Serzegraf - Setembro 2016

Apresentação

Prezado(a) aluno(a)

A Matemática está presente em diversas situações do nosso dia a dia: na escola, em casa, nas artes, no comércio, nas brincadeiras etc.

Esta coleção foi escrita para atender às necessidades de compreensão deste mundo que, juntos, compartilhamos. E, principalmente, para garantir a formação criteriosa de estudantes brasileiros ativos e coparticipantes em nossa sociedade.

Para facilitar nossa comunicação e o entendimento das ideias e dos conceitos matemáticos, empregamos uma linguagem simples, sem fugir do rigor necessário a todas as ciências.

Vocês, jovens dinâmicos e propensos a conhecer os fatos históricos, com suas curiosidades sempre enriquecedoras, certamente gostarão da seção *Você sabia?*, que se destina a textos sobre a história da Matemática; gostarão, também, da seção *Experimentos, jogos e desafios*, com atividades que exigem uma solução mais criativa.

Com empenho, dedicação e momentos também prazerosos, desejamos muito sucesso neste nosso curso.

O autor

Sumário

Capítulo 1 – Os números à nossa volta 7
Os números e o dia a dia 7
As primeiras contagens 8
   Agrupando para contar 8
A ideia de número 9
   O número e suas diferentes representações 10
Os números naturais 10
   Sequências numéricas 11
   O conjunto dos números naturais 11
   Antecessor e sucessor de um número natural 12
   Números consecutivos 13
   Comparação de números naturais 13
   Representação de um número natural
   na reta numérica 14

**Capítulo 2 – Sistema de numeração
indo-arábico** 16
Um pouco da história do sistema de
numeração indo-arábico 16
   Regras do sistema de numeração indo-arábico 17
   Lendo e escrevendo no sistema
   de numeração indo-arábico 19
Arredondamento de números naturais 22
   Arredondamento para a centena mais próxima ... 22
   Arredondamento para o milhar mais próximo 22

**Capítulo 3 – Antigos sistemas
de numeração** 24
Sistema de numeração egípcio 24
   Regras do sistema de numeração egípcio 25
Sistema de numeração romano 26
   Regras do sistema de numeração romano 27

Capítulo 4 – Estudos iniciais de Geometria 30
Ponto, reta e plano 30
   Ponto 30
   Reta 30
   Plano 30
Primeiras figuras geométricas 31
   Semirreta 31
   Segmento de reta 32
   Segmentos consecutivos e
   segmentos colineares 32
   Medida de um segmento e
   segmentos congruentes 34
Ângulos 36
   Medida de um ângulo 36
   O grau 36
   Como medir um ângulo 37
   Classificação de um ângulo 38
Posições relativas de duas retas coplanares ... 39
   Traçado de paralelas 41
   Traçado de retas perpendiculares
   com régua e esquadro 42

Capítulo 5 – Estatística 44
Organizando dados em tabelas 44
   Tabela simples 44
   Tabela de dupla entrada 45
Gráficos de colunas e de barras 47
   Gráfico de colunas 47
   Gráfico de barras 48
   Construindo gráfico de colunas e barras 48

**Capítulo 6 – Operações com
números naturais** 51
Adição 51
   Ideia de juntar quantidades 51
   Ideia de acrescentar uma quantidade a outra 51
   Algumas propriedades da adição 53
   Propriedade comutativa 53
   Propriedade da existência do elemento neutro 53
   Propriedade associativa 53
   Adicionando mentalmente 54
Subtração 56
   Tirar uma quantidade de outra 56
   Comparar quantidades 56
   Completar quantidades 56
   Subtraindo mentalmente 58
Multiplicação 59
   Adicionar parcelas iguais 59
   Número de combinações 59
   Organização retangular 60
   Proporcionalidade 60
   Algumas propriedades da multiplicação 63
   Propriedade comutativa 63
   Propriedade distributiva 63

Propriedade associativa 64
Propriedade do elemento neutro 64
Multiplicando mentalmente 65
Divisão 66
Repartir uma quantidade em partes iguais 66
Ideia de saber quantas vezes uma
quantidade cabe em outra 66
Algumas relações da divisão 68
Relação fundamental da divisão....................... 68
Relação entre divisor e resto 68
Dividindo mentalmente 70
Operações inversas 70
Adição e subtração: operações inversas 70
Multiplicação e divisão: operações inversas 71
**Estimativas, arredondamentos e
cálculos aproximados** 72
Expressões numéricas 74
Expressões numéricas com parênteses,
colchetes e chaves 75
Resolvendo mais problemas 76
Potenciação 78
O quadrado e o cubo de um número 80
Potências de expoente 2 80
Potências de expoente 3 80
Como é a potência quando a base é 10? 80
Raiz quadrada de um número natural 82
Expressões numéricas com potências
e raiz quadrada 83

**Capítulo 7 – Ampliando o estudo
da Geometria** 85
Figuras geométricas planas e espaciais........... 85
Figuras geométricas espaciais 87
Bloco retangular 87
Número de vértices, arestas e faces de
um bloco retangular 88
Cubo... 89
Prismas e pirâmides.. 91
Corpos redondos 93
Polígonos 95
Linha poligonal 95
Polígono 95
Elementos de um polígono 96
Classificação dos polígonos quanto aos lados 98
Polígonos regulares 99
Triângulos 100
Quadriláteros 101

**Capítulo 8 – Divisibilidade, múltiplos, divisores
e sequências numéricas** 103
Noção de divisibilidade 103
Critérios de divisibilidade 104
Divisibilidade por 2 105
Divisibilidade por 3 e por 9 105
Divisibilidade por 6 106
Divisibilidade por 4 e por 8 107
Divisibilidade por 5 e por 10 108
Sequências numéricas 109
Os múltiplos de um número 110
O mínimo múltiplo comum (mmc) 111
Determinando o mmc de dois números naturais 111
**O conjunto dos divisores de
um número natural**.. 113
O máximo divisor comum (mdc) 115
Números primos e números compostos 115
Reconhecendo um número primo 116
Números primos entre si 118
Decomposição em fatores primos 118
Dispositivo prático 119
O cálculo do mmc pela fatoração 119

Capítulo 9 – Frações............................. 121
Ideias de fração 121
Fração como parte-todo 121
Fração como operador 123
Fração como razão 125
Fração como quociente de dois números 127
Tipos de fração 129
Frações próprias 129
Frações impróprias 129
Frações aparentes 129
Frações equivalentes 130
Encontrando frações equivalentes 131
Simplificando frações 133
Comparação de frações 134
Frações com o mesmo denominador 134
Frações com denominadores diferentes 135
Comparação de frações com numeradores iguais 136
Adição e subtração com frações 137
Frações com denominadores iguais 137
Frações com denominadores diferentes 138
Número misto 140
Multiplicação com frações 142
Multiplicação de um número natural por um
número fracionário 142
Multiplicação de um número fracionário por
um número natural 142
Multiplicação de números fracionários 142
Números inversos 143
Divisão com frações 145
**Aplicando as operações estudadas na
resolução de problemas** 147
As frações e a porcentagem 151
Calculando porcentagens 153
Outro modo de calcular porcentagem 155

Capítulo 10 – Números decimais 157
Décimos, centésimos e milésimos 157
Décimos 157
Centésimos 158
Milésimos 159

Número decimal na forma fracionária 162
   Quando o número decimal é menor que a unidade 162
   Quando o número decimal é maior que a unidade 162

Números decimais na reta numérica 163
Comparação de números decimais 164
   Uma propriedade importante dos números decimais 165
   Comparando outros números decimais 165

Adição e subtração de números decimais 168
Multiplicação de números decimais 169
   Multiplicação de um número natural por um número decimal 169
   Multiplicação de um número decimal por um número decimal 170
   Estimativa do produto 170

Divisão com números decimais 172
   Divisão de um número natural por um número natural (diferente de zero) 172
   Divisão de um número natural por um número decimal 173
   Divisão de um número decimal por um número natural 174
   Divisão de um número decimal por um número decimal 174

Números decimais e porcentagem 176

Capítulo 11 – Medidas de comprimento ... 179
Como medir comprimentos? 179
O metro 181
   Múltiplos e submúltiplos do metro 182
   Decímetro 182
   Centímetro 183
   Milímetro 183

Transformação de unidades de medida de comprimento 184
Perímetro de um polígono 185

Capítulo 12 – Ampliando o estudo da Estatística 188
Gráfico de setores 188
Gráfico de segmentos 190
Média aritmética simples 191

Capítulo 13 – Medidas de superfície 193
Área de uma superfície plana 193
O metro quadrado 195
   Múltiplos e submúltiplos do metro quadrado 195
   Transformação de unidades de medida de superfície 196

Área de algumas figuras planas 198
   Área do retângulo 198
   Área do quadrado 198

Capítulo 14 – Medidas de volume, de capacidade e de massa 201
Volume de um sólido 201
   Metro cúbico, múltiplos e submúltiplos 202
   Transformação de unidades de medida de volume 203
   Cálculo do volume do bloco retangular 203

Medidas de capacidade 205
   Litro, múltiplos e submúltiplos 206
   O decímetro cúbico e o litro 206
   Transformação de unidades de medida de capacidade 206

Medidas da massa de um corpo 208
   Grama, múltiplos e submúltiplos 209
   Transformação de unidades de medida de massa 209

Capítulo 1: Os números à nossa volta

▶ Os números e o dia a dia

Os **números** estão presentes em várias situações da nossa vida. No horário de acordar, nas compras, quando "pesamos" um alimento ou quando medimos nossa altura, na contagem dos pontos de um jogo de *video game*, entre outras coisas.

Os números podem ser usados nas contagens, nas medidas, nas ordenações e como código.

Os números de RG, das casas, das placas dos automóveis são exemplos de números usados como códigos.

ATIVIDADES

1) Descreva quatro situações do dia a dia nas quais os números estão presentes.

_____

2) Para cada situação, escreva em seu caderno se o número está sendo usado para contar, medir, ordenar ou como código:

a) Moro na casa de número 125. _____

b) Tenho 3 irmãos. _____

c) Na última competição em que participei, fiquei em 1º lugar. _____

d) Meu irmão tem um metro e meio de altura.

_____

3) O número escrito neste envelope, dentro dos retângulos, está sendo usado como código. Para que ele serve?

7

As primeiras contagens

Povos muito antigos não utilizavam números. Como será que faziam para registrar suas **contagens**?

VOCÊ SABIA?

Contando como os pastores

Conta-se que, no início do dia, os pastores separavam uma pedrinha para cada ovelha que soltavam no pasto, formando um monte delas.

Quando as ovelhas eram recolhidas, os pastores usavam o mesmo processo: separavam as mesmas pedrinhas, uma a uma, para cada ovelha que entrava no curral, formando outro monte.

Para contar, os pastores comparavam a quantidade de ovelhas que possuíam com a quantidade de pedras que deslocavam de um monte para outro.

Ovelhas saindo do curral.

Ovelhas entrando no curral.

Se o número de pedrinhas fosse o mesmo que o de ovelhas, então o pastor sabia que não estavam faltando nem sobrando ovelhas no seu rebanho.

Se sobrassem pedras, alguma ovelha havia se desgarrado do rebanho.

Se faltassem pedras, alguma ovelha havia se juntado ao rebanho.

Agrupando para contar

Há registros também de que os homens, para contar, utilizavam marcas em pedaços de paus ou em ossos, e nós em cordas. Com o passar do tempo, perceberam que a contagem ficaria mais fácil se agrupassem os objetos a ser contados em pequenos grupos com quantidades iguais.

O ser humano criou diferentes maneiras de registrar esses agrupamentos. Veja estes exemplos:

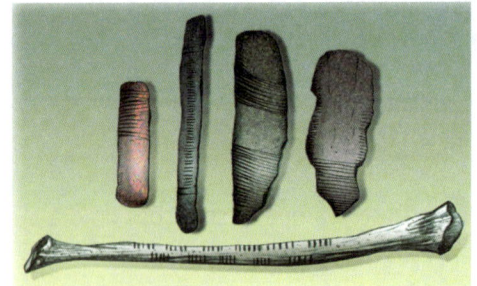
Registros de contagem.

- Agrupamentos de 3 objetos.
  Total de objetos: 10.

- Agrupamentos de 5 objetos.
  Total de objetos: 22.

ATIVIDADES

4 Agrupe os lápis que você tem em pequenos grupos com quantidades iguais e invente uma maneira de registrar essa quantidade.

_____

5 Podemos representar pontos obtidos num jogo agrupando-os de três em três:

| um → | | dois → | | | três → ⊔|

| quatro → ⊔|| | cinco → ⊔|⊔|||

| seis → ⊔|⊔| |

Usando esse tipo de representação, escreva os pontos indicados a seguir:

a) 7 pontos _____

b) 14 pontos _____

c) 9 pontos _____

d) 25 pontos _____

6 Invente uma maneira diferente de registrar um agrupamento. Represente a quantidade 11 usando esse tipo de agrupamento.

▶ A ideia de número

Se dermos quatro brinquedos a uma criança de três anos e depois de algum tempo retirarmos dois deles, ela certamente sentirá falta desses brinquedos.

Ela ainda não sabe contar, mas consegue perceber a diferença entre quantidades pequenas. A essa percepção dá-se o nome de **senso numérico**.

ATIVIDADES

7 Observe estes montinhos de pedra:

Utilizando apenas o senso numérico, responda: Em qual desses montinhos você consegue identificar a quantidade de pedras? No da esquerda ou no da direita? _____

8 Quantos alunos há em sua classe neste momento? Para responder a essa questão, você usará o senso numérico ou a contagem? _____

9 Quantos palitos há em cada um desses agrupamentos? Não use a contagem. Use somente o senso numérico.

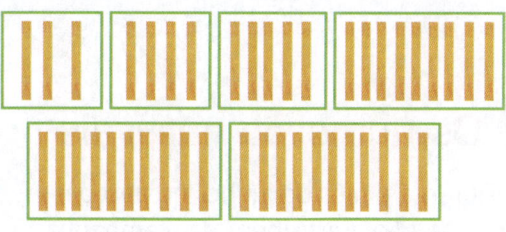

Até que quantidade de palitos você conseguiu identificar, sem contar?

_____

O número e suas diferentes representações

Com o passar do tempo, as quantidades foram representadas por palavras e símbolos. Cada povo criou sua própria maneira de representar quantidades.

- Quantos objetos há em cada agrupamento?

Os objetos contados são diferentes (alfinetes e pincéis). Porém, a ideia de quantidade de objetos em cada agrupamento é a mesma. Isso é que se entende por **número**.

Na Antiguidade, os egípcios representavam a quantidade de objetos de cada um desses agrupamentos assim: III. Os maias representavam essa mesma quantidade assim •••.

Atualmente, para representar quantidades, usamos os símbolos 0, 1, 2, 3, 4, 5, 6, 7, 8 e 9. Eles são chamados **algarismos**, em homenagem ao matemático árabe Mohammed ibn Musa Al-Khowarizmi.

ATIVIDADES

10 Observe os agrupamentos nas fotos:

a) Os dois agrupamentos têm a mesma quantidade de objetos? _____

b) Que palavra e símbolo usamos atualmente para representar a quantidade dos objetos que vemos em cada um desses agrupamentos?
_____

c) Pesquise que palavra um francês e um inglês usam para representar essa quantidade.
_____

11 Explique por que os símbolos 0, 1, 2, 3, 4, 5, 6, 7, 8 e 9 são chamados algarismos.
_____
_____

▶ Os números naturais

Durante o mês de junho, no ano passado, Cláudio participou da campanha do agasalho realizada pela sua escola. No primeiro dia de aula, após as férias, contou os agasalhos que havia arrecadado. O número usado por Cláudio para registrar essa contagem é um **número natural**.

Sequências numéricas

Iniciando pelo zero e acrescentando uma unidade ao número anterior, encontramos a sequência dos números naturais:

0, 1, 2, 3, 4, 5, 6, 7, 8, 9, 10, 11, 12, ...

Além da sequência dos números naturais, existem outras. Duas sequências muito importantes são:

- A sequência dos números pares: 0, 2, 4, 6, 8, 10, 12, ...
- A sequência dos números ímpares: 1, 3, 5, 7, 9, 11, ...

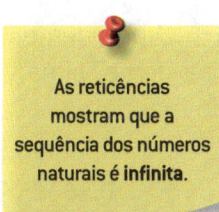

As reticências mostram que a sequência dos números naturais é **infinita**.

Todos os números terminados em 0, 2, 4, 6 ou 8 são **números pares**.

E todos os números terminados em 1, 3, 5, 7 ou 9 são **números ímpares**.

O conjunto dos números naturais

Os números 0, 1, 2, 3, 4... formam o conjunto dos números naturais. Indica-se esse conjunto com o símbolo ℕ.

Pode-se representar o conjunto dos números naturais assim:

ℕ = {0, 1, 2, 3, 4, ...}

Os números ímpares também podem ser representados por meio de um conjunto.

I = {1, 3, 5, 7, 9...}

Os números pares são representados assim:

P = {0, 2, 4, 6...}

Também podemos representar o conjunto dos números pares compreendidos entre 2 e 12 assim:

A = {4, 6, 8, 10} ou A = {6, 8, 4, 10}

Antecessor e sucessor de um número natural

Em algumas situações do dia a dia usamos os termos **antecessor** e **sucessor**. Veja duas delas:

> SITUAÇÃO 1

O presidente Fernando Henrique Cardoso foi o antecessor do presidente Luiz Inácio Lula da Silva. A presidente Dilma Vana Rousseff foi a sucessora do presidente Luiz Inácio Lula da Silva após seu segundo mandato.

Fernando Henrique Cardoso.

Luiz Inácio Lula da Silva.

Dilma Rouseff.

> SITUAÇÃO 2

Num calendário podemos dizer, por exemplo, que o mês de março sucede o mês de fevereiro e que o mês de setembro antecede o mês de outubro.

Podemos dizer que os dias se sucedem. Por exemplo, o primeiro dia antecede o segundo, e o quinto dia sucede o quarto.

Ao observarmos a sequência dos números naturais, verificamos que:

- Todo número natural tem sucessor.
  - O sucessor de 0 é 1.
  - O sucessor de 23 é 24.
  - O sucessor de 999 é 1000.
- Todo número natural, exceto 0, tem antecessor.
  - O antecessor de 4 é 3.
  - O antecessor de 100 é 99.
- Exemplos:
  - O sucessor de 0 é 1 porque 0 + 1 = 1.
  - O sucessor de 23 é 24 porque 23 + 1 = 24.
  - O antecessor de 4 é 3 porque 4 − 1 = 3.
  - O antecessor de 100 é 99 porque 100 − 1 = 99.

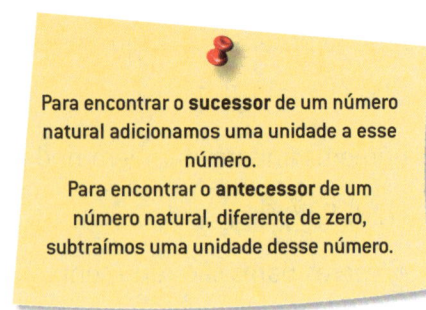

Para encontrar o **sucessor** de um número natural adicionamos uma unidade a esse número.
Para encontrar o **antecessor** de um número natural, diferente de zero, subtraímos uma unidade desse número.

Números consecutivos

Um número natural e seu sucessor são números consecutivos. Exemplos:

- 1 e 2 são números consecutivos.
- 24 e 25 são números consecutivos.

Dois ou mais números naturais formam uma sequência de números consecutivos se o 2º é sucessor do 1º, o 3º é sucessor do 2º, e assim por diante. Exemplos:

- 1, 2 e 3 são números consecutivos.
- 15, 16, 17 e 18 são números consecutivos.

Comparação de números naturais

Observe as fotos:

O número de laranjas é 2 e o de cerejas também é 2. Em linguagem simbólica escrevemos 2 = 2. Observe agora as fotos abaixo.

Neste caso temos 3 morangos e 2 abacaxis e podemos descrever essa situação de três maneiras distintas:

3 é diferente de 2 → 3 ≠ 2
3 é maior que 2 → 3 > 2
2 é menor que 3 → 2 < 3

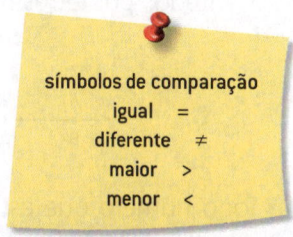

ATIVIDADES

12 Qual é o dia da semana que antecede a segunda-feira? _____

13 Qual é o mês que sucede maio? _____

14 Se na sua classe existir uma lista de chamada, escreva o nome do colega que antecede você e, também, daquele que sucede você.

15 Escreva o antecessor e o sucessor destes números:
   a) ___ 9 ___   c) ___ 38 ___
   b) ___ 289 ___   d) ___ 999 ___

16 Qual é o número natural que tem como sucessor o número 20 000? _____

17 Escreva:
   a) três números consecutivos, sendo 199 o segundo deles _____
   b) quatro números consecutivos, sendo 1 199 o menor deles _____
   c) cinco números consecutivos, sendo 1 010 o maior deles _____

18 Represente o conjunto dos números naturais:
   a) menores que seis _____
   b) menores ou iguais a seis _____
   c) maiores que sete _____
   d) maiores ou iguais a sete _____
   e) maiores que quatro e menores que nove _____
   f) maiores ou iguais a quatro e menores ou iguais a nove _____
   g) pares compreendidos entre 10 e 20 _____
   h) ímpares maiores do que 3 _____

Representação de um número natural na reta numérica

Observe novamente a sequência dos números naturais:

0, 1, 2, 3, 4, 5, 6, 7, 8, 9, 10, ...

Podemos verificar que:
- Os números estão colocados em ordem crescente, ou seja: do menor para o maior.
- Todo número natural tem um sucessor; então, a sequência é infinita.

Pensando nisso, podemos construir outro modelo para representar os números naturais: a reta numérica. Nela, cada número corresponde a um ponto; os pontos são separados por distâncias iguais e representados por letras maiúsculas:

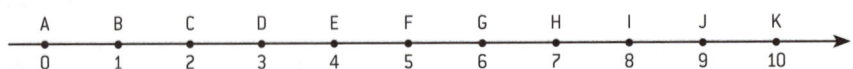

Todo número que estiver à esquerda de outro, na reta, será menor que este. E todo número que estiver à direita de outro será maior que este.

Exemplos:

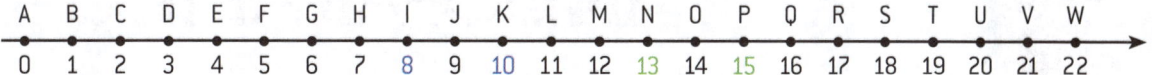

- 13 < 15 (13 está à esquerda do 15).
- 10 > 8 (10 está à direita do 8).

ATIVIDADES

19 Observe a reta numérica. Escreva os números correspondentes aos pontos C, E, F, H, I.

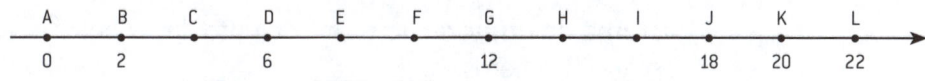

20 Observe a reta e indique se cada item abaixo é verdadeiro (V) ou falso (F).

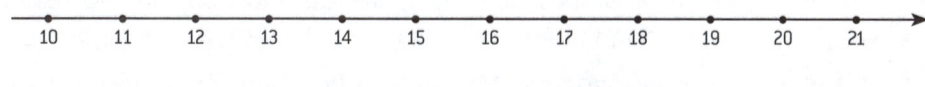

(   ) 20 < 19   (   ) 16 < 15   (   ) 19 < 10   (   ) 14 < 18

21 Desenhe uma reta. Nela, marque o ponto A correspondente ao número 0. A seguir, marque um ponto a cada centímetro e localize os números 5, 7, 9 e 11.

VOCÊ SABIA?

O ábaco-contador

Há algum tempo, certos indígenas da Ilha de Madagáscar, próxima da África, para contar seus soldados, faziam com que ficassem em fila e andassem por uma passagem muito estreita. Para cada soldado que saía, colocavam uma pedra num sulco feito no solo. Ao passar o décimo soldado, substituíam as dez pedras desse sulco por uma pedra numa segunda fileira ao lado da primeira. A seguir, recolocavam-se as pedras no primeiro sulco até passar o 20º soldado, quando então colocavam uma segunda pedra no segundo sulco. Procediam dessa forma até o último guerreiro. A quantidade de pedras nos sulcos representava o número de soldados contados.

Em uma cultura indígena de Madagáscar, essa era a maneira de representar a quantidade 443.

Capítulo 2
SISTEMA DE NUMERAÇÃO INDO-ARÁBICO

▶ **Um pouco da história do sistema de numeração indo-arábico**

O que é um sistema de numeração?

Sistema de numeração é um conjunto de símbolos e regras utilizado para escrever números.

No Brasil utiliza-se o sistema de numeração *indo-arábico*. *Indo* porque seus inventores habitavam o vale do Rio Indo e *arábico* porque foram os árabes que, por volta do ano 800, não só resolveram adotá-lo, como também o divulgaram pela Europa e pelo norte da África.

Este mapa mostra a região do vale do Rio Indo, situada atualmente no Paquistão.

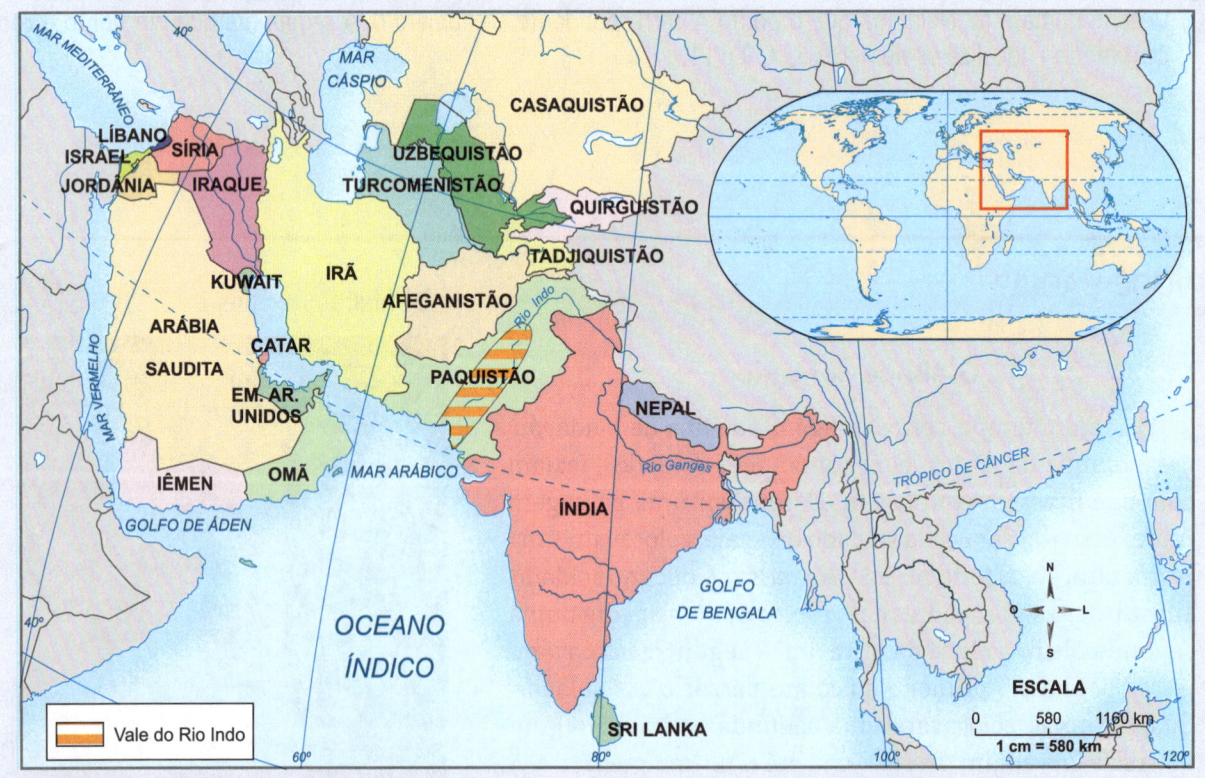

Fonte: Baseado no *Atlas geográfico escolar*. Rio de Janeiro: IBGE, 2004.

O sistema de numeração indo-arábico é um **sistema decimal**. No sistema decimal, os agrupamentos são feitos de 10 em 10.

16

Os símbolos criados pelos hindus sofreram várias modificações ao longo do tempo. Atualmente eles têm a forma dos algarismos que conhecemos:

0, 1, 2, 3, 4, 5, 6, 7, 8 e 9

Com os símbolos 0, 1, 2, 3, 4, 5, 6, 7, 8 e 9, criados pelos hindus, e algumas regras, podemos escrever qualquer número.

Regras do sistema de numeração indo-arábico

a) Os agrupamentos são feitos de 10 em 10:
- agrupamos 10 unidades para formar uma dezena;
- agrupamos 10 dezenas para formar uma centena;
- agrupamos 10 centenas para formar uma unidade de milhar;
- e assim por diante.

b) O sistema de numeração indo-arábico é multiplicativo, pois um algarismo escrito à esquerda de outro vale 10 vezes mais do que esse algarismo.

Para entender um pouco mais essas duas regras, vamos utilizar um ábaco de hastes verticais. Nele, podemos representar as unidades, colocando até 9 contas na 1ª haste (a da direita).

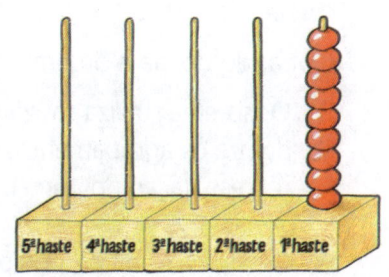

Ao colocarmos a 10ª conta na 1ª haste, deve-se trocar as 10 contas por uma única, que é colocada na 2ª haste. Assim, cada conta da 2ª haste vale 10 contas que estavam na 1ª haste.

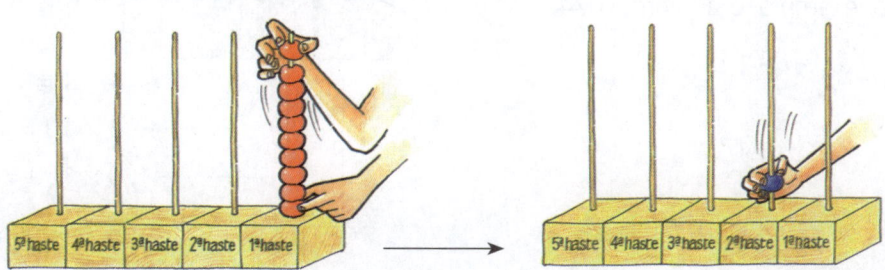

17

Ao colocarmos 10 contas na 2ª haste, deve-se trocá-las por uma única conta, que é colocada na 3ª haste. Assim, cada conta na 3ª haste vale 10 contas que estavam na 2ª haste.

c) O sistema é posicional, pois um mesmo algarismo, dependendo da posição (ordem) que ocupa no número, representa valores diferentes. Observe os ábacos a seguir para entender essa regra.

Nos ábacos, cada haste representa uma ordem.

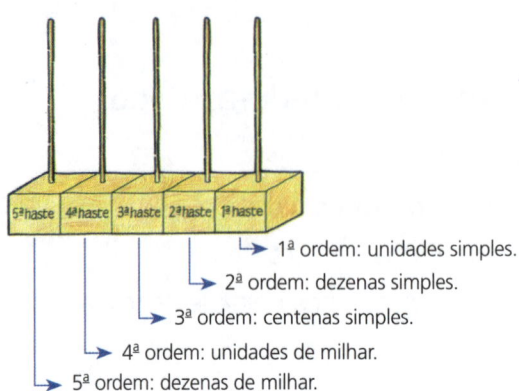

1ª ordem: unidades simples.
2ª ordem: dezenas simples.
3ª ordem: centenas simples.
4ª ordem: unidades de milhar.
5ª ordem: dezenas de milhar.

No ábaco abaixo, representamos o número 23 125.

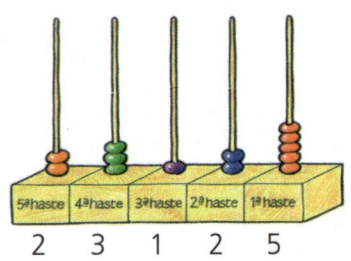

2 3 1 2 5

$$2 \times 10 = 20$$
$$2 \times 10\,000 = 20\,000$$

Nele, veja o que acontece com o algarismo.

■ quando ocupa a posição ou ordem das dezenas de milhar, vale 2 × 10 000 = 20 000.

■ quando ocupa a ordem das dezenas, vale 2 × 10 = 20.

d) O sistema utiliza o zero para indicar uma "posição vazia" dentre os agrupamentos de dez do número considerado. Veja a representação do número 203 no ábaco.

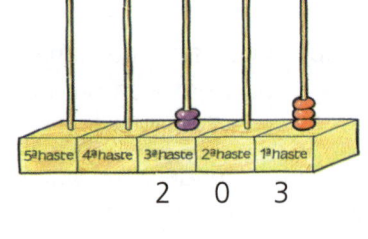

2 0 3

e) O sistema é aditivo, pois o valor do número é encontrado adicionando-se os valores posicionais de todos os seus algarismos. Veja, por exemplo, o número 3 024.

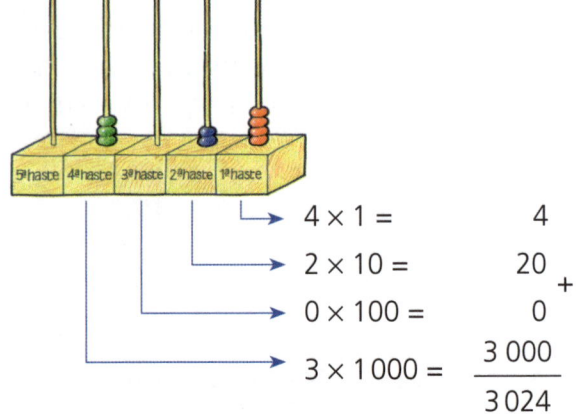

4 × 1 =   4
2 × 10 =   20
0 × 100 =   0   +
3 × 1 000 = 3 000
              ─────
              3 024

18

ATIVIDADES

1 Qual é o sistema de numeração utilizado no Brasil?

_____

_____

2 Utilizando algarismos indo-arábicos, escreva os números que estão representados nos ábacos:

a) _____

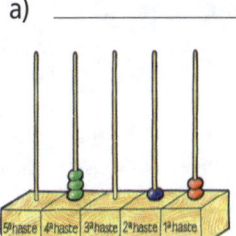

b) _____

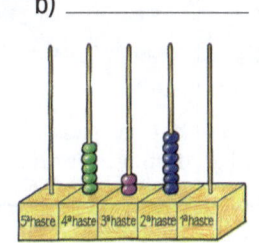

3 Determine o valor posicional dos algarismos no número 50 251:

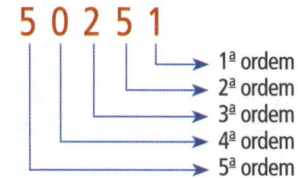

a) 1 _____

b) 2 _____

c) 5 da segunda ordem _____

d) 5 da quinta ordem _____

VOCÊ SABIA?   O zero

Os hindus utilizavam várias palavras para simbolizar o zero, entre elas a palavra *shûnya*. Os árabes traduziram a palavra *shûnya* pela palavra *sifr*. Mais tarde, na Europa, o matemático italiano Leonardo de Pisa usou o termo *zephirum* para simbolizar o zero. Essa palavra sofreu modificações, tendo como resultado a palavra *zéfiro*, que, por contração, transformou-se na palavra *zero*.

Zephirum...

Lendo e escrevendo no sistema de numeração indo-arábico

A Bahia é o estado mais populoso do Nordeste. Tem uma área aproximada de 564 831 km². De acordo com o censo de 2010, a Bahia tem uma população de 14 016 906 habitantes. No passado, tinha um perfil predominantemente agrícola. Atualmente, apresenta grande desenvolvimento industrial, destacando-se uma importante indústria petrolífera. O turismo é outro segmento que está crescendo.

Fonte: Baseado no *Atlas geográfico escolar*. Rio de Janeiro: IBGE, 2004.

- Como são lidos os números desse texto?

Para facilitar a leitura de um número, pode-se separar os algarismos desse número em ordens e classes. Cada algarismo de um número representa uma *ordem*. Cada três ordens, da direita para a esquerda, são agrupadas formando uma *classe*.

O quadro abaixo mostra as quatro primeiras classes e suas ordens:

4ª CLASSE (BILHÕES)			3ª CLASSE (MILHÕES)			2ª CLASSE (MILHARES)			1ª CLASSE (UNIDADES SIMPLES)		
12ª ordem	11ª ordem	10ª ordem	9ª ordem	8ª ordem	7ª ordem	6ª ordem	5ª ordem	4ª ordem	3ª ordem	2ª ordem	1ª ordem
centenas de bilhão	dezenas de bilhão	unidades de bilhão	centenas de milhão	dezenas de milhão	unidades de milhão	centenas de milhar	dezenas de milhar	unidades de milhar	centenas simples	dezenas simples	unidades simples

Veja como podemos decompor o número 14 016 906 que está no texto anterior utilizando o quadro de classes e ordens.

BILHÕES			MILHÕES			MILHARES			UNIDADES SIMPLES		
C	D	U	C	D	U	C	D	U	C	D	U
				1	4	0	1	6	9	0	6

Catorze milhões
Dezesseis mil
Novecentos e seis

Decomposição: 10 000 000 + 4 000 000 + 10 000 + 6 000 + 900 + 6
Leitura: Catorze milhões, dezesseis mil, novecentos e seis.

ATIVIDADES

4 Observe o número que aparece no visor da calculadora:

a) Que ordem representa o algarismo 4?
___

b) Qual é o valor posicional do algarismo 9?
___

c) Copie esse número e escreva como deve ser lido.
___
___

5 Escreva os números formados por:

a) 8 centenas e 4 dezenas

_____

b) 3 unidades de milhar e 3 unidades simples

_____

c) 5 dezenas de milhão, 2 unidades de milhar, 7 centenas, 4 dezenas e 1 unidade simples

_____

6 Em uma calculadora, apertando somente as teclas 0, 3 e 5 (não necessariamente nessa ordem, e sem repeti-las), que números podemos formar?

_____

- Escreva como se lê cada um deles.

_____
_____
_____

7 Faça a decomposição e escreva como se leem os números abaixo:

a) 3 402

_____
_____

b) 14 765

_____
_____

c) 723 850

_____
_____

d) 12 749 002

_____
_____

8 O quadro a seguir mostra a população rural, urbana e total do Brasil, no período de 1940 a 2010. Observe e faça o que se pede.

POPULAÇÃO RESIDENTE			
Ano	População urbana	População rural	População total
1940	12 880 182	28 356 133	41 236 315
1950	18 782 891	33 161 506	51 944 397
1960	31 303 034	38 767 423	70 070 457
1970	52 084 984	41 054 053	93 139 037
1980	80 436 409	38 566 297	119 002 706
1991	110 875 826	36 041 633	146 917 459
2000	137 755 550	31 835 143	169 590 693
2010	160 925 792	29 830 007	190 755 799

Fontes: IBGE - *Anuário estatístico do Brasil*, 1993, vol. 53. Disponível em: <http://www.ibge.gov.br/seculoxx/arquivos_pdf/populacao/1993/populacao_m_1993aeb_003.pdf>. Acesso em: 25 maio 2012.
IBGE – *Censo 2010*. Disponível em: <http://www.censo2010.ibge.gov.br/sinopse/index.php?dados=8&uf=00>. Acesso em: 25 maio 2012.

a) Explique por que a afirmação: *segundo o Censo de 2010, a maioria da população brasileira vive em cidades* (*população urbana*) é verdadeira.

_____
_____

b) Em quais décadas a população rural foi maior que a população urbana?

_____

c) Qual era a população total do Brasil em 2010?

_____

d) Escreva por extenso o número que representou a população rural em 1980 e o número que representou a população urbana em 2010.

_____
_____
_____
_____

9 Pesquise e recorte de jornais ou revistas dois artigos em que apareçam números com 4 ou mais algarismos.
Decomponha esses números e escreva-os por extenso.

▶ Arredondamento de números naturais

Existem situações em que os números são "**arredondados**". Veja um exemplo:

> "Segundo o Censo Escolar 2010, havia cerca de 247 mil alunos matriculados nas escolas indígenas do Brasil."

Fonte: MEC/Inep. *Resumo técnico – Censo Escolar 2010* (versão preliminar). Disponível em: <http://portal.mec.gov.br/index.php?option=com_content&view=article&id=16179>. Acesso em: 1 jun. 2012.

Nesse texto, 247 000 (duzentos e quarenta e sete mil) é um número arredondado.

Para arredondar um número, substitui-se o número por outro bem próximo dele.

Vamos ver como podemos fazer isso.

Arredondamento para a centena mais próxima

- Se o algarismo das dezenas for **menor que 5**, o algarismo das centenas permanece o mesmo e o algarismo das dezenas e o das unidades serão **zero**.

  6**3**5 —arredondando→ 600   3 8**2** 1 —arredondando→ 3 800

- Se o algarismo das dezenas for **maior ou igual a 5**, o algarismo das centenas será acrescido de uma unidade e o algarismo das dezenas e o das unidades serão **zero**.

  7**6**9 —arredondando→ 800   21 2**5** 8 —arredondando→ 21 300

Arredondamento para o milhar mais próximo

- Se o algarismo das centenas for **menor que 5**, o algarismo das unidades de milhar permanece o mesmo e os algarismos à direita desse serão **zero**.

  8**2**70 —arredondando→ 8 000   75**4**99 —arredondando→ 75 000

- Se o algarismo das centenas for **maior ou igual a 5**, o algarismo das unidades de milhar será acrescido de uma unidade e os algarismos à direita desse serão **zero**.

  6**5**85 —arredondando→ 7 000   19**9**80 —arredondando→ 20 000

Veja, como exemplo, os possíveis arredondamentos para o número 2 357:

- Para a dezena mais próxima: 2 360.
- Para a centena mais próxima: 2 400.
- Para a unidade de milhar mais próxima: 2 000.

ATIVIDADES

10 Arredonde cada número abaixo para a dezena, centena e unidade de milhar mais próxima:

a) 3 648 _____

b) 10 849 _____

c) 126 938 _____

11 Segundo o Censo Demográfico 2010, realizado pelo Instituto Brasileiro de Geografia e Estatística (IBGE), no Brasil, a renda de um trabalhador branco era de 1 538 reais, enquanto a de um trabalhador negro era de 834 reais.

Fonte: IBGE, *Censo 2010*. Disponível em: <http://www.ibge.gov.br/home/estatistica/populacao/censo2010/indicadores_sociais_municipais/indicadores_sociais_municipais.pdf>. Acesso em: 28 maio 2012.

Arredonde os valores ganhos por esses trabalhadores para a centena mais próxima.

Pesquise para saber se essa diferença continua ocorrendo.

_____

12 Segundo o IBGE, em março de 2012 foram produzidas 239 928 toneladas de cacau (em amêndoa).

Arredonde esse número para a dezena de milhar mais próxima.

Fonte: IBGE, *Levantamento sistemático da produção agrícola* (*LSPA*). Disponível em: <http://www.ibge.gov.br/home/estatistica/indicadores/agropecuaria/lspa/lspa_201203.pdf>. Acesso em: 28 maio 2012.

_____

13 Segundo a estatística do Tribunal Superior Eleitoral (TSE), o número de eleitores brasileiros acima de 79 anos, em abril de 2012, era 3 392 575. Arredonde esse número para a centena de milhar mais próxima.

Fonte: TSE, *Estatística do eleitorado por sexo e faixa etária*. Disponível em: <http://www.tse.jus.br/eleicoes/estatisticas-do-eleitorado/estatistica-do-eleitorado-por-sexo-e-faixa-etaria>. Acesso em: 28 maio 2012.

_____

14 Procure saber o número de alunos de sua escola e arredonde-o para a dezena mais próxima.

_____

15 Pesquise o número de habitantes de sua cidade e arredonde-o para a unidade de milhar mais próxima.

_____

EXPERIMENTOS, JOGOS E DESAFIOS

Quem arredonda em menos tempo?

Reúna-se com um de seus colegas.

Vocês têm 30 segundos para arredondar os números (unidade de milhar mais próxima) que aparecem nas frases a seguir.

Vence o jogo quem acertar mais arredondamentos.

- O pico mais alto do continente asiático é o Everest. Ele tem 8 848 metros de altura.
- O diâmetro do planeta Vênus é de 12 104 quilômetros.
- A área do Gabão, um país africano, é de 267 667 quilômetros quadrados.
- Copenhague, a capital da Dinamarca, tem 1 346 289 habitantes.

Pico Everest, na Cordilheira do Himalaia.

Capítulo 3
ANTIGOS SISTEMAS DE NUMERAÇÃO

▶ Sistema de numeração egípcio

Além dos hindus, outros povos desenvolveram seus próprios sistemas de numeração.

Os egípcios, por exemplo, criaram seu sistema de numeração por volta do ano 3300 a.C.

A escrita dos antigos egípcios também era diferente da nossa. Para escrever, eles inventaram símbolos, que são chamados *hieróglifos*. Veja no quadro abaixo alguns hieróglifos usados como símbolos numéricos e seu significado.

Região do Vale do Nilo

Fonte: Baseado em ARRUDA, José Jobson de A. *Atlas histórico básico*. São Paulo: Ática, 2005. p. 6.

um bastão	um calcanhar invertido	uma corda enrolada	uma flor de lótus

um dedo dobrado	um girino	um homem ajoelhado

Observe nestes quadros alguns números representados no sistema de numeração egípcio e o seu correspondente em nosso sistema.

SISTEMA EGÍPCIO	NOSSO SISTEMA
‖	2
‖‖‖‖‖‖‖‖‖	9
∩∩‖‖‖‖‖	25
∩∩∩∩∩∩∩∩∩	90
𐦀∩	110
𐦀∩‖	111

SISTEMA EGÍPCIO	NOSSO SISTEMA
99	200
999∩∩∩‖‖	352
𓀀𓀀𓀀99∩‖	3 221
𓀀𓀀𓀀𓀀𓀀999999	15 600
𓅆𓅆𓅆𓅆 𓀀𓀀𓀀9	423 100
𓆐𓆐 𓅆𓅆𓅆𓅆𓅆	2 400 000

24

ATIVIDADE

Observe os quadros anteriores e descubra o valor de cada símbolo egípcio correspondente no sistema de numeração indo-arábico.

Regras do sistema de numeração egípcio

- Cada símbolo podia ser repetido apenas nove vezes.

- Cada 10 símbolos eram trocados por outro, de um agrupamento superior.

   ||||||||| trocavam-se por ∩

   ∩∩∩∩∩∩∩∩∩ trocavam-se por ෧

   ෧෧෧෧෧෧෧෧෧ trocavam-se por ⚶

  e assim por diante.

  O sistema de numeração egípcio era um sistema decimal, pois as trocas de símbolo eram feitas a cada grupo de 10 símbolos.

- O sistema de numeração egípcio era aditivo, ou seja, para saber o valor de um número adicionavam-se os valores dos símbolos utilizados para escrever esse número.

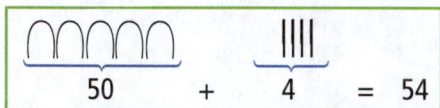 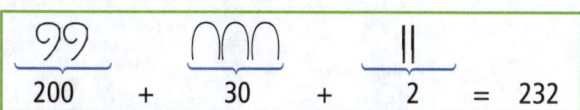

- Esse sistema não era posicional, pois cada símbolo tinha sempre o mesmo valor, independentemente da sua posição na escrita numérica. Exemplo:

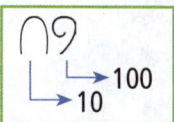 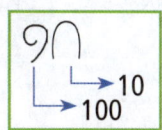 Nos dois casos, o símbolo ∩ vale 10 e o símbolo ෧ vale 100.

ATIVIDADES

1 O sistema de numeração egípcio utilizava algum símbolo para representar o zero? Como era representado o 20? E o número 304?

2 No nosso sistema de numeração, como representamos estes números egípcios?

a) ∩∩|||| _____

b) 999∩∩∩|| _____

c) 𓀀𓀀| _____

3 Paula escreveu o número 11 no sistema egípcio assim: ∩|. Maria escreveu o mesmo número assim: |∩. Qual delas escreveu corretamente? Justifique sua resposta.

4 Represente em nosso sistema de numeração o número:

99999∩∩∩∩||||| _____

5 Os faraós do antigo Egito ordenavam que seus templos fossem decorados com pinturas que retratassem seus feitos gloriosos. Veja parte de uma dessas inscrições e responda:

Quantos touros estão indicados nessa inscrição?

E quantas cabras?

▶ Sistema de numeração romano

Civilização romana

Os romanos, entre os séculos V a.C. e IV a.C., desenvolveram um sistema de numeração que ficou conhecido e usado por diversas civilizações durante muito tempo.

Esse sistema usava sete símbolos.

SÍMBOLOS ROMANOS	I	V	X	L	C	D	M
NOSSO SISTEMA	1	5	10	50	100	500	1 000

Veja alguns números escritos no sistema de numeração romano:

CCI → 201   VI → 6   MM → 2 000   XLV → 45

Regras do sistema de numeração romano

I → 1   X → 10   C → 100   M → 1 000
II → 2   XX → 20   CC → 200   MM → 2 000
III → 3   XXX → 30   CCC → 300   MMM → 3 000

- Os símbolos V, L e D não podem ser repetidos.
- Os símbolos I, X, C e M podem ser repetidos, num mesmo número, no máximo três vezes e seus valores são adicionados.
- Quando um símbolo é colocado à esquerda de outro símbolo de maior valor, devemos subtrair seus valores.

IV → 4   (5 – 1)   XC → 90   (100 – 10)
IX → 9   (10 – 1)   CD → 400   (500 – 100)
XL → 40   (50 – 10)   CM → 900   (1 000 – 100)

Posso subtrair qualquer símbolo de outro?

O símbolo I só pode ser subtraído do V e do X; o X pode ser subtraído apenas do L e do C e o C apenas do D e do M. Os símbolos V, L e D não podem ser subtraídos de outro símbolo.

- Quando um símbolo é colocado à direita de outro símbolo de maior valor, devemos adicionar seus valores.

VI → 6   (5 + 1)   XXVII → 27   (20 + 5 + 2)
VII → 7   (5 + 2)   MMMDVIII → 3 508 (3 000 + 500 + 5 + 3)
XV → 15   (10 + 5)

- Um traço sobre um símbolo indica que ele deve ser multiplicado por 1 000; dois traços, por 1 000 000.

X̄ → 10 000   L̄X̄I → 60 001   V̿ → 5 000 000

- O sistema romano não é posicional, pois um símbolo tem o mesmo valor, independentemente da sua posição na escrita numérica. Por exemplo:

    VI é 6 e IV é 4; porém, nos dois casos, o símbolo V vale 5 e o símbolo I vale 1.

Atualmente, os símbolos romanos são utilizados em apenas algumas situações como indicação de congressos e itens de leis, designações de papas e reis de mesmo nome e mostradores de relógios, por exemplo.

Relógio e termômetro em rua comercial no centro da cidade de Gramado, RS, 2011.

Indicação de congressos e itens de leis.

VOCÊ SABIA? A evolução dos símbolos romanos

Atualmente, os algarismos romanos são conhecidos com esta grafia: I, V, X, L, C, D e M. Mas nem sempre foi assim. Veja como esses símbolos eram escritos originalmente:

| 1 | 5 | 10 | 50 | 100 | 500 | 1000 |

Observe que apenas os símbolos I, V e X não se modificaram. Os símbolos que representam 50, 100, 500 e 1000 evoluíram graficamente, até chegar à forma que conhecemos hoje. Acompanhe a evolução de três desses símbolos:

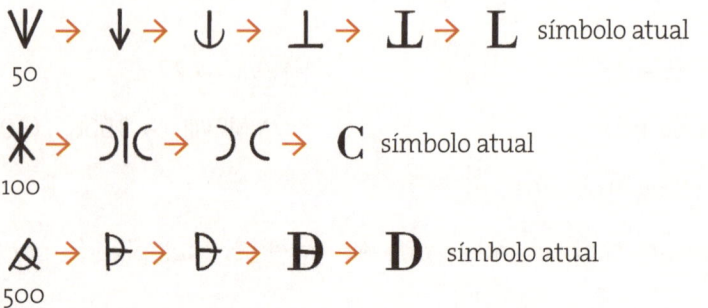

ATIVIDADES

6 Escreva estes números romanos em nosso sistema de numeração:

a) XXXVIII _____

b) CCIV _____

c) CLIX _____

d) X̄VII _____

e) CDIX _____

f) XLVIII _____

7 Nas sentenças abaixo, substitua os números romanos por números do nosso sistema de numeração.

a) O rei Davi uniu os reinos de Israel e Judá no ano MCL antes de Cristo.

_____

b) Os óculos foram inventados na Itália no ano MCCXC.

_____

c) O início do *rock'n'roll* aconteceu no ano MCMLVI, com o cantor Elvis Presley.

_____

d) Em MCMLXIX, o homem pisou na Lua pela primeira vez. O herói dessa façanha foi o americano Neil Armstrong.

_____

8 Louis Pasteur (1822-1895), célebre biologista francês, foi quem descobriu a vacina antirrábica. Indique, no sistema de numeração romano, o século em que ele viveu.

_____

EXPERIMENTOS, JOGOS E DESAFIOS

Trocando palitos

Observe como, trocando a posição de um palito, a sentença se torna verdadeira.

IX − IX = XX → X + X = XX

Agora é a sua vez. Mude a posição de um palito para tornar cada sentença verdadeira.

Escreva abaixo a sentença verdadeira.

a) IX + II = XIII

b) VI − I = VI

c) XII − VI = XVII

d) X + X = I

29

Capítulo 4
ESTUDOS INICIAIS DE GEOMETRIA

▶ Ponto, reta e plano

Ponto

A marca da ponta de um lápis nos dá uma ideia de **ponto** geométrico.

O ponto, porém, não tem dimensão. Graficamente ele é representado por uma pequena bolinha: •.

O ponto é indicado por letras maiúsculas do nosso alfabeto. Por exemplo:

•A   Lê-se: ponto A.

Reta

A **reta** não tem espessura, nem começo ou fim. Graficamente ela é representada assim:

⟵—————————⟶

A reta pode ser indicada:

- Por dois de seus pontos

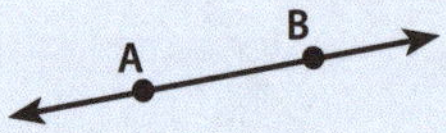

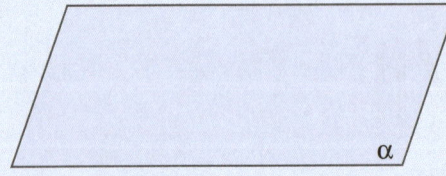

Lê-se: reta $\overleftrightarrow{AB}$.

- Por letras minúsculas do nosso alfabeto

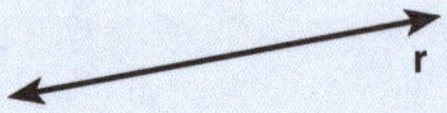

Lê-se: reta r.

Plano

Um **plano** não tem fronteiras, ou seja, é ilimitado em todas as direções.

O plano é indicado, geralmente, por letras minúsculas do alfabeto grego como α, β, γ etc.

Lê-se: plano alfa.   Lê-se: plano beta.

ATIVIDADES

1 Marque em seu caderno um ponto A. Com o auxílio de uma régua, trace retas que passem por esse ponto. Quantas retas podemos traçar?

2 Marque, em seu caderno, dois pontos A e B distintos e, com uma régua, trace retas que passem por eles. Quantas retas você consegue traçar?

3 Observe a posição dos pontos A, B, C e D.

```
        C
        •
  •  •  •
  A  B  D
```

É possível traçar uma reta que passe, ao mesmo tempo, pelos pontos A, B e C? E pelos pontos A, B e D?

4 Pontos que pertencem a uma mesma reta são chamados **pontos colineares** ou **alinhados**.

Na figura da questão 3 existem pontos colineares? Quais são? _____

5 Na reta r estão destacados os pontos M e N.

Essa reta pode ser indicada por $\overleftrightarrow{MN}$.

Agora, no espaço abaixo, marque três pontos, A, B e C, distintos e não alinhados. Trace todas as retas que passam por dois desses pontos e indique-as como no caso da reta $\overleftrightarrow{MN}$.

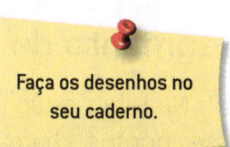

Faça os desenhos no seu caderno.

▶ Primeiras figuras geométricas

Semirreta

Em uma reta r, marca-se um ponto P. Em relação a esse ponto, a reta ficou dividida em duas partes. Cada uma dessas partes é chamada **semirreta**, e o ponto **P** é chamado **origem das semirretas**.

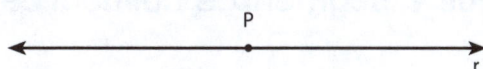

Considere agora a reta abaixo, na qual estão assinalados os pontos A, B e C.

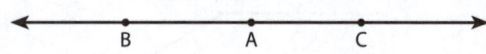

Destacamos a semirreta de origem A, que passa pelo ponto C. Ela é indicada por $\overrightarrow{AC}$:

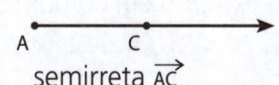

semirreta $\overrightarrow{AC}$

31

Mas podemos considerar também outra semirreta de origem A, que passa pelo ponto B. Nesse caso, ela é indicada por $\vec{AB}$:

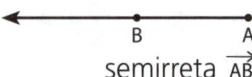
semirreta $\vec{AB}$

ATIVIDADES

6 Quais são as semirretas representadas nesta figura?

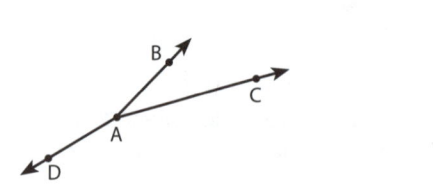

7 Observe a figura.

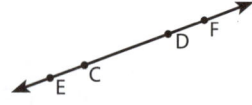

Identifique as semirretas com origem nos pontos C ou D.

Segmento de reta

Na reta r estão marcados dois pontos distintos A e B. A parte dessa reta que vai de A a B, incluindo esses pontos, chama-se **segmento de reta**.

segmento $\overline{AB}$

A indicação desse segmento pode ser: $\overline{AB}$ ou $\overline{BA}$. Os pontos A e B são os **extremos** desse segmento.

Segmentos consecutivos e segmentos colineares

Segmentos consecutivos

Observe a figura. Os segmentos $\overline{AB}$ e $\overline{BC}$ são segmentos consecutivos.

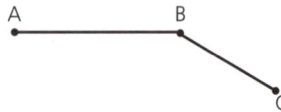

Dois segmentos que têm um extremo em comum são denominados **segmentos consecutivos**.

Segmentos colineares

Observe a figura. Os segmentos $\overline{AB}$ e $\overline{CD}$, destacados, são segmentos colineares.

> Dois segmentos que estão numa mesma reta são chamados **segmentos colineares**.

ATIVIDADES

8) Quantos segmentos de reta você observa nesta figura? Quais são eles?

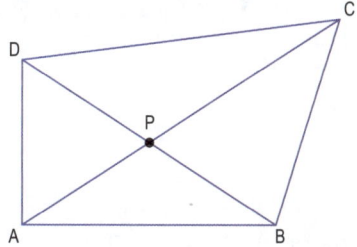

_____
_____

9) Marque três pontos A, B e C distintos e não colineares. Trace todos os segmentos possíveis, tendo como extremidade dois desses pontos.

10) Os segmentos $\overline{AB}$, $\overline{BC}$, $\overline{CD}$, $\overline{DA}$, $\overline{AE}$, $\overline{BE}$, $\overline{CE}$ e $\overline{DE}$ são as arestas de uma pirâmide.

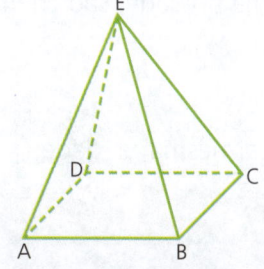

Pirâmide de base quadrangular

a) Os segmentos $\overline{AD}$ e $\overline{BC}$ são consecutivos?
_____

b) Os segmentos $\overline{AB}$ e $\overline{BE}$ são consecutivos?
_____

Eles são colineares?
_____

c) Nessa pirâmide existem segmentos colineares?
_____

11) Trace uma semirreta $\overrightarrow{MN}$ e marque sobre ela um ponto P à direita do ponto N. Verifique se os segmentos $\overline{MN}$ e $\overline{NP}$ são consecutivos.

12) Na reta r, destacamos os segmentos $\overline{AB}$ e $\overline{BC}$. Verifique se eles são segmentos colineares. Verifique também se eles são consecutivos.

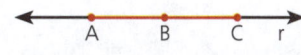

_____
_____
_____

Medida de um segmento e segmentos congruentes

Um segmento de reta pode ser medido, já que tem começo e fim. Quando medimos um segmento, determinamos o seu **comprimento** ou sua **medida**.

Para determinar a medida de um segmento, usamos a medida de outro segmento tomado como unidade.

Podemos usar a régua e medir em centímetros ou milímetros, ou utilizar o compasso para medir, tomando a medida de um outro segmento como unidade.

Vamos, por exemplo, medir os segmentos $\overline{CD}$ e $\overline{EF}$ usando o segmento $\overline{AB}$ como unidade.

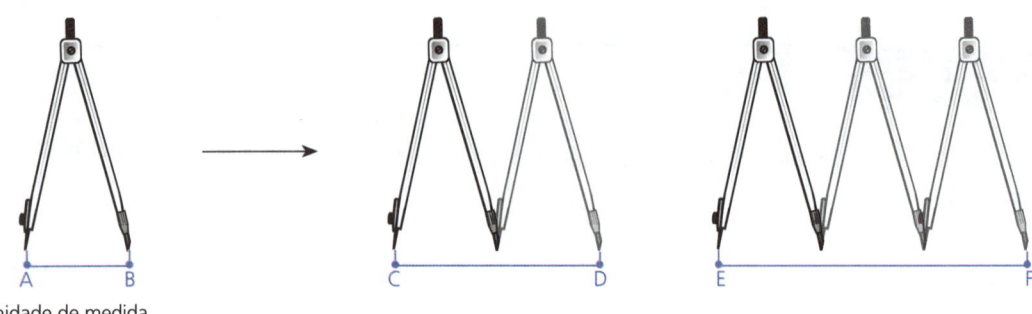

unidade de medida

Observe.

- A medida do segmento $\overline{CD}$ corresponde a duas vezes a medida de $\overline{AB}$.
Indicamos:

m ($\overline{CD}$) = 2 . m ($\overline{AB}$)   ou   CD = 2 AB

- A medida do segmento $\overline{EF}$ corresponde a três vezes a medida do segmento $\overline{AB}$. Indicamos:

m ($\overline{EF}$) = 3 . m ($\overline{AB}$)   ou   EF = 3 AB

- Considere agora o segmento $\overline{GH}$.

G •————————————• H

Se medirmos o segmento $\overline{GH}$, tomando como unidade a medida do segmento $\overline{AB}$, verificamos que o segmento $\overline{GH}$ tem a mesma medida do segmento $\overline{CD}$.

Eles são **congruentes**.

Indicamos:

$\overline{GH} \equiv \overline{CD}$ (lê-se $\overline{GH}$ é congruente a $\overline{CD}$.)

Dois segmentos que têm medidas iguais, tomadas a partir de uma mesma unidade, são chamados de segmentos congruentes.

> Dois segmentos que têm medidas iguais, tomadas a partir de uma mesma unidade, são chamados de **segmentos congruentes**.

ATIVIDADES

13 Adote ⊢u⊣ como unidade de medida. Observe esta figura e determine:

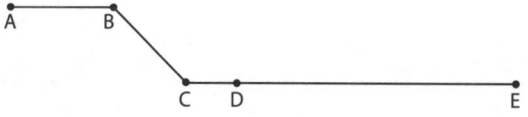

a) m($\overline{AB}$)

b) m($\overline{BC}$)

c) m($\overline{CD}$)

d) m($\overline{CE}$)

14 Determine a medida do segmento $\overline{AB}$:

a) utilizando u como unidade de medida.

b) utilizando v como unidade de medida.

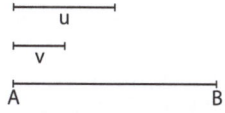

Quais foram os valores encontrados?

15 Use o compasso para medir os segmentos $\overline{CD}$ e $\overline{EF}$. Tome como unidade a medida do segmento $\overline{GH}$ e responda:

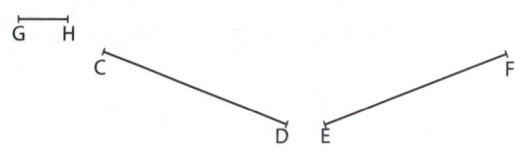

a) Os segmentos $\overline{CD}$ e $\overline{EF}$ têm medidas iguais ou diferentes?

b) O que podemos concluir em relação a esses segmentos?

16 Use ⊢u⊣ como unidade de medida para identificar os pares de segmentos congruentes no retângulo ABCD.

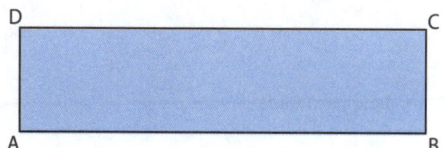

EXPERIMENTOS, JOGOS E DESAFIOS

Os sete copos

Na figura ao lado está representado o tampo da mesa com sete copos. Você deverá dividir o tampo da mesa em sete regiões, cada uma contendo um copo, traçando apenas três segmentos de reta.

▶ Ângulos

O desenho ao lado representa um ângulo.

- O ponto de origem O das duas semirretas é chamado **vértice** do ângulo.
- As duas semirretas $\vec{OA}$ e $\vec{OB}$ são chamadas **lados** do ângulo.
- Esse ângulo é indicado por AÔB. Lê-se: "ângulo AÔB".
  Ou, ainda, por BÔA. Lê-se: "ângulo BÔA".
  Ou, simplesmente, por Ô. Lê-se: "ângulo O".

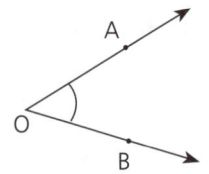

Medida de um ângulo

Para medir um ângulo podemos compará-lo com um outro, considerado unidade de medida.

Vamos calcular a medida do ângulo BÂC, usando como unidade de medida o ângulo EDF.

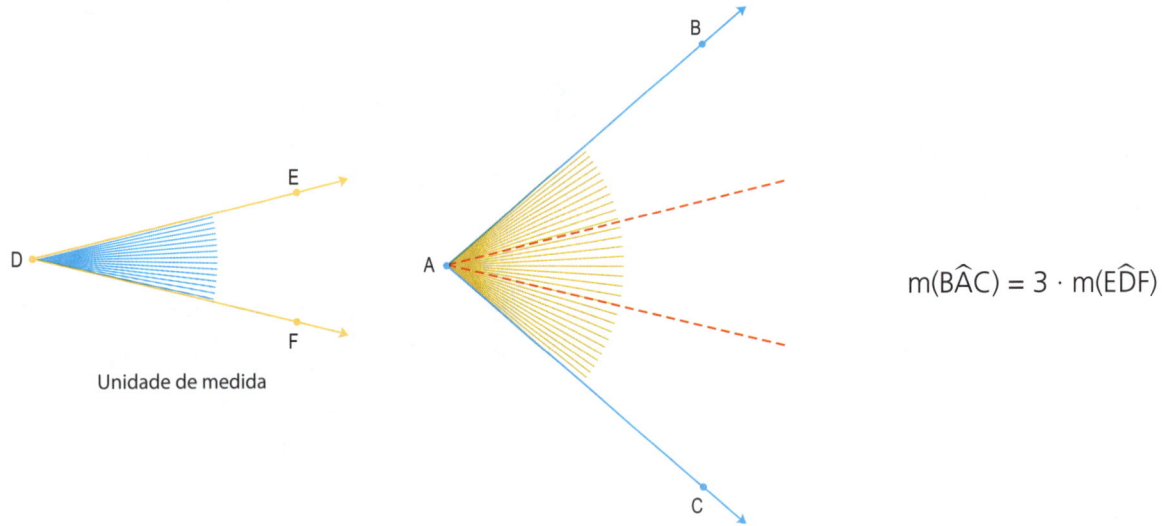

Unidade de medida

m(BÂC) = 3 · m(EDF)

O ângulo EDF "cabe" três vezes no ângulo BÂC. Dizemos, então, que a medida do ângulo BÂC é três vezes a medida do ângulo EDF.

O grau

Para medir o ângulo BÂC podemos usar um outro ângulo qualquer, mas, se quisermos usar uma unidade de medida-padrão, podemos usar o grau.

O que é um grau?

Para saber o que é um grau divide-se o ângulo de uma volta completa em 360 partes iguais. Cada uma dessas partes é um ângulo que mede um **grau**. Indica-se assim: 1°.

Portanto, o ângulo de uma volta completa tem 360 graus. Indica-se assim: 360°.

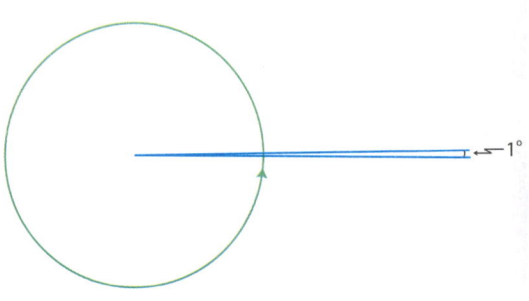

Como medir um ângulo

Um dos instrumentos usados para medir ângulos é o **transferidor**.

Para medir um ângulo, colocamos o centro do transferidor de maneira que coincida com o vértice do ângulo; a marca 0° deve estar sobre um dos lados desse ângulo.

Veja na figura:

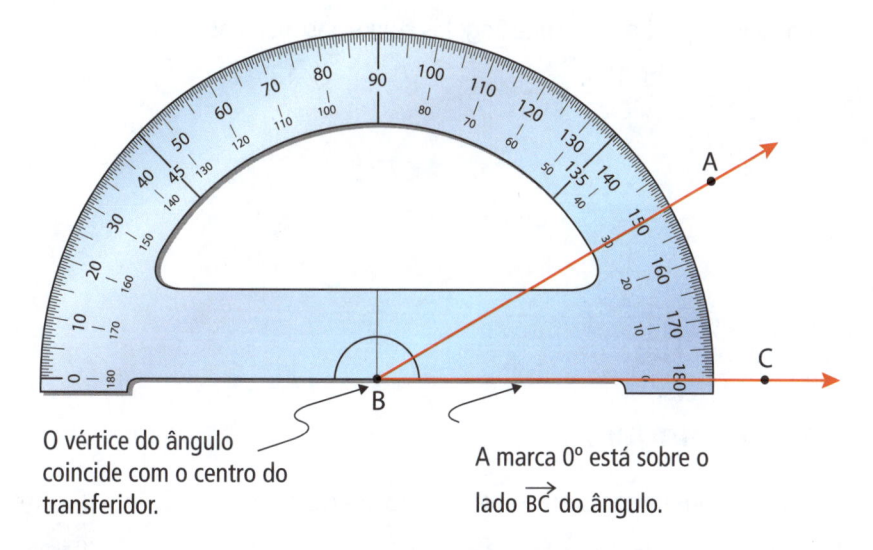

O vértice do ângulo coincide com o centro do transferidor.

A marca 0° está sobre o lado $\overrightarrow{BC}$ do ângulo.

A medida do ângulo $A\widehat{B}C$ é 30°. Indica-se: $m(A\widehat{B}C) = 30°$.

ATIVIDADES

17 Há dois tipos de esquadros. Ambos têm três ângulos.

Utilizando os ângulos que você construiu, determine a medida dos ângulos desses esquadros.

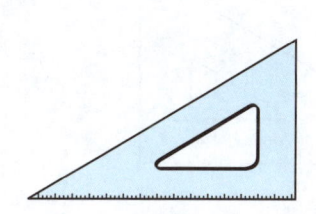

18 Utilizando os ângulos dos esquadros, determine a medida destes ângulos:

a)

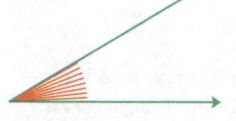

b)

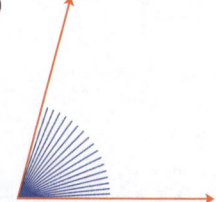

Para medir esses ângulos, prolongue os lados com lápis.

c)

d)

e)

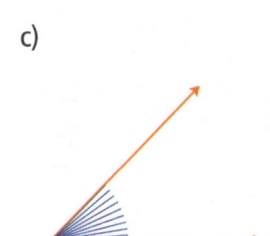

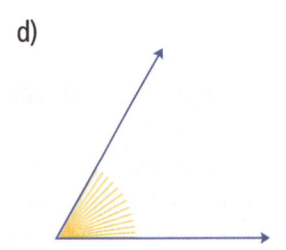

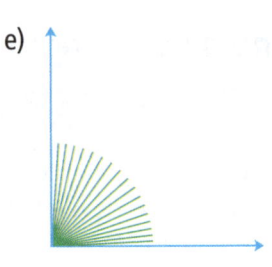

19 Utilizando os ângulos dos esquadros, desenhe ângulos com estas medidas:

a) 120°   b) 105°   c) 135°

Classificação de um ângulo

- Um ângulo pode ser classificado em reto, agudo ou obtuso.
- O ângulo de 90° é chamado **ângulo reto**.

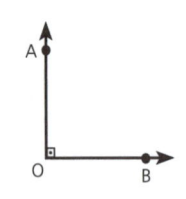

O símbolo ⌐ indica o ângulo reto.

Nas figuras abaixo, destacamos ângulos retos.

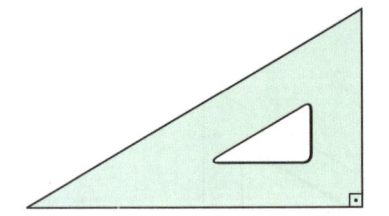

- Todo ângulo menor que o reto é chamado **ângulo agudo**.
- Todo ângulo cuja medida é maior que 90° e menor que 180° é chamado **ângulo obtuso**.

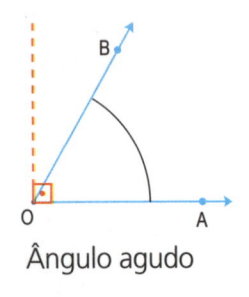

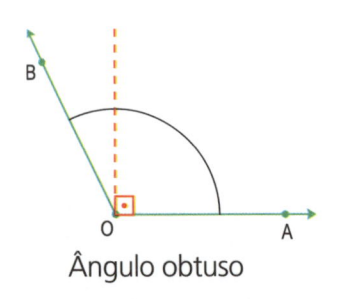

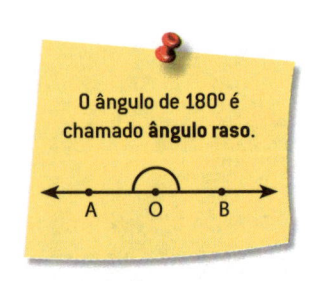

Ângulo agudo

Ângulo obtuso

O ângulo de 180° é chamado ângulo raso.

38

ATIVIDADES

20 Use um transferidor para medir cada ângulo. Em seguida, classifique-o em reto, agudo ou obtuso.

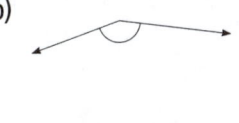

a) 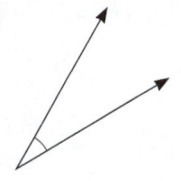 b) c) 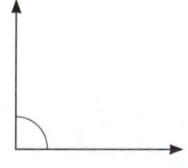 d)

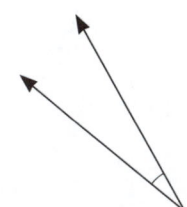

21 Use um transferidor para verificar nas figuras abaixo:

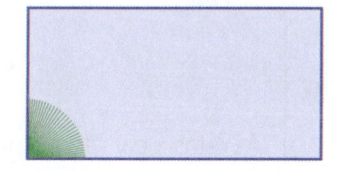

a) Os ângulos marcados nos retângulos são iguais ou diferentes? Explique.

_____

_____

b) Os outros ângulos dos retângulos são agudos ou retos?

_____

▶ Posições relativas de duas retas coplanares

Considere duas retas distintas em um mesmo plano. Elas podem ser **paralelas** ou **concorrentes**.

Retas paralelas

Duas retas coplanares que não têm ponto em comum são retas paralelas.

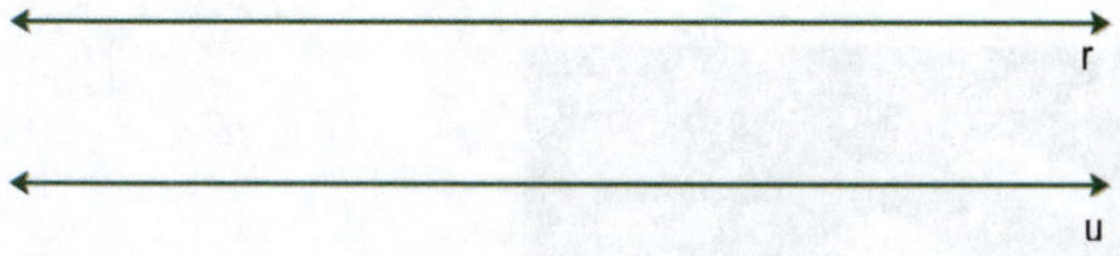

r

u

As retas r e u são paralelas.
Indica-se: r // u
Lê-se: "r é paralela a u".

Retas concorrentes

Duas retas que se interceptam em um ponto são retas concorrentes.

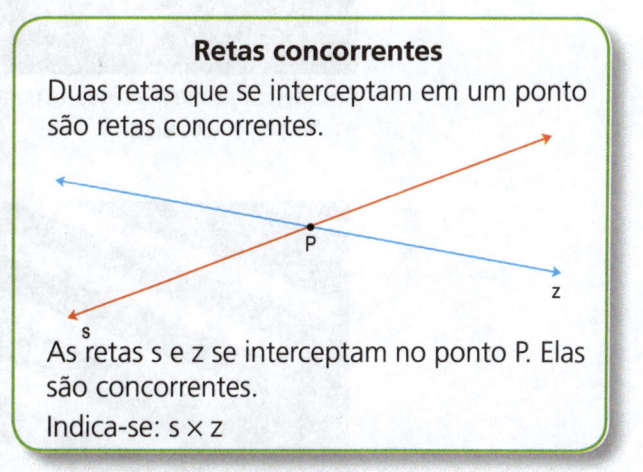

P

s

z

As retas s e z se interceptam no ponto P. Elas são concorrentes.
Indica-se: s × z

Duas retas concorrentes, por sua vez, podem ser **perpendiculares** ou **oblíquas**.

Retas oblíquas

Duas retas que se interceptam sem formar ângulos retos são oblíquas.

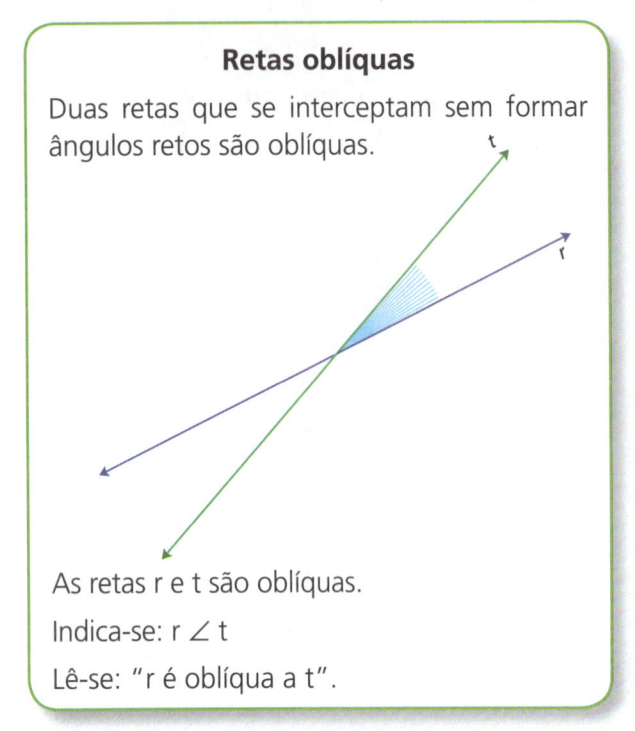

As retas r e t são oblíquas.

Indica-se: r ∠ t

Lê-se: "r é oblíqua a t".

Retas perpendiculares

Duas retas que se interceptam formando quatro ângulos retos são perpendiculares.

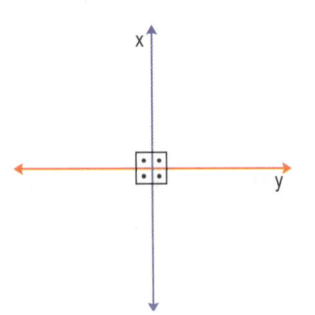

As retas x e y são perpendiculares.

Indica-se: x ⊥ y

Lê-se: "x é perpendicular a y".

Veja a seguir o uso do paralelismo e do perpendicularismo no cotidiano:

Os desenhistas usam a régua-tê para traçar retas paralelas e retas perpendiculares.

A passagem de pedestres é indicada por faixas paralelas.

Traçado de paralelas

Podemos traçar retas paralelas utilizando uma régua e um esquadro.

1. Com uma régua, traçamos uma reta r:

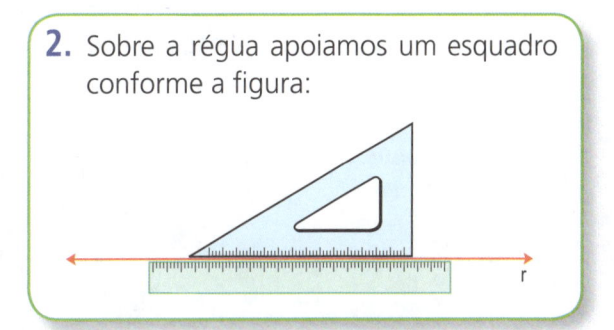

2. Sobre a régua apoiamos um esquadro conforme a figura:

3. Deslizamos o esquadro sobre a régua a fim de fazer traçados como mostra a figura:

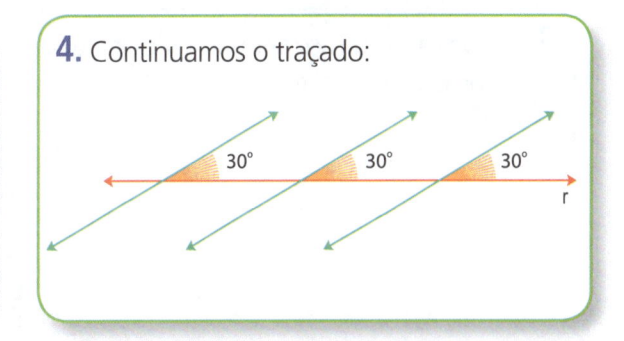

4. Continuamos o traçado:

Dessa forma, são obtidas retas paralelas que formam, com a reta r, ângulos de 30°.

Observe na foto a utilização do traçado de faixas paralelas no cotidiano.

Em muitos estacionamentos de carros, os boxes são delimitados por faixas paralelas que formam com a calçada ângulos de 45°.

Traçado de retas perpendiculares com régua e esquadro

Usando uma régua e um esquadro, podemos traçar retas perpendiculares.

1. Com uma régua, traçamos uma reta r:

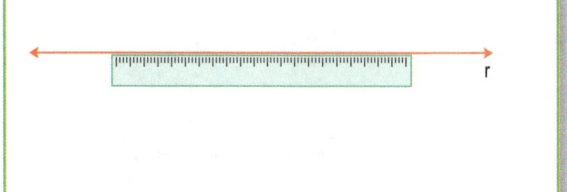

2. Apoiamos o esquadro sobre a régua e iniciamos o traçado de uma reta conforme a figura:

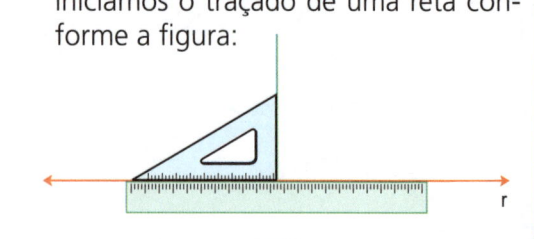

3. Com a régua, continuamos o traçado, como mostra a figura:

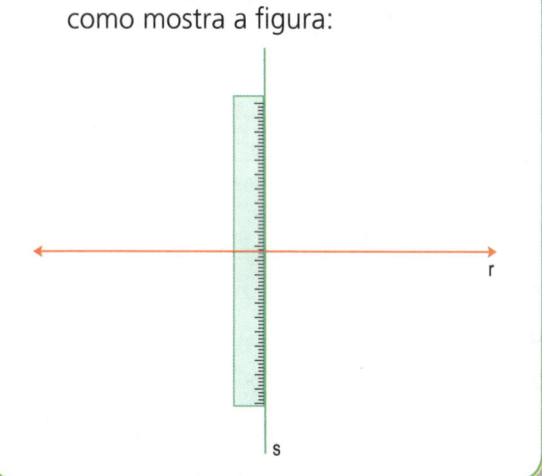

4. Dessa forma, obtemos a reta s, perpendicular à reta r:

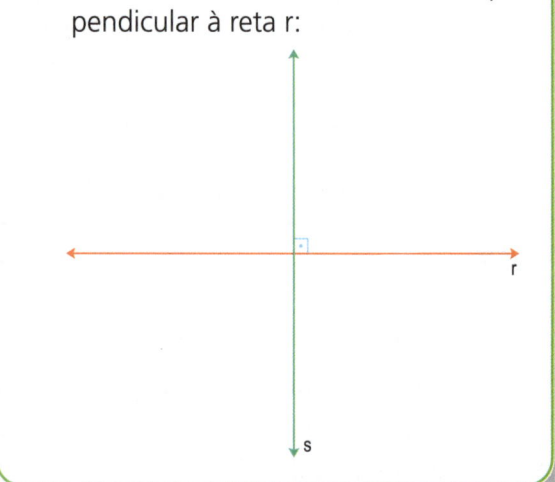

ATIVIDADES

22 Observe a figura. Em cada item, classifique as retas como paralelas ou perpendiculares.

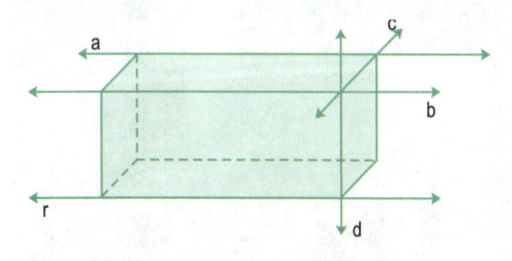

a) a e b _____

b) d e r _____

c) a e r _____

d) c e b _____

23 Utilizando a régua e o esquadro, trace no caderno.

a) quatro retas paralelas que formem, com uma reta r, ângulos de 45°.

b) duas retas inclinadas que formem com outra reta um ângulo de 60°.

24 Trace uma reta perpendicular ao segmento $\overline{HG}$, que passe pelo ponto M.

25 Trace duas retas perpendiculares ao segmento $\overline{AB}$, uma passando por M e outra por N.

A   M   N   B

As duas retas traçadas são paralelas ou perpendiculares entre si? _____

26 Trace, pelo ponto P, uma reta s que seja paralela à reta r.

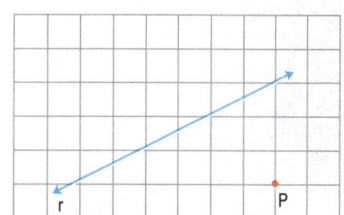

27 Duas retas perpendiculares são sempre concorrentes? E duas retas concorrentes são sempre perpendiculares? Justifique.

_____
_____
_____

VOCÊ SABIA? **Os povos antigos e a Geometria**

Não se sabe exatamente qual é a origem da **Geometria**, mas acredita-se que seu início é mais antigo que a arte de escrever.

A palavra "geometria" é de origem grega e significa "medida da terra" (**geo**: terra; **metria**: medida).

Heródoto, um historiador grego nascido no século V a.C., acreditava que a Geometria teria sido criada no antigo Egito, há milhares de anos, da necessidade de medir as terras que os egípcios cultivavam nas margens do Rio Nilo.

Além de demarcar terras, os egípcios utilizavam a Geometria nas edificações, como, por exemplo, na construção das famosas pirâmides.

Os egípcios possuíam grande conhecimento geométrico: usavam fórmulas para cálculo da área de terras, do volume de grãos e do volume de sólidos geométricos, entre outros.

Reprodução da transcrição de parte do papiro egípcio, mostrando um problema de cálculo de volume.

Existem também numerosos registros indicando que, no período de 2000 a.C a 1600 a.C., os babilônicos já tinham um conhecimento geométrico considerável: conheciam regras gerais para o cálculo da área do retângulo, de triângulos, de trapézios, e para o cálculo do volume de um paralelepípedo, entre outros.

Os gregos também tinham grande conhecimento geométrico.

Capítulo 5
ESTATÍSTICA

▶ Organizando dados em tabelas

Você sabe o que é um censo populacional?

É uma pesquisa que tem o objetivo de conhecer as características de uma população, por exemplo, quantas pessoas são homens e quantas são mulheres; quantas moram no campo e quantas vivem em cidades; entre outras informações.

Para que essas informações possam ser analisadas e interpretadas, elas devem ser organizadas. A parte da Matemática que estuda as formas de coletar informações, resumi-las, analisá-las e interpretá-las é chamada **Estatística**.

Em Estatística, as informações obtidas nas pesquisas são chamadas **dados**.

Uma das formas de organizar os dados de uma pesquisa é em **tabelas**. Em alguns casos, podem ser simples; em outros, devem ser de dupla entrada.

No Brasil, o Instituto Brasileiro de Geografia e Estatística (IBGE) realiza, periodicamente, o censo populacional.

Tabela simples

No 6º ano de uma escola, os concorrentes ao cargo de representante de classe são: Fábio, Tatiana, Fabiana e Joaquim. Um a um, os alunos participam da votação e o professor vai fazendo um traço ao lado do nome escolhido.

Fábio	IIIIIIIIII
Tatiana	IIIIIIIII
Fabiana	IIIIIIIIII
Joaquim	IIIIIIIII

44

1. Escolha um título: Representante de classe.
2. Identifique os tipos de dados: Candidato; Número de votos.
3. Identifique os dados de cada tipo:

   Candidato: Fábio, Tatiana, Fabiana e Joaquim.

   Número de votos: 10, 8, 11 e 9.

| REPRESENTANTE DE CLASSE ||
Candidato	Número de votos
Fábio	10
Tatiana	8
Fabiana	11
Joaquim	9

anizar dados em uma **tabela simples**, pode-se seguir estes passos:

Na tabela, podemos perceber mais facilmente o resultado da votação, e que a disputa entre Fábio e Fabiana foi acirrada.

Tabela de dupla entrada

Na classificação final do Campeonato de Futebol de Santa Catarina da 1ª divisão de 2012, os dados foram representados por uma **tabela de dupla entrada**. Veja:

| CLASSIFICAÇÃO GERAL – DIVISÃO PRINCIPAL |||||||
CL	Clube	P	J	V	E	D
1º	Figueirense	40	18	12	4	2
2º	Chapecoense	33	18	9	6	3
3º	Avaí	32	18	10	2	6
4º	Joinville	31	18	9	4	5
5º	Metropolitano	29	18	9	2	7
6º	H. Aichinger	28	18	8	4	6
7º	Criciúma	27	18	8	3	7
8º	Camboriú	19	18	6	1	11
9º	Brusque	8	18	2	2	14
10º	Marcílio Dias	7	18	1	4	13

CL: Classificação   V: Vitórias
P: Pontos   E: Empates
J: Jogos   D: Derrotas

Fonte: Federação Catarinense de Futebol. Disponível em: <http://fcfs.noip.org/fcf_sistema_principal_2011/Classificacao_completa.asp?SelStart1=76%20&SelStop1=76&RunReport=Run+Report>. Acesso em: 1 jun. 2012.

ATIVIDADES

1 Observe a tabela e responda:

ESTADOS BRASILEIROS MAIS EXTENSOS	
Estados	Área aproximada (em km²)
Amazonas	1 559 162
Pará	1 247 950
Mato Grosso	903 330
Minas Gerais	586 520
Bahia	564 831

Fonte: IBGE, Censo 2010.

a) Qual é o tema da tabela?
_____

b) Qual é a fonte? _____

c) Quantos e quais são os estados mencionados?
_____

d) Qual desses estados tem a menor área? E a maior? _____

e) Quantos quilômetros quadrados tem Minas Gerais? _____

2 Esta tabela mostra o número de medalhas conquistadas pelo Brasil nos jogos olímpicos de 1992 a 2008.

MEDALHAS DO BRASIL																				
Ano	1992				1996				2000				2004				2008			
nº de medalhas	ouro	prata	bronze	total	ouro	prata	bronze	total	ouro	prata	bronze	total	ouro	prata	bronze	total	ouro	prata	bronze	total
	2	1	0	3	3	3	9	15	0	6	6	12	4	3	3	10	3	4	8	15

Fonte: Comitê Olímpico Brasileiro (COB).

a) Quantas medalhas no total o Brasil conseguiu em cada um desses anos?
_____

b) Em qual dos anos citados o Brasil obteve o menor número de medalhas? E o maior?
_____

c) Quando o Brasil obteve o maior número de medalhas de ouro? _____

3 Mário perguntou a alguns de seus colegas de classe: *Qual a sua cor preferida?* E fez este registro:

amarela: I I I I I I I
verde: I I I I I I I I I
azul: I I I I I I I I I I
vermelha: I I I I I I I I I

Com os dados registrados por Mário, construa uma tabela. Coloque na primeira coluna as cores e, na segunda, o número de votos. Em seguida, responda:

a) Qual foi a cor mais escolhida? _____

b) Quantos votos essa cor recebeu? _____

c) Quantos colegas foram entrevistados por Mário? _____

▶ Gráficos de colunas e de barras

Também podem-se organizar dados construindo **gráficos**. Existem vários tipos de gráficos. Veja alguns exemplos.

Gráfico de colunas

Carlos realizou uma pesquisa entre seus colegas. Ele queria saber que esportes eles preferiam.

Futebol

Natação

Basquete

Vôlei

47

Organizou os dados obtidos em um gráfico de colunas:

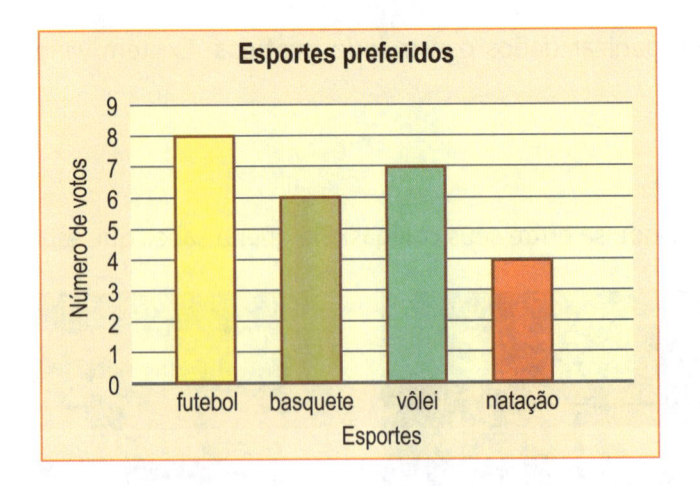

Esportes preferidos

(gráfico de colunas: futebol 8, basquete 6, vôlei 7, natação 4)

Nesse gráfico podemos notar:

- Os dados na linha horizontal mostram que os esportes pesquisados foram: futebol, basquete, vôlei e natação.
- A altura de cada coluna mostra a quantidade de votos em cada esporte.

Gráfico de barras

Carlos também poderia ter representado esses dados num gráfico de barras.

Nesse tipo de gráfico, os esportes são colocados na linha vertical. O comprimento de cada barra mostra o número de votos para cada esporte.

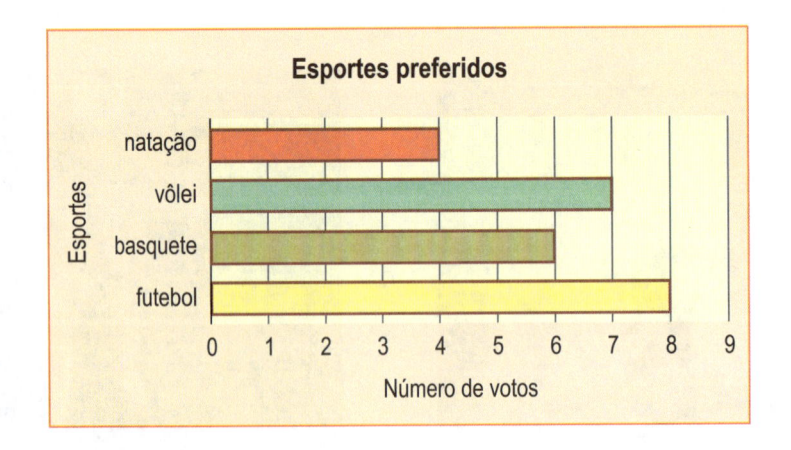

Esportes preferidos

(gráfico de barras: natação 4, vôlei 7, basquete 6, futebol 8)

Os dois gráficos representam a mesma pesquisa realizada por Carlos e, neles, podemos observar que futebol obteve 8 votos. Futebol foi o esporte preferido de seus colegas.

Construindo gráfico de colunas e barras

Paulo fez uma pesquisa entre seus colegas, professores, parentes e vizinhos para saber o time para o qual torciam.

Escolheu 20 pessoas e perguntou: Para qual time você torce?

Organizou os dados obtidos em uma tabela, da seguinte forma:

Time	Torcedores
Corinthians	6
São Paulo	3
Flamengo	5
Atlético Mineiro	2
Vasco da Gama	4
Total	20

Outra forma de representar esses dados é construindo um gráfico. Paulo optou por construir um gráfico de colunas e para isso utilizou um papel quadriculado.

Inicialmente traçou os eixos horizontal e vertical.

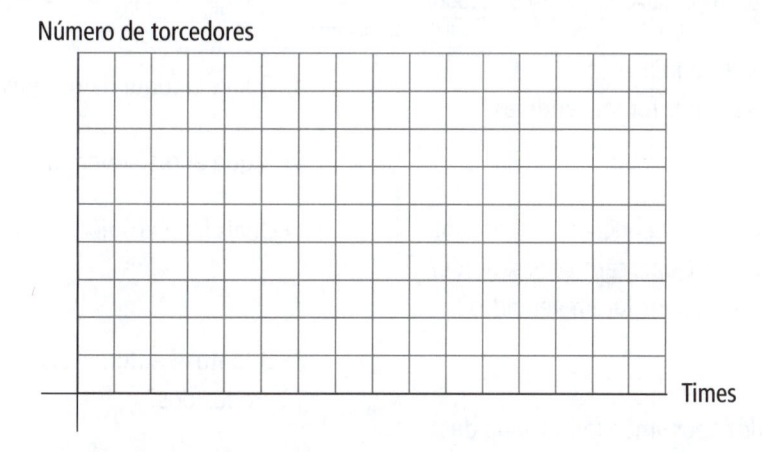

Em seguida, para cada "voto" pintou um quadradinho, e o gráfico ficou assim:

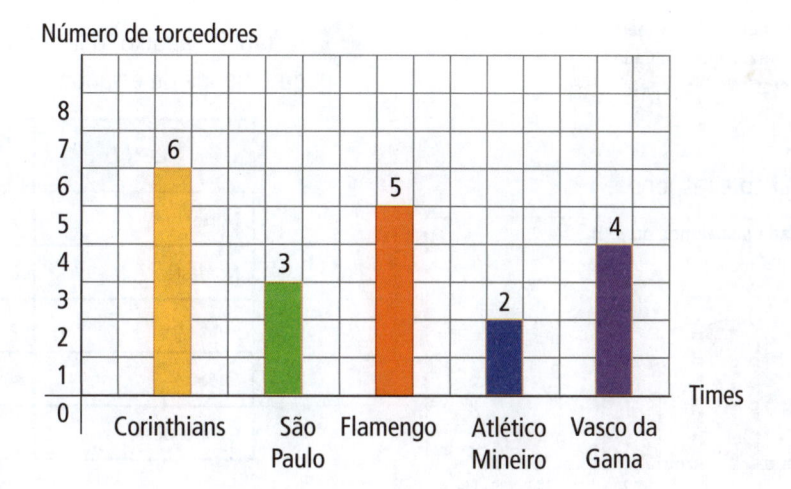

Observações:
- A largura das colunas e/ou barras e a distância entre elas deve manter uma regularidade, e a distância inicial ao eixo vertical é arbitrária.
- A distância entre as colunas (ou barras), por questões estéticas, não deverá ser menor que a metade nem maior que os dois terços da largura (ou da altura) dos retângulos.

ATIVIDADES

4) Este gráfico mostra a venda de iogurte com diferentes sabores em um mercado, durante uma semana.

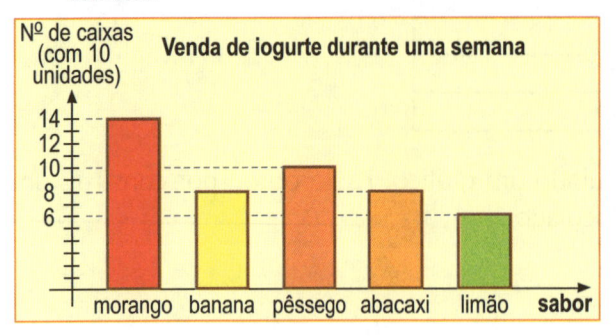

Venda de iogurte durante uma semana
(Nº de caixas com 10 unidades: morango 14, banana 8, pêssego 10, abacaxi 8, limão 6)

a) Qual sabor foi mais vendido? _____
Quantas caixas desse sabor foram vendidas?
_____

b) Dois desses sabores venderam a mesma quantidade de caixas. Quais são esses sabores? Quantas caixas de cada sabor foram vendidas?
_____

c) Quantas caixas do sabor limão foram vendidas?
_____

> Frequência é o número de vezes que um dado estatístico se repete.

5) Observe este gráfico e responda:

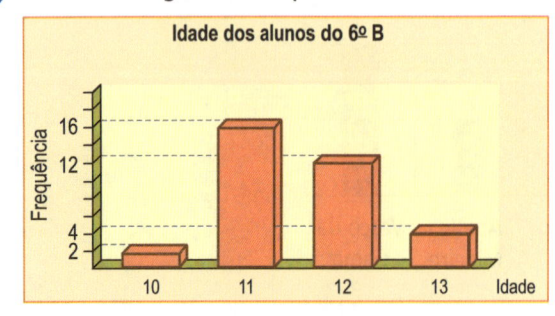

Idade dos alunos do 6º B
(Frequência por idade: 10 anos: 2; 11 anos: 16; 12 anos: 12; 13 anos: 4)

a) Quantos alunos têm 13 anos? _____

b) Qual é a idade de menor frequência? _____
E a maior? _____

c) Quantos alunos há nessa classe? _____

6) Observe este gráfico e responda:

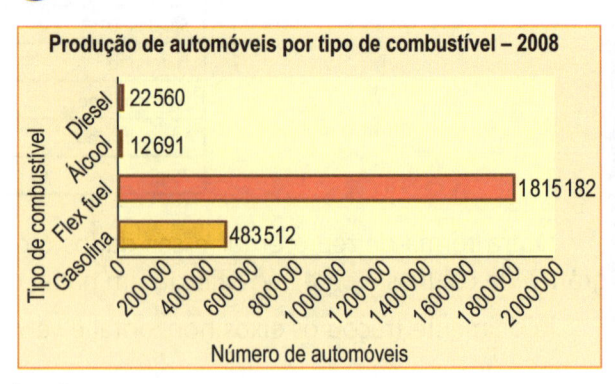

Produção de automóveis por tipo de combustível – 2008
- Diesel: 22 560
- Álcool: 12 691
- Flex fuel: 1 815 182
- Gasolina: 483 512

Fonte?

a) Qual é a fonte da pesquisa? _____

b) A que ano se referem os dados? _____

c) Quais foram os tipos de automóvel pesquisados?
_____

d) Quantos automóveis de cada tipo foram produzidos?
_____
_____

7) A tabela abaixo relaciona cada região com a quantidade de estados.

REGIÃO	QUANTIDADE DE ESTADOS
Norte	7
Nordeste	9
Sul	3
Sudeste	4
Centro-Oeste	3

Observando a tabela construa um gráfico de colunas.

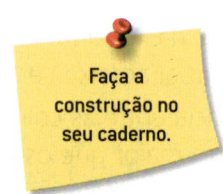

> Faça a construção no seu caderno.

Capítulo 6 — OPERAÇÕES COM NÚMEROS NATURAIS

▶ Adição

Há duas ideias associadas à **adição**: a de juntar quantidades e a de acrescentar uma quantidade a outra.

Ideia de juntar quantidades

Num ginásio de esportes há dois tipos de acomodação: arquibancadas e cadeiras numeradas. Nas arquibancadas cabem 8 507 pessoas e nas cadeiras numeradas 4 358. Qual é a lotação desse ginásio?

Para responder, precisamos juntar as quantidades 8 507 e 4 358 e efetuar a adição:

- Por decomposição

$$8\,507 \rightarrow 8\,000 + 500 + 0 + 7$$
$$+\ 4\,358 \rightarrow 4\,000 + 300 + 50 + 8$$
$$\underline{}\qquad \overline{12\,000 + 800 + 50 + 15} = 12\,000 + 800 + 50 + 10 + 5 = 12\,000 + 800 + 60 + 5 = \boxed{12\,865}$$

- Com o algoritmo usual

$$\begin{array}{r}\overset{1}{8}\ 507 \\ +\ 4\ 358 \\ \hline 12\ 865\end{array}$$
← parcela
← parcela
← soma ou total

A lotação desse ginásio é de 12 865 pessoas.

Ideia de acrescentar uma quantidade a outra

Uma fábrica confeccionou, no período da manhã, 154 calças e, no período da tarde, 68 calças do mesmo modelo. Quantas calças foram produzidas nesse dia?

Para responder, precisamos acrescentar 68 à quantidade de calças que foram produzidas no período da manhã e efetuar a adição:

- Por decomposição

$$154 \rightarrow 100 + 50 + 4$$
$$+\ 68 \rightarrow 60 + 8$$
$$\underline{}\qquad \overline{100 + 110 + 12} =$$
$$100 + 100 + 10 + 10 + 2 = 200 + 20 + 2 = \boxed{222}$$

- Com o algoritmo usual

$$\begin{array}{r}\overset{1\ 1}{154} \\ +\ \ 68 \\ \hline 222\end{array}$$
← parcela
← parcela
← soma ou total

Foram produzidas nesse dia 222 calças.

ATIVIDADES

1 O quadrado abaixo está dividido em 9 quadradinhos iguais. O número de linhas é igual ao número de colunas. Observe que a soma dos números que estão em cada linha, coluna ou diagonal é sempre 15. É um quadrado mágico, de constante 15.

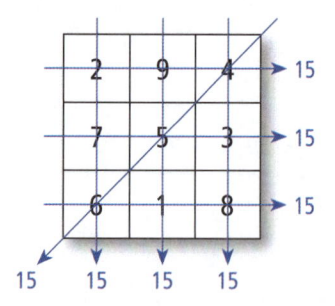

2	9	4	→ 15
7	5	3	→ 15
6	1	8	→ 15
↓15	↓15	↓15	↘15

Veja este quadrado mágico com 4 linhas e 4 colunas. Qual é a constante mágica deste quadrado? _____

16	3	2	13
5	10	11	8
9	6	7	12
4	15	14	1

2 Utilize a decomposição ou o algoritmo usual para efetuar estas adições:

a) 234 + 560 _____

b) 2 365 + 3 895 _____

c) 8 009 + 19 845 _____

d) 100 387 + 490 345 _____

3 Com os algarismos 4, 6 e 8 e sem repeti-los, escreva todos os números possíveis com 3 algarismos.

_____
_____

A seguir, calcule:

a) a soma do maior com o menor desses números
_____

b) a soma de todos esses números _____

4 Felipe escreveu 3 números pares consecutivos. Sabendo que o maior deles é 1 358, responda:

a) Quais são os outros dois? _____

b) Qual é a soma dos três números? _____

5 O quadro mostra a população dos estados da Região Nordeste.

POPULAÇÃO DOS ESTADOS DA REGIÃO NORDESTE (2010)	
Estado	Nº de habitantes
Maranhão	6 574 789
Piauí	3 118 360
Ceará	8 452 381
Rio Grande do Norte	3 168 027
Paraíba	3 766 528
Pernambuco	8 796 448
Alagoas	3 120 494
Sergipe	2 068 017
Bahia	14 016 906

Fonte: IBGE - *Censo 2010*. Disponível em: <http://www.ibge.com.br/estadosat/index.php>. Acesso em: 25 maio 2012.

Observe os dados e responda:

a) Qual estado tem a menor população?
_____

E a maior? _____

b) Qual é a população total da Região Nordeste do Brasil, em 2010?
_____

6 Escreva e resolva duas situações associadas à adição. Uma que envolva a ideia de juntar quantidades e outra, a de acrescentar uma quantidade a outra.
_____
_____
_____

Algumas propriedades da adição

Há três propriedades importantes da adição de números naturais: **comutativa**, **existência do elemento neutro** e **associativa**.

Propriedade comutativa

Veja como determinamos a soma dos números 85 e 134.

$$\begin{array}{r} {}_1 85 \\ + \ 134 \\ \hline 219 \end{array} \qquad \begin{array}{r} {}^1 134 \\ + \ \ 85 \\ \hline 219 \end{array}$$

> Na adição de dois números naturais, a ordem das parcelas não altera a soma.

Propriedade da existência do elemento neutro

Observe estas adições:

$$\begin{array}{r} 63 \\ + \ 0 \\ \hline 63 \end{array} \qquad \begin{array}{r} 1\,231 \\ + \ \ \ \ 0 \\ \hline 1\,231 \end{array} \qquad \begin{array}{r} 431 \\ + \ \ 0 \\ \hline 431 \end{array} \qquad \begin{array}{r} 158 \\ + \ \ 0 \\ \hline 158 \end{array}$$

Veja que, quando uma das parcelas é zero, a soma é sempre igual à outra parcela.

O zero é o elemento neutro.

> Na adição de um número natural com zero, o resultado é sempre igual a esse número.

Propriedade associativa

Observe o que ocorre no resutado destas adições.

(135 + 212) + 31 =   135 + (212 + 31) =
   347 + 31 =   135 + 243 =
     378   378

Os parênteses na primeira adição mostram que você deve adicionar 135 a 212 e, depois, adicionar a soma obtida a 31.

Na segunda adição os parênteses mostram que você deve adicionar 212 a 31 e, depois, a soma obtida a 135.

Os resultados foram os mesmos.

> Na adição com três números naturais, associando as parcelas de diferentes modos, o resultado não se altera.

ATIVIDADES

7 Escreva a propriedade da adição utilizada em cada item:

a) 21 + 15 = 15 + 21 _____

b) (1+ 2) + 3 = 1 + (2+ 3) _____

c) 0 + 4 = 4 _____

d) (3 + 2) + 5 = 3 + (2 + 5) _____

8 Explique por que o número zero é chamado elemento neutro da adição.

_____
_____
_____

9 Observe como podemos obter a soma dos números pares menores que 14, utilizando as propriedades comutativa e associativa:

0 + 2 + 4 + 6 + 8 + 10 + 12 =

= (0 + 12) + (2 + 10) + (4 + 8) + 6 =

= 12 + 12 + 12 + 6 = 42

Use as propriedades comutativa e associativa e calcule:

1 + 2 + 3 + 4 + 5 + 6 + 7 + 8 + 9 + 10

_____
_____

Adicionando mentalmente

Usando as propriedades associativa e/ou comutativa, podemos realizar adições mais facilmente. Há outros processos que facilitam o cálculo mental. Veja:

- **Por decomposição**

a) Decompomos as parcelas para obter, em seguida, somas parciais iguais a 10. Por exemplo:

$$8 + 7 + 4 + 9 =$$
$$= 5 + 3 + 7 + 4 + 6 + 3 = \text{Decomposição das parcelas}$$
$$= 5 + 10 + 10 + 3 = \text{Somas parciais iguais a 10}$$
$$= 28$$

b) Decompomos as parcelas em unidades, dezenas e centenas etc. e associamos convenientemente.

$$425 + 132 =$$
$$= 400 + 20 + 5 + 100 + 30 + 2 = \text{Decomposição das parcelas}$$
$$= 500 + 50 + 7 = \text{Soma das novas parcelas}$$
$$= 557$$

■ Formando dezenas e centenas completas e subtraindo o excesso. Exemplos:

a) 35 + 29 = ?

35 + 29 + 1 =
　　　‿‿‿
　　　dezena
　　　completa

1º passo 35 + 30 = 65

2º passo 65 − 1 = 64
　　　　　　　　│
　　　　　　　excesso

b) 184 + 590 = ?

184 + 590 + 10 =
　　　‿‿‿‿‿‿‿
　　　centena
　　　completa

1º passo 184 + 600 = 784

2º passo 784 − 10 = 774
　　　　　　　　│
　　　　　　　excesso

ATIVIDADES

10 Efetue as adições, mentalmente:

a) 1 + 57 + 899

_____

_____

b) 20 + 124 + 80

_____

_____

c) 48 + 120 + 22

_____

_____

d) 331 + 12 + 9 + 28

_____

_____

Associe os números para facilitar os cálculos.

11 Para cada caso, selecione a expressão que mais facilite os cálculos:

■ 3 + 38 + 2 707

a) (3 + 38) + 2 707

b) 3 + (38 + 2 707)

c) 38 + (3 + 2 707)

■ 234 + 23 + 17 + 136

a) (234 + 23) + (17 + 136)

b) (234 + 17) + (23 + 136)

c) (234 + 136) + (23 + 17)

12 Calcule mentalmente:

a) 28 + 132 _____

b) 67 + 133 _____

c) 20 + 38 + 55 _____

d) 99 + 1 235 + 11 _____

13 Carla foi a uma loja e comprou estes objetos.

> Calculadora: R$ 17,00
>
> Bicicleta: R$ 130,00
>
> Televisor: R$ 1570,00

Faça um cálculo mental para saber quanto ela gastou. _____

55

▶ Subtração

Há três ideias associadas à **subtração**:

- a de tirar uma quantidade de outra;
- a de comparar quantidades;
- a de completar quantidades.

Tirar uma quantidade de outra

Uma livraria tinha em estoque 1 950 livros didáticos. Durante o mês de janeiro vendeu 840 livros. Quantos livros didáticos restaram no estoque?

Para responder, basta efetuar a subtração: 1 950 – 840.

```
  1950  ←— minuendo
–  840  ←— subtraendo
  1110  ←— resto ou diferença
```

Restaram 1 110 livros no estoque.

Comparar quantidades

Paulo fez uma pesquisa de preços para consertar sua bicicleta. Comparou o preço do mesmo conserto em duas oficinas. Na primeira, custava R$ 59,00, e na segunda, R$ 87,00. Quantos reais a segunda oficina está cobrando a mais que a primeira?

Para responder é preciso calcular: 87 – 59

```
  ⁷8̸⁷¹  ←— minuendo
–  59   ←— subtraendo
   28   ←— resto ou diferença
```

A segunda oficina está cobrando R$ 28,00 a mais do que a primeira.

Completar quantidades

A distância entre João Pessoa, capital da Paraíba, e Natal, capital do Rio Grande do Norte, é de 180 km. Douglas mora numa fazenda localizada entre as duas cidades e a 63 km de João Pessoa. Quantos quilômetros tem de percorrer para visitar os avós que moram em Natal?

Para responder, devemos efetuar: 180 – 63.

```
  ⁷¹
  18̸0  ←— minuendo
–  63   ←— subtraendo
  117   ←— resto ou diferença
```

Douglas tem de percorrer 117 quilômetros.

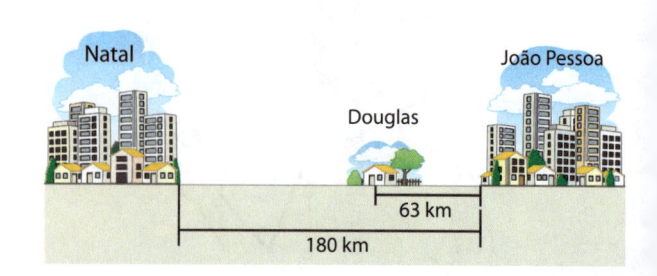

Observações:

- No conjunto dos números naturais, a subtração só pode ser realizada quando o minuendo for maior que o subtraendo. Veja:

a) 35 − 12 = 23   35
                  − 12
                  ─────
                    23

b) 23 − 52 = ?
Não tem solução no conjuto dos números naturais.

- No conjunto dos números naturais, a subtração não é comutativa.

85 − 35 ≠ 35 − 85

- No conjunto dos números naturais, a subtração não é associativa.

(189 − 13) − 3 =	189 − (13 − 3) =
= 176 − 3 =	= 189 − 10 =
= 173	= 179

ATIVIDADES

14 Numa subtração, o subtraendo é 38 e a diferença 75. Qual é o minuendo?

15 Este gráfico mostra o número de notificações de dengue, no Brasil, de 2003 a 2008. Analise o gráfico e responda:

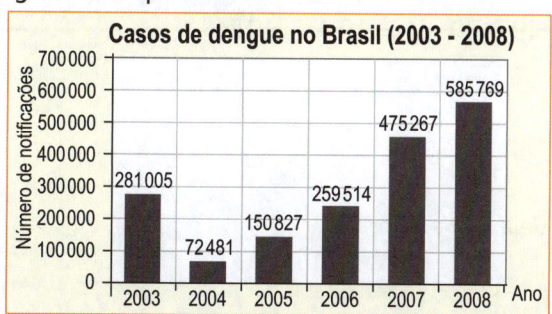

Casos de dengue no Brasil (2003 - 2008)

- 2003: 281 005
- 2004: 72 481
- 2005: 150 827
- 2006: 259 514
- 2007: 475 267
- 2008: 585 769

Fonte: Planilha Simplificada SESs/UF; Sinan. Disponível em: <http://portal.saude.gov.br/portal/arquivos/pdf/tabela_casos_dengue_classico_2008.pdf>. Acesso em: 1 jun. 2012.

a) Em que ano houve maior incidência de casos de dengue? _____

b) De 2003 a 2004, o número de casos de dengue notificados aumentou ou diminuiu? Quanto?

c) E de 2005 a 2006, aumentou ou diminuiu? Quanto?

16 Esta tabela mostra o total de público de algumas partidas do campeonato carioca de futebol de 2011.

CAMPEONATO CARIOCA − 2011 TAÇA GUANABARA			
Jogos			Público total (nº de pessoas)
Flamengo	x	Fluminense	23 915
Flamengo	x	Vasco	39 029
Botafogo	x	Vasco	31 267

Fonte: Federação de Futebol do Estado do Rio de Janeiro (FFERJ).

a) Qual desses jogos teve o menor público? E o maior?

b) Qual é a diferença entre o número de pessoas que assistiram aos jogos mencionados no item a?

57

17 Para calcular 3 785 – 835, Pedro usou uma calculadora. Porém, enganou-se e digitou as seguintes teclas ③ ⑧ ⑦ ⑤ ⑧ ③ ⑤. Qual é a diferença entre o resultado obtido e aquele que deveria ter sido encontrado?

_____

_____

18 Sabemos que os portugueses chegaram ao Brasil em 1500. Quantos anos se passaram até o ano em que nos encontramos hoje?

_____

_____

19 O quadro abaixo mostra a altura dos três maiores picos do mundo.

Picos	Altura (em metros)
Everest (Nepal/China)	8 844
K-2 (Nepal/China)	8 616
Kanchenjunga (Nepal/Índia)	8 603

Fonte: *Atlante di Agostini.*

Use os dados e responda:

a) Quantos metros o K-2 tem a mais que o Kanchenjunga? _____

b) Quantos metros o maior desses picos tem a mais que o menor? _____

Subtraindo mentalmente

Há alguns processos que facilitam o cálculo mental de subtrações.

Um deles é a **decomposição**. Exemplos:

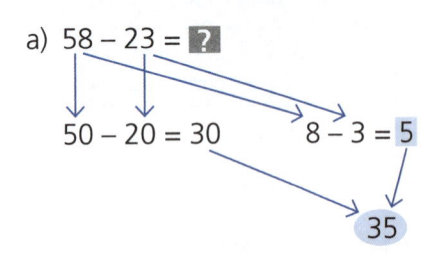

a) 58 – 23 = ?

50 – 20 = 30   8 – 3 = 5

35

b) 49 – 31 = ?

49 – 30 – 1 = 19 – 1 = 18

Outro processo é o de **completar quantidades**. Veja um exemplo:

Qual conta é mais fácil fazer mentalmente:

78 – 19 ou 78 – 20?

Como é mais fácil efetuar 78 – 20, substituímos 19 por 20:

78 – 20 = 58

Como aumentamos uma unidade no subtraendo, temos que aumentar uma unidade também no resultado.

78 – 20 = 58
↓   ↓
(19 + 1) (58 + 1)
            ↓
            59

Portanto, 78 – 19 = 59.

58

ATIVIDADES

20 Calcule mentalmente:
a) 89 – 35
b) 136 – 29
c) 2 305 – 1 306
d) 8 730 – 5 640

21 Resolva mentalmente:
a) Aninha convidou 135 pessoas para sua festa. Compareceram 89. Quantas pessoas faltaram?

b) Joaquim José da Silva Xavier, o Tiradentes, nasceu em São João Del Rey (MG), em 1746. Foi o líder da Inconfidência Mineira, movimento que almejou a independência do Brasil. Foi condenado à forca, morrendo em 21 de abril de 1792. Quantos anos ele viveu?

Joaquim José da Silva Xavier.

▶ Multiplicação

Estas são as ideias associadas à **multiplicação**: adicionar parcelas iguais, saber o número de combinações, organização retangular e proporcionalidade.

Adicionar parcelas iguais

Cláudio corre 1 500 metros todos os dias. Quantos metros percorreu após uma semana?

Para responder, devemos adicionar 7 parcelas iguais a 1 500, ou seja:

1 500 + 1 500 + 1 500 + 1 500 + 1 500 + 1 500 + 1 500

Essa igualdade pode ser representada pela multiplicação de **7** por **1500**.

Indica-se: 7 × 1500.

Lembre-se de que a semana tem 7 dias.

Podemos resolver essa multiplicação pelo algoritmo usual:

$$\begin{array}{r} \overset{3}{1\,500} \\ \times\ 7 \\ \hline 10\,500 \end{array}$$

1 500 ← multiplicando
× 7 ← multiplicador
10 500 ← produto

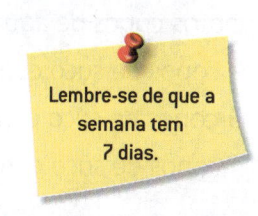

Número de combinações

Em uma lanchonete, são vendidos vários tipos de sanduíches. Veja ao lado os tipos de pão e de recheio oferecidos aos clientes.

Quantos tipos de sanduíche é possível fazer usando apenas um tipo de pão e um tipo de recheio?

Podemos combinar os dois tipos de pão com os quatro recheios em uma árvore de possibilidades:

Pães
Francês
Forma

Recheios
Atum
Frango
Queijo
Salame

Pão francês
- Atum → Pão francês com atum
- Frango → Pão francês com frango
- Queijo → Pão francês com queijo
- Salame → Pão francês com salame

Pão de forma
- Atum → Pão de forma com atum
- Frango → Pão de forma com frango
- Queijo → Pão de forma com queijo
- Salame → Pão de forma com salame

} 8

Esta é uma árvore de possibilidades.

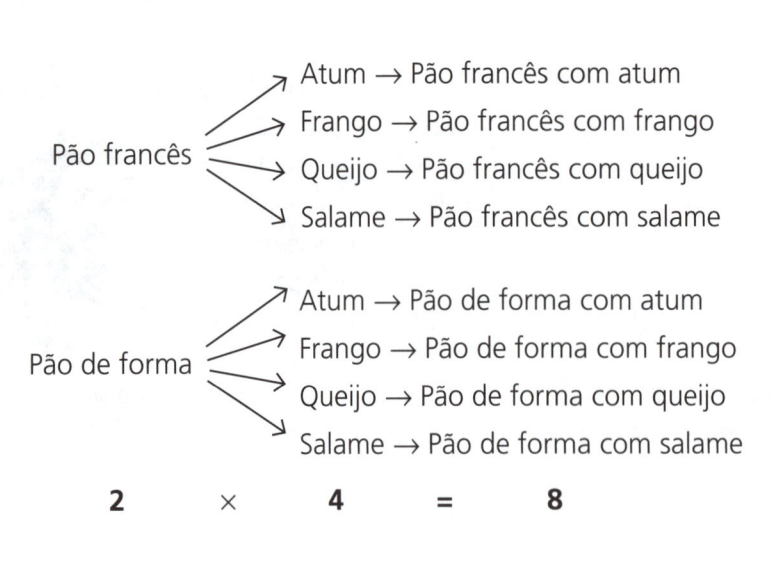

2 × 4 = 8

Organização retangular

Quantos ovos há na bandeja?

Como são 4 filas de 5 ovos, podemos calcular o total de ovos efetuando 4 × 5 = 20.

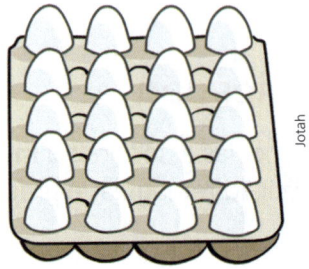

Proporcionalidade

Para fazer um refresco de laranja, são utilizados 5 copos de água para cada suco de copo concentrado. Quantos copos de água são necessários para preparar esse refresco quando utilizamos:

a) 2 copos de suco concentrado?

b) 3 copos de suco concentrado?

c) 4 copos de suco concentrado?

Quando utilizamos 1 copo de suco concentrado são necessários 1 × 5 = 5 copos de água.

a) 2 copos de suco concentrado → 2 × 5 = 10 copos de água

b) 3 copos de suco concentrado → 3 × 5 = 15 copos de água

c) 4 copos de suco concentrado → 4 × 5 = 20 copos de água

Observações

Quando multiplicamos um número:

- por 2, obtemos o dobro desse número;
- por 3, obtemos o triplo desse número;
- por 4, obtemos o quádruplo desse número;
- por 5, o quíntuplo;
- por 6, o sêxtuplo.

Quando multiplicamos qualquer número natural por zero ou multiplicamos zero por qualquer número natural, o resultado é zero.

EXPERIMENTOS, JOGOS E DESAFIOS

Multiplicação por 10, 100 ou 1 000

- Use uma calculadora e determine estes produtos:

  a) 13 × 10　　c) 154 × 100　　e) 74 × 1 000

  b) 230 × 10　　d) 371 × 100　　f) 8 × 1 000

- Efetue outros produtos em que um dos fatores seja 10, 100 ou 1 000.

- O que você observa nos produtos de multiplicações em que os fatores são 10, 100 ou 1 000?

ATIVIDADES

22 Efetue uma multiplicação para calcular:
15 + 15 + 15 + 15 + 15

23 Observe esta figura e responda:

a) Que operação matemática você pode fazer para calcular o número total de círculos da figura?

_____

_____

b) Que nome damos aos números envolvidos nessa operação? _____

c) Que nome recebe o resultado dessa operação?

_____

d) Quantos círculos estão desenhados nessa figura? _____

24 Calcule o preço a prazo dos produtos:

Geladeira
À vista R$ 1 350,00
A prazo 36 X R$ 42,00

TV LCD
À vista R$ 2 237,28
A prazo 24 x R$ 118,00

25 Uma sorveteria tem 12 sabores de sorvete e 5 tipos de cobertura. Com um sabor e uma cobertura, quantos tipos de sorvete é possível montar? _____

61

26 Maurício comprou uma motocicleta. Vai pagá-la em 12 prestações mensais de R$ 540,00. No total, quanto vai pagar pela moto?

27 Quando objetos estão dispostos em linhas e colunas (na forma de um retângulo), dizemos que eles estão numa organização retangular.

As carteiras desta classe estão dispostas numa organização retangular.

- Em quantas linhas estão dispostas? E em quantas colunas?

- Quantas carteiras há nessa classe?

28 Carla, filha de Patrícia, tem 4 anos. Patrícia tem o quíntuplo da idade da filha. Qual é a idade de Patrícia?

29 Joana colocou 21 livros em cada uma das 7 prateleiras de sua estante. Quantos livros há nessa estante?

30 De quantas maneiras diferentes Luís pode se vestir se possui 7 camisas, 4 calças, 8 meias e 6 pares de sapatos?

31 Um cinema tem 15 fileiras e cada fileira tem 14 poltronas. Quantas poltronas há nesse cinema?

32 Uma embalagem com 3 desodorantes custa 9 reais. Quantos reais uma pessoa vai gastar se comprar:

a) 2 dessas embalagens

b) 3 dessas embalagens

Algumas propriedades da multiplicação

Entre as propriedades da multiplicação vamos estudar a comutativa, a distributiva, a associativa e a do elemento neutro.

Propriedade comutativa

Em quantos quadradinhos está dividido este retângulo?

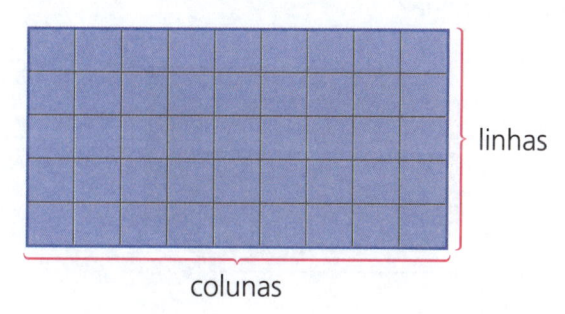

O número de quadradinhos pode ser obtido multiplicando o número de linhas pelo número de colunas: **5 × 9 = 45** ou multiplicando o número de colunas pelo número de linhas: **9 × 5 = 45**.

> Em uma multiplicação, a ordem dos fatores não altera o produto.

Propriedade distributiva

Observe o cálculo do número de quadradinhos de cada figura:

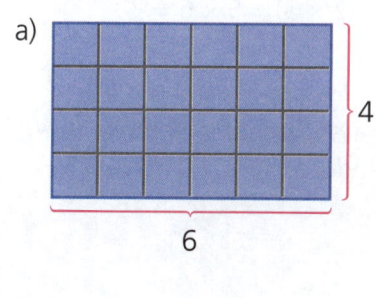

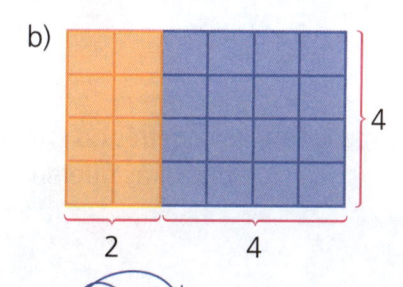

a) 4 × 6 = 24

b) 4 × (2 + 4) = 4 × 2 + 4 × 4 = 8 + 16 = 24

Na igualdade 4 × (2 + 4) = 4 × 2 + 4 × 4 aplicamos a propriedade distributiva da multiplicação em relação à adição.

Também podemos aplicar essa propriedade em relação à subtração. Exemplos:

a) 3 × (5 − 2) =
 = 3 × 5 − 3 × 2 =
 = 15 − 6 =
 = 9

b) (8 − 3) × 2 =
 = 8 × 2 − 3 × 2 =
 = 16 − 6 =
 = 10

Para multiplicar um número natural por uma expressão que contenha adições e/ou subtrações, podemos multiplicar esse número por todos os termos da adição ou da subtração e, em seguida, adicionar ou subtrair os resultados encontrados.

Propriedade associativa

Quantos cubinhos formam esta pilha?

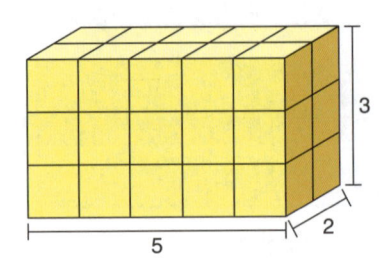

Observe duas maneiras de encontrar o resultado:

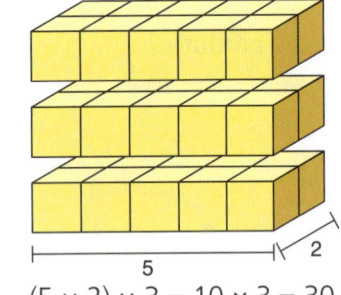

a) $(5 \times 2) \times 3 = 10 \times 3 = 30$

b) $5 \times (2 \times 3) = 5 \times 6 = 30$

Numa multiplicação com três ou mais números naturais, ao associarmos os fatores de maneiras diferentes, não alteramos o produto.

Propriedade do elemento neutro

Quando multiplicamos qualquer número natural por 1 ou multiplicamos 1 por qualquer número natural, o resultado é o próprio número.

Exemplos:

a) $1 \times 28 = 28$
b) $19 \times 1 = 19$
c) $1 \times 134 = 134$

O número 1 é o elemento neutro da multiplicação.

ATIVIDADES

33 Escreva a propriedade usada em cada item.

a) 4 × 5 = 5 × 4 _____

b) 10 × 1 = 10 _____

c) 2 × (3 × 4) = (2 × 3) × 4 _____

d) 2 × (3 − 1) = 2 × 3 − 2 × 1
_____

e) 3 × (5 + 2) = 3 × 5 + 3 × 2
_____

f) (4 + 1) × 5 = 4 × 5 + 1 × 5
_____

34 Descubra o número natural que está faltando:

a) 2 × (3 + 7) = 2 × 3 + 2 × ____

b) 5 × ____ = 8 × 5

c) 3 × (5 × 9) = (____ × 5) × 9

d) 4 × (11 − ____) = 4 × 11 − 4 × 5

Multiplicando mentalmente

O uso das propriedades da multiplicação facilita o cálculo.

Exemplos:

a) Para calcular 32 × 5 × 2, podemos associar as duas últimas parcelas:

32 × (5 × 2) = 32 × 10 = 320

b) Para calcular 7 × 15, podemos decompor o número 15 em 10 + 5 e aplicar a propriedade distributiva:

7 × 15 = 7 × (10 + 5) = 7 × 10 + 7 × 5 = 70 + 35 = 105

c) Na multiplicação 75 × 4, podemos decompor um dos fatores de modo mais simples:

75 × 4 =
= 75 × 2 × 2 =
= 150 × 2 =
= 300

ou

75 × 4 =
= 3 × 25 × 4 =
= 3 × 100 =
= 300

ATIVIDADES

35 Para facilitar este cálculo: 54 × 13, efetuamos 54 × (10 + 3). Que propriedade da multiplicação foi utilizada?
_____

36 Use a propriedade associativa para calcular:

a) 24 × 50 × 2 _____

b) 4 × 8 × 25 _____

c) 7 × 5 × 8 _____

37 Calcule mentalmente os produtos:

a) 3 × 12 _____

b) 6 × 15 _____

c) 4 × 23 _____

d) 14 × 7 _____

e) 5 × 25 _____

f) 8 × 11 _____

EXPERIMENTOS, JOGOS E DESAFIOS

Multiplicando por 1 001

- Use uma calculadora e efetue estas multiplicações:

    a) 121 × 1 001

    b) 232 × 1 001

    c) 354 × 1 001

- Faça outras multiplicações nas quais o primeiro fator é um número de 3 algarismos e o segundo é 1 001, e analise os resultados. O que você observa?

▶ Divisão

Há duas ideias associadas à **divisão**:

- repartir uma quantidade em partes iguais;
- saber quantas vezes uma quantidade cabe em outra.

Repartir uma quantidade em partes iguais

Paulo tem 95 papéis de carta em sua coleção e deseja reparti-los igualmente entre suas 5 filhas. Quantos papéis receberá cada filha?

```
              D U
dividendo → 9 5  | 5    ← divisor
            4 5    1 9  ← quociente
              0    D U
              ↑
            resto
```

> Quando o resto é zero, a divisão é exata.

Cada filha receberá 19 papéis de carta.

Ideia de saber quantas vezes uma quantidade cabe em outra

As galinhas de uma pequena granja botaram, em um dia, 253 ovos. Um funcionário colocou 12 ovos em cada embalagem. Quantas embalagens usou?

```
              C D U
dividendo → 2 5 3  | 12    ← divisor
              1 3    2 1   ← quociente
                1    D U
                ↑
              resto
```

> Quando o resto é diferente de zero, a divisão não é exata.

Ele usou 21 embalagens e sobrou um ovo.

ATIVIDADES

38 Observe esta divisão e responda:

```
1347 | 13
 047   103
   8
```

a) Qual é o resto? _____

b) Como se chama o número 1 347? _____

c) Qual é o divisor? _____

d) Como se chama o número 103? _____

39 Em uma divisão, o dividendo é 256 e o divisor, 13. Qual é o resto? _____

Essa divisão é exata ou não exata? _____

40 Efetue as divisões e classifique-as em exatas e não exatas:

a) 1 354 ÷ 3

b) 4 858 ÷ 2

c) 1 435 ÷ 5

d) 20 801 ÷ 17

41 Observe os passos para calcular a divisão de 1 230 por 6.

```
1230 | 6      1230 | 6
  0    2       03    20
```
→ →

```
1230 | 6
 030   205
   0
```

Não podemos esquecer deste zero.

Agora é com você. Efetue estas divisões:

a) 820 ÷ 4   c) 2 156 ÷ 7

b) 1 510 ÷ 5   d) 8 024 ÷ 8

42 Um supermercado vai embalar 891 sabonetes. Cada embalagem conterá 3 unidades. Quantas embalagens serão produzidas? _____

43 A Escola Nova vai levar os alunos do 6º e 7º anos para visitar um museu. O total de alunos nessa visita é 216 e cada ônibus fretado pela escola comporta 36 passageiros. Quantos ônibus serão necessários para transportar todos os alunos?

44 Em um minuto há 60 segundos. Quantos minutos há em 960 segundos? _____

45 Em um engradado de refrigerantes cabem 12 garrafas. Quantos engradados serão necessários para transportar 624 garrafas? _____

46 Sílvia comprou 4 pneus novos para seu carro. Pagou R$ 416,00. Quanto custou cada pneu?

47 Um elevador comporta no máximo 8 pessoas por viagem. Quantas viagens no mínimo serão necessárias para transportar 189 pessoas?

Algumas relações da divisão

Relação fundamental da divisão

Considere as divisões e observe a nomenclatura:

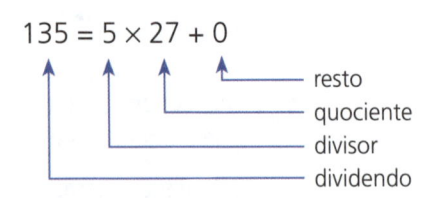

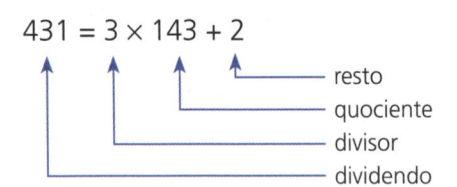

a) 135 | 5   135 = 5 × 27 + 0
   35   27
   0
                  resto
                  quociente
                  divisor
                  dividendo

b) 431 | 3   431 = 3 × 143 + 2
   13   143
   11
   2
                  resto
                  quociente
                  divisor
                  dividendo

$D = d \times q + r$

> Numa divisão o dividendo é igual ao produto do divisor pelo quociente somado com o resto.

Relação entre divisor e resto

Observe estas divisões.

13 | 2   153 | 10   59 | 3
1   6   53   15   29   19
              3   2

Nelas, o resto é sempre menor que o divisor.

resto < divisor

1 < 2   3 < 10   2 < 3

> Numa divisão, o resto é sempre menor que o divisor.

Observações:

- Não existe a divisão de um número natural por **0**.

  4 | 0
    ?

  Não existe um número natural que multiplicado por **0** dê **4**.

- A divisão de **0** por um número natural é sempre igual a **0**. Veja um exemplo:

  $$\begin{array}{r|l} 0 & 5 \\ \hline 0 & 0 \end{array}$$

- Quando o dividendo e o divisor são números naturais iguais e não nulos, o quociente é igual a 1. Veja um exemplo:

  $$\begin{array}{r|l} 8 & 8 \\ \hline 0 & 1 \end{array}$$

- No conjunto dos números naturais a divisão não é comutativa. Veja um exemplo:

  $$\begin{array}{r|l} 20 & 4 \\ \hline 0 & 5 \end{array} \qquad \begin{array}{r|l} 4 & 20 \\ \hline 0 & ? \end{array}$$ Não tem solução no conjunto dos números naturais.

- A divisão não é associativa:

  (200 ÷ 20) ÷ 5 =   200 ÷ (20 ÷ 5) =
  = 10 ÷ 5 =   = 200 ÷ 4 =
  = **2**   = **50**

- Quando dividimos um número por:
    2, obtemos a metade desse número;
    3, obtemos a terça parte desse número;
    4, obtemos a quarta parte desse número;
    5, obtemos a quinta parte desse número.

ATIVIDADES

48 Encontre o valor do dividendo em cada divisão.

a) $\begin{array}{r|l} \underline{} & 3 \\ 2 & 15 \end{array}$
b) $\begin{array}{r|l} \underline{} & 5 \\ 0 & 25 \end{array}$
c) $\begin{array}{r|l} \underline{} & 17 \\ 16 & 2\,003 \end{array}$

49 Numa divisão, o divisor é 15, o resto é 13 e o quociente é 105. Qual é o dividendo? _____

50 Sem fazer o cálculo, e sabendo que o resto é o maior possível, diga qual é o divisor: _____

$\begin{array}{r|l} 101 & \underline{} \\ 5 & 16 \end{array}$

51 Quais são os restos possíveis na divisão de um número natural por 7? _____

52 Uma caixa continha certa quantidade de bombons, que foram repartidos igualmente entre duas irmãs: Sônia e Cristina. Cada uma recebeu 13 bombons, sobrando ainda um bombom na caixa. Quantos bombons havia na caixa antes de serem repartidos? _____

Dividindo mentalmente

Para facilitar o cálculo podemos:

a) decompor o dividendo em parcelas e utilizar a propriedade distributiva. Por exemplo: 482 ÷ 2 = ?

(400 + 80 + 2) ÷ 2 =

400 ÷ 2 + 80 ÷ 2 + 2 ÷ 2 =

= 200 + 40 + 1 =

= 241

b) decompor o divisor em fatores. Por exemplo: 168 ÷ 8 = ?

Esse cálculo é feito em etapas.

- Decompõe-se o divisor em fatores: 168 ÷ (2 × 4)
- Divide-se o dividendo por um dos fatores: 168 ÷ 2 = 84
- Divide-se o resultado obtido pelo outro fator: 84 ÷ 4 = 21

Logo, 168 ÷ 8 = 21

ATIVIDADES

53 Para calcular, decomponha o divisor em fatores:

a) 70 ÷ 14
b) 64 ÷ 16
c) 500 ÷ 25
d) 105 ÷ 15

54 Para calcular, decomponha o dividendo em parcelas:

a) 116 ÷ 4
b) 420 ÷ 20
c) 972 ÷ 9
d) 535 ÷ 5

55 Calcule mentalmente e descreva como o cálculo foi feito:

a) 68 ÷ 2
b) 128 ÷ 2
c) 408 ÷ 4
d) 350 ÷ 5

56 Pedro calculou mentalmente estas divisões:

88 ÷ 4 = 22   134 ÷ 2 = 62
93 ÷ 3 = 31   648 ÷ 2 = 324

- Em qual dessas divisões Pedro cometeu um erro? _____

▶ Operações inversas

Adição e subtração: operações inversas

Sabendo que a adição e a subtração são operações inversas, é possível resolver alguns problemas.

a) Pensei em um número, adicionei 21 e obtive 63. Em que número pensei?

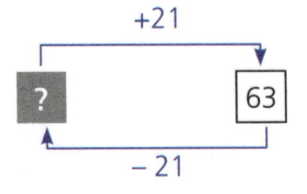

+21

? → 63
−21

? + 21 = 63

? = 63 − 21

? = 42

Pensei no número 42.

Verificação

Pensei no número 42
Adicionei 21   + 21
                 ────
                  63

Confere!

b) Numa subtração, o subtraendo é 45 e a diferença é 26. Qual é o minuendo?

?	← minuendo
− 45	← subtraendo
26	← diferença

? − 45 = 26
? = 26 + 45
? = 71

Verificação
71
− 45
26

Confere!

Portanto, o minuendo é 71.

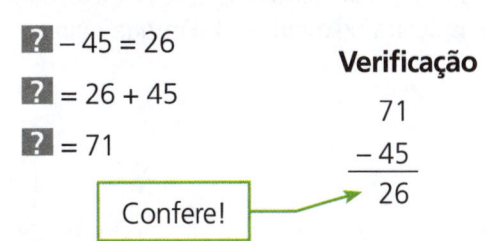

Multiplicação e divisão: operações inversas

Acompanhe outros problemas que podem ser resolvidos considerando que a multiplicação e a divisão são operações inversas.

a) Multipliquei um certo número natural por 3, e obtive como produto o número 51. Qual é esse número?

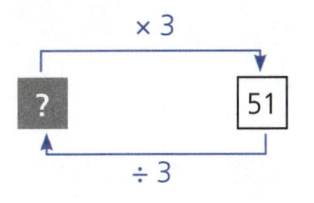

? × 3 = 51
? = 51 ÷ 3
? = 17

Verificação
17
× 3
51

Confere!

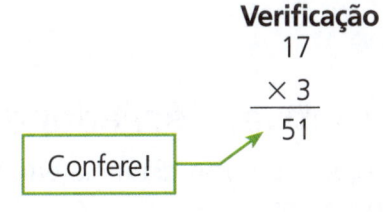

O número é 17.

b) Carlos tem R$ 54,00. Multiplicando a quantia que tenho por 2 e adicionando R$ 24,00, fico com a mesma quantia que Carlos. Quantos reais tenho?

Tenho ?.

? × 2 + 24 = 54

? × 2 = 54 − 24

? × 2 = 30

? = 30 ÷ 2

? = 15

Tenho R$ 15,00.

ATIVIDADES

57 Numa adição, uma das parcelas é 135 e a soma é 512. Qual é a outra parcela?

58 Numa divisão exata, o divisor é 12 e o quociente é 15. Qual é o dividendo?

59 Sabendo que este quadrado mágico tem soma constante 24, complete-o.

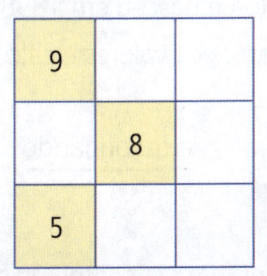

9		
	8	
5		

60 Pensei em um número. Dividi esse número por 3. Depois subtraí 2 e obtive 4. Em que número pensei?

61 Adicionando três anos ao dobro da idade de Paula, obtemos a idade de Fernanda, que tem 11 anos. Quantos anos tem Paula?

▶ Estimativas, arredondamentos e cálculos aproximados

Há situações do nosso dia a dia em que não necessitamos fazer cálculos exatos, e sim conhecer valores aproximados.

SITUAÇÃO 1

Paulo tem R$ 920,00 e quer comprar um par de patins, que custa R$ 65,00, uma bola de R$ 17,00 e um *video game* de R$ 788,00. Fez um cálculo aproximado e verificou que esse dinheiro era suficiente para fazer a compra.

Veja os cálculos:

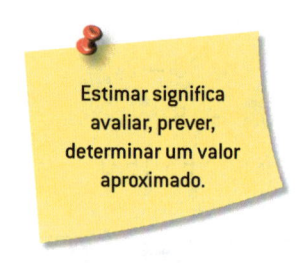

$$\begin{array}{r} 65 \\ + 17 \\ \underline{788} \\ \boxed{?} \end{array} \xrightarrow{\text{arredondando}} \begin{array}{r} 50 \\ + 20 \\ \underline{800} \\ 870 \end{array} \text{(valor aproximado)}$$

> Estimar significa avaliar, prever, determinar um valor aproximado.

Por estimativa, Paulo verificou que o dinheiro era suficiente.

SITUAÇÃO 2

O avô de Jorge nasceu em 1898 e faleceu em 1977. Quantos anos, aproximadamente, viveu?

Arredondamos os valores e calculamos a diferença:

$$\begin{array}{r} 1977 \\ - 1898 \\ \boxed{?} \end{array} \xrightarrow{\text{arredondando}} \begin{array}{r} 1980 \\ - 1900 \\ \hline 80 \end{array}$$

Ele viveu aproximadamente 80 anos.

SITUAÇÃO 3

Carla tinha de fazer a divisão de 20 097 por 99. Inicialmente, utilizou arredondamentos que lhe permitiram estimar o resultado. Ela arredondou os valores assim:

20 000 ÷ 100 = 200   (valor estimado)

Efetuando a divisão, encontrou o quociente 203 (valor exato), bem próximo do valor estimado.

SITUAÇÃO 4

Pedro viu que na papelaria havia cadernos em oferta e fez um cálculo aproximado para saber se teria dinheiro para comprar 6 deles.

Como ele calculou o valor aproximado da compra?

Para fazer o cálculo aproximado, arredondou o número 19 para a dezena mais próxima:

$$\begin{array}{c} 19 \\ \times\, 6 \\ \hline ? \end{array} \xrightarrow{\text{arredondando}} \begin{array}{c} 20 \\ \times\, 6 \\ \hline 120 \end{array} \text{ (valor aproximado)}$$

Pedro calculou que iria gastar, aproximadamente, 120 reais.

ATIVIDADES

62 Estime um valor para cada soma e confira sua estimativa realizando o cálculo por escrito:

a) 1 158 + 890

b) 2 350 + 199

c) 19 900 + 21 050

63 Vera tem R$ 1 000,00 e quer comprar um telefone celular de R$ 445,00, uma batedeira de R$ 190,00 e um aparelho de som de R$ 390,00.

O dinheiro que Vera possui é suficiente para comprar os três aparelhos? _____

64 Relacione cada divisão com o quociente estimado:

a) 12 503 ÷ 6 101   I) 20
b) 2 009 ÷ 4   II) 30
c) 12 503 ÷ 610   III) 2
d) 1 511 ÷ 50   IV) 500

65 Paulo e Ruth estão fazendo estimativas do resultado da multiplicação de 58 por 42. Quem fez a estimativa mais próxima do resultado exato?

O produto de 58 por 42 é 2 400.

Eu acho que é 2 600.

Expressões numéricas

O que é uma expressão numérica?

Expressão numérica é uma sequência de operações numéricas indicadas, mas não efetuadas. Exemplos de **expressões numéricas**:

a) 4 + 1

b) 2 × 3 − 5

c) 36 ÷ 4 × 3

d) (3 − 2) × 5

A expressão numérica **5 + 2 × 3** envolve uma adição e uma multiplicação. Veja como Fabiana resolveu essa expressão.

$$5 + 2 \times 3 =$$
$$= 5 + 6 =$$
$$= 11$$

Para encontrar o resultado, ela efetuou a multiplicação antes da adição. Nas expressões em que aparecem divisões, multiplicações, adições e subtrações, efetuamos as operações nesta ordem:

1. Primeiro as multiplicações e as divisões na ordem em que aparecerem, e da esquerda para a direita.

2. Depois as adições e as subtrações na ordem em que aparecerem, e da esquerda para a direita.

Expressões numéricas são úteis na resolução de problemas. Por exemplo:

> Carlos comprou duas canetas de R$ 3,00 cada uma, três cadernos de R$ 12,00 cada um e uma borracha de R$ 1,00. Quanto gastou?

Vamos representar essa situação por uma expressão numérica:

$$\underset{\text{canetas}}{2 \times 3} \quad + \quad \underset{\text{cadernos}}{3 \times 12} \quad + \quad \underset{\text{borracha}}{1 \times 1}$$

Resolvendo:

2 × 3 + 3 × 12 + 1 × 1

  6 + 36 + 1 =

= 43

Carlos gastou R$ 43,00.

ATIVIDADES

66 Resolva estas expressões numéricas:

a) 200 − 17 + 15 − 23

b) 2 × 3 + 4 × 5

c) 1 + 23 ÷ 23 + 3 × 19

d) 19 × 5 × 2 ÷ 10

67 Relacione as expressões numéricas com os respectivos resultados:

a) 25 − 10 ÷ 2 × 3   I) 20

b) 15 × 3 + 8 − 4 × 2   II) 10

c) 20 + 24 ÷ 12 − 2   III) 45

d) 4 + 12 × 2 + 8   IV) 36

68 Valéria ganhou R$ 15,00 de seu pai e R$ 17,00 de sua mãe. Juntou essas quantias e comprou 1 sorvete de R$ 3,00 e 5 chicletes de R$ 2,00 cada um. Com quanto ficou? Use uma expressão numérica para resolver o problema.

Expressões numéricas com parênteses, colchetes e chaves

Em uma expressão numérica, para indicar que certas operações precisam ser feitas antes de outras, utilizam-se três símbolos de agrupamento:

( ) parênteses, [ ] colchetes e { } chaves.

Por exemplo, para representar o dobro da diferença entre 15 e 7 podemos usar esta expressão numérica:

2 × (15 − 7)

Resolvendo, temos:

2 × (15 − 7) =
= 2 × 8 =
= 16

Nas expressões numéricas em que há parênteses, colchetes e chaves, devemos efetuar primeiro as operações que estão dentro dos parênteses, depois as que estão dentro dos colchetes e, por último, as que estão dentro das chaves. Deve-se obedecer também à ordem das operações: primeiro fazemos as multiplicações e as divisões, depois as adições e as subtrações.

Exemplos:

a) 2 × [(15 + 5) × 3] =
= 2 × [20 × 3] =
= 2 × 60 =
= 120

b) 47 − {[(36 − 27) × 2] + 14} =
= 47 − {[9 × 2] + 14} =
= 47 − {18 + 14} =
= 47 − 32 =
= 15

ATIVIDADES

69 Resolva estas expressões numéricas:

a) 3 × [(12 + 8) × 5]

b) [35 ÷ (2 + 3)] ÷ 7

c) 25 + {5 × [8 + (45 ÷ 5) − 3]}

d) 20 + {17 + 2 × [80 ÷ (31 − 11)] + 4}

70 Reescreva as expressões numéricas colocando parênteses para que as igualdades sejam verdadeiras:

a) 15 − 4 + 1 = 10

b) 4 × 2 + 3 = 20

c) 10 + 40 ÷ 8 + 2 = 14

d) 5 + 3 × 2 + 15 = 31

71 Escolha dois números ímpares menores que 13. Adicione-os. Divida o resultado obtido por 2. Multiplique o resultado pela diferença entre 10 e 3.

a) Escreva uma expressão numérica para representar essa situação.

b) Resolva-a.

▶ Resolvendo mais problemas

A seguir apresentamos alguns passos para orientá-lo sobre a **resolução de problemas**.

- **Compreender o problema**
  Leia o enunciado, identifique os dados fornecidos e o que se quer saber.

- **Planejar a solução**
  Procure lembrar se você já resolveu um problema parecido; resolva-o por partes; verifique se pode ser resolvido por tentativa; use operações matemáticas elementares ou, se possível, crie um esquema ou uma tabela que represente a situação do problema.

- **Colocar em prática o que planejou**
  Execute o plano; faça as contas ou resolva a expressão matemática que você montou etc.

- **Conferir os resultados**
  Leia novamente o enunciado e verifique se você respondeu o que foi perguntado.

- **Escrever a resposta do problema**

Exemplo:

> Cláudio ganhou um quebra-cabeça de 500 peças. No primeiro dia montou 75 peças, no segundo, 48. Quantas peças faltam para completar o quebra-cabeça?

Compreender o problema

- Quais são os dados fornecidos?
  - O quebra-cabeça tem 500 peças.
  - No 1º dia montou 75 e no 2º, 48.
- O que se quer saber?

  A quantidade de peças que falta montar.

Planejar a solução

- Calcular quantas peças Cláudio montou nos dois primeiros dias.
- Calcular a diferença entre o total de peças e as peças já montadas.

Colocar em prática o que planejou

$$\begin{array}{r} \overset{1}{}75 \\ +\ 48 \\ \hline 123 \end{array} \qquad \begin{array}{r} \overset{4\,9\,1}{500} \\ -\ 123 \\ \hline 377 \end{array} \quad \text{ou} \quad \begin{array}{l} 500 - (75 + 48) = \\ =500 - 123 = \\ = 377 \end{array}$$

Conferir os resultados

Adicionando 377 a 48 e, em seguida, adicionando o resultado a 75, a soma deverá ser 500.

$$\begin{array}{r} \overset{1\,1}{377} \\ +\ 48 \\ \hline 425 \end{array} \qquad \begin{array}{r} \overset{1\,1}{425} \\ +\ 75 \\ \hline 500 \end{array}$$

Escrever a resposta do problema

Falta montar 377 peças para completar o quebra-cabeça.

ATIVIDADES

72 Observe o anúncio do fogão em oferta.

FOGÃO
OFERTA
À VISTA
R$ 870,00 ou
6x R$ 173,00

Iara Venanzi / kino.com.br

Qual é a diferença entre o preço à vista e o preço a prazo? _____

73 Um rolo com 150 metros de corda foi dividido em quatro partes. Duas dessas partes tinham 36 metros cada uma. As outras duas partes também tinham o mesmo comprimento entre si. Quantos metros tinha cada uma dessas partes?

74 Carlos e Daniel têm juntos 129 anos. Determine a idade de cada um, sabendo que Carlos tem 23 anos a mais que Daniel.

Fonte: IBGE - *Censo 2010*. Disponível em: <http://www.censo2010.ibge.gov.br/sinopse/index.php?dados=8&uf=00>. Acesso em: 25 maio 2012.

75 Segundo o Censo do IBGE, em 2010 o Brasil tinha uma população urbana de 160 925 792 habitantes e uma população rural de 29 830 007 habitantes.

a) Qual era a população total brasileira segundo o *Censo de 2010*?

_____

b) Qual era a diferença entre a população urbana e a rural?

_____

c) Pesquise no *site* do IBGE qual é a população brasileira atual e quanto aumentou desde 2010.

_____

_____

76 Um paciente deverá tomar um comprimido de 8 em 8 horas durante 14 dias.

a) Quantas cartelas iguais a esta ele irá usar?

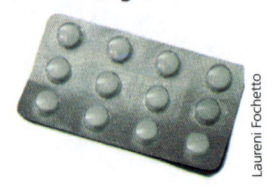

b) Sobrarão comprimidos na última cartela? Quantos?

77 Um supermercado tem 5 caixas. Para atender um cliente, cada caixa demora em média 6 minutos.

Supondo que todos os operadores de caixa trabalharam sem parar durante 4 horas, quantas pessoas foram atendidas? Lembre-se: uma hora tem 60 minutos.

78 (Saresp-modificado) As bombas de combustível dos postos de serviço têm um contador que vai acumulando o total de litros vendidos por dia. Veja os totais acumulados em determinado dia, em cada bomba do posto São Pedro.

	1ª Bomba	2ª Bomba
Litros	15 635	10 215

Se o posto São Pedro vender todos os dias a mesma quantidade de combustível, em quantos dias ele venderá 103 400 litros?

▶ Potenciação

Na situação descrita abaixo, conheça uma nova operação: a **potenciação**.

Paulo decidiu juntar dinheiro durante 5 dias. Guardou dois reais no primeiro dia. E nos dias seguintes, em cada dia, duplicou a quantia anterior. Quantos reais ele guardou no 5º dia?

1º dia → 2 → 2 reais

2º dia → 2 × 2 → 4 reais

3º dia → 2 × 2 × 2 → 8 reais

4º dia → 2 × 2 × 2 × 2 → 16 reais

5º dia → 2 × 2 × 2 × 2 × 2 → 32 reais

No 5º dia, Paulo guardou R$ 32,00.

Uma multiplicação de fatores iguais pode ser escrita de forma abreviada. Por exemplo:

$$2 \times 2 \times 2 \times 2 \times 2 = 2^5$$

número de fatores ↓

fator que se repete ↑

Resolvendo, temos:

$2^5 = 2 \times 2 \times 2 \times 2 \times 2 = 32$

A essa operação damos o nome de **potenciação**.

Numa potenciação, o fator que se repete chama-se **base**, o número que mostra quantas vezes o fator se repete chama-se **expoente** e o resultado da operação chama-se **potência**.

$2^5 = 32$ — expoente, potência, base

Lê-se: dois elevado à quinta potência.

Exemplos:

a) $5^4 = 5 \times 5 \times 5 \times 5 = 625$ (5^4: cinco elevado à quarta potência)
b) $3^5 = 3 \times 3 \times 3 \times 3 \times 3 = 243$ (3^5: três elevado à quinta potência)
c) $0^3 = 0 \times 0 \times 0 = 0$ (0^3: zero elevado à terceira potência)
d) $1^6 = 1 \times 1 \times 1 \times 1 \times 1 \times 1 = 1$ (1^6: um elevado à sexta potência)

Observações

- Quando o expoente é 1, a potência é igual à própria base.
  $3^1 = 3$ $57^1 = 57$ $2301^1 = 2301$

- Quando o expoente é 0 e a base é diferente de 0, a potência é sempre igual a 1.
  $2^0 = 1$ $201^0 = 1$ $587^0 = 1$

ATIVIDADES

79 Na operação $4^5 = 1024$, identifique a base, o expoente e a potência:

base: _____
expoente: _____
potência: _____

80 Escreva na forma abreviada, comumente chamada forma de potência:

a) $2 \times 2 \times 2$ _____
b) 3×3 _____
c) $4 \times 4 \times 4 \times 4 \times 4$ _____
d) $5 \times 5 \times 5 \times 5$ _____

81 Escreva na forma multiplicativa:

a) 2^4 _____
b) 12^3 _____
c) 124^4 _____
d) 1^5 _____

82 Escreva como se lê:

a) 2^8 _____
b) 7^3 _____
c) 8^2 _____
d) 13^5 _____

83 Determine as potências:

a) 3^4 _____
b) 11^2 _____
c) 20^3 _____
d) 100^4 _____

O quadrado e o cubo de um número

As potências de expoentes 2 e 3 podem ser associadas a figuras.

Potências de expoente 2

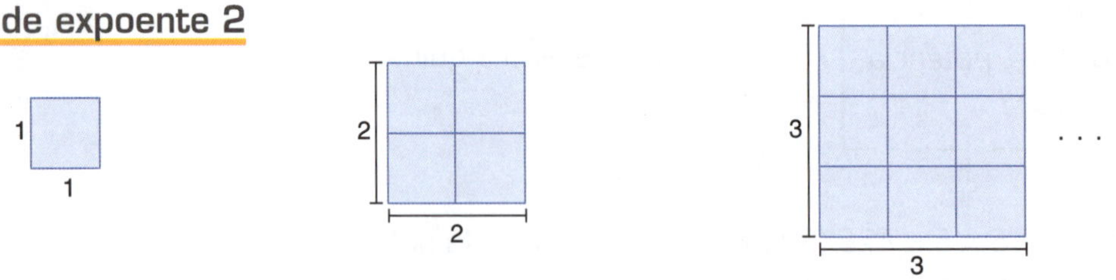

1^2 2^2 3^2

Devido a essa associação, as potências de expoente 2 podem ser lidas de forma diferente:

1^2 Lê-se: um elevado ao quadrado.

2^2 Lê-se: dois elevado ao quadrado.

3^2 Lê-se: três elevado ao quadrado.

Potências de expoente 3

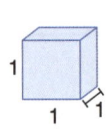

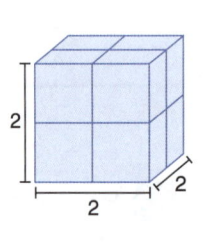

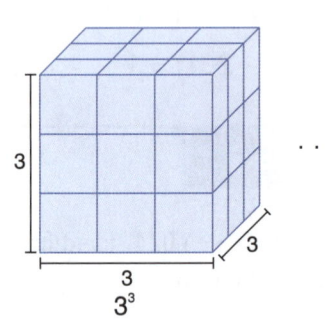

1^3 2^3 3^3

Aqui, devido a essa associação, as potências de expoente 3 são lidas de forma diferente:

1^3 Lê-se: um elevado ao cubo.

2^3 Lê-se: dois elevado ao cubo.

3^3 Lê-se: três elevado ao cubo.

Como é a potência quando a base é 10?

Observe o que ocorre no resultado das potências quando a base é 10.

$10^2 = 100$

$10^3 = 1\,000$

$10^4 = 10\,000$

$10^5 = 100\,000$

$10^6 = 1\,000\,000$

$10^7 = 10\,000\,000$

> Toda potência de base 10 é igual ao número formado pelo algarismo 1 acompanhado de tantos zeros quantas forem as unidades do expoente.

ATIVIDADES

84 Escreva na forma de potência o número de círculos desta figura.

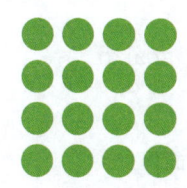

85 Escreva na forma de potência o número de cubinhos (☐) desta figura.

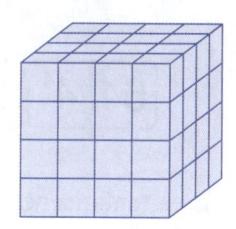

86 Represente geometricamente, por meio de um quadrado ou de um cubo, as potências:

a) 5^2

b) 5^3

87 Escreva o quadrado de:

a) 5 _____
b) 6 _____
c) 7 _____
d) 8 _____

88 Escreva o cubo de:

a) 5 _____
b) 6 _____
c) 7 _____
d) 8 _____

89 Determine as potências:

a) 0^1 _____
b) 1^0 _____
c) 10^1 _____
d) 1^{10} _____
e) 10^0 _____
f) 0^{10} _____

90 Quais destas igualdades estão corretas?

a) $110^0 = 110$
b) $15^1 = 15$
c) $110^0 = 1$
d) $15^1 = 1$

91 Qual é menor?

a) 20^1 ou 20^0? _____
b) 15^{10} ou 15^0? _____
c) 7^1 ou 7^{10}? _____

92 Determine:

a) a metade de 10 _____
b) o dobro de 10 _____
c) o quadrado de 10 _____
d) o cubo de 10 _____
e) a soma do dobro de 10 com o quadrado de 10 _____
f) a diferença entre o cubo de 10 e a metade de 10 _____

EXPERIMENTOS, JOGOS E DESAFIOS

Dominó das potências

Reúna-se com um ou três de seus colegas para formar grupos de 2 ou de 4.

Você precisa compor com uma cartolina as peças do dominó ilustrado abaixo.

Peças de dominó

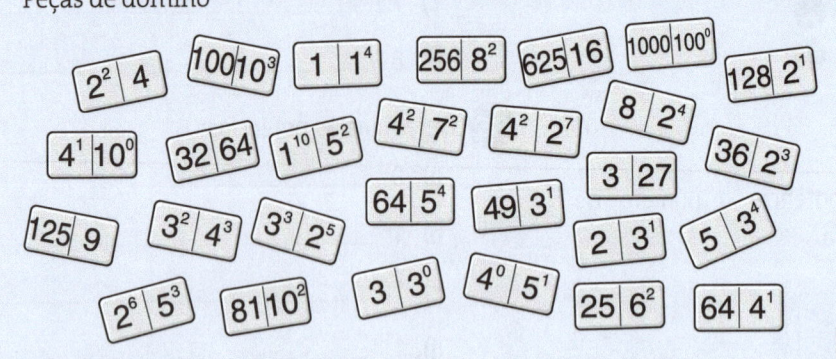

| 2^2 | 4 | | 100 | 10^3 | | 1 | 1^4 | | 256 | 8^2 | | 625 | 16 | | 1000 | 100^0 | | 128 | 2^1 |

| 4^1 | 10^0 | | 32 | 64 | | 1^{10} | 5^2 | | 4^2 | 7^2 | | 4^2 | 2^7 | | 8 | 2^4 | | 36 | 2^3 |

| 125 | 9 | | 3^2 | 4^3 | | 3^3 | 2^5 | | 64 | 5^4 | | 49 | 3^1 | | 3 | 27 | | | |
| | | | | | | | | | | | | | | | 2 | 3^1 | | 5 | 3^4 |

| 2^6 | 5^3 | | 81 | 10^2 | | 3 | 3^0 | | 4^0 | 5^1 | | 25 | 6^2 | | 64 | 4^1 |

| 64 | 4^1 | | 2^2 | 4 |

- Cada jogador recebe o mesmo número de peças. Deixar algumas peças formando o monte para compra sobre a mesa.
- O primeiro jogador descarta uma de suas peças e os outros, na sua vez, tentam encaixar uma peça que tenha como resultado o correspondente a um dos lados da peça que está na mesa.
- Quando um dos jogadores não tiver a peça de encaixe, comprará uma peça da mesa. Caso não haja peça na mesa, então passa a vez.
- Ganha o jogador que ficar sem peças na mão primeiro.

▶ Raiz quadrada de um número natural

Qual é o número que elevado ao quadrado dá 36?

É o 6!

Quando Fábio respondeu que 6 é o número que elevado ao quadrado dá 36, efetuou uma nova operação: a **radiciação**. Ele calculou a **raiz quadrada** de 36.

A raiz quadrada de 36 é 6, pois $6^2 = 36$.

Em Matemática, escrevemos:

$\sqrt{36} = 6$. Lê-se: raiz quadrada de trinta e seis é igual a seis.

O símbolo da raiz quadrada é $\sqrt[2]{}$ ou $\sqrt{}$.

$$\text{índice} \rightarrow \sqrt[2]{\underset{\uparrow}{36}} = \underset{\uparrow}{6}$$
$$\text{radicando} \quad \text{raiz}$$

Outros exemplos:

a) $\sqrt{25} = 5$, pois $5^2 = 25$
b) $\sqrt{49} = 7$, pois $7^2 = 49$

> Para calcular a raiz quadrada de um número natural, deve-se encontrar um número que elevado ao quadrado seja igual ao número inicial.

Observação

- Os números naturais que tem como raiz quadrada um número natural são chamados **quadrados perfeitos**. Exemplos:
  - $\sqrt{1} = 1$, pois $1^2 = 1$
  - $\sqrt{4} = 2$, pois $2^2 = 4$
  - $\sqrt{9} = 3$, pois $3^2 = 9$
  - $\sqrt{16} = 4$, pois $4^2 = 16$
  - $\sqrt{25} = 5$, pois $5^2 = 25$
  - $\sqrt{36} = 6$, pois $6^2 = 36$
  - $\sqrt{49} = 7$, pois $7^2 = 49$
  - $\sqrt{64} = 8$, pois $8^2 = 64$
  - $\sqrt{81} = 9$, pois $9^2 = 81$
  - $\sqrt{100} = 10$, pois $10^2 = 100$

Os números 1, 4, 9, 16, 25, 36, 49, 64, 81 e 100 são quadrados perfeitos.

Expressões numéricas com potências e raiz quadrada

As potências e as raízes quadradas podem fazer parte de uma expressão numérica.

Para resolver uma expressão com potenciações e raízes quadradas deve-se efetuar primeiro as operações que estão dentro dos parênteses, depois as que estão dentro dos colchetes e, por último, as que estão dentro das chaves. Deve-se também efetuar as operações na seguinte ordem:

1º) potenciações e raízes quadradas, da esquerda para a direita;
2º) multiplicações e divisões, da esquerda para a direita;
3º) adições e subtrações, na esquerda para a direita.

A situação a seguir pode ser representada por uma expressão numérica.

Márcio arrumou as bolas de gude de uma caixa assim:

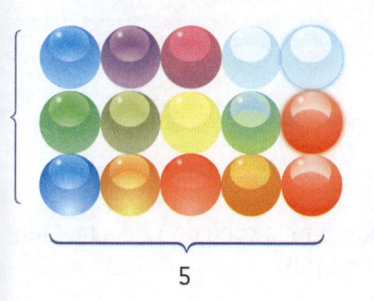

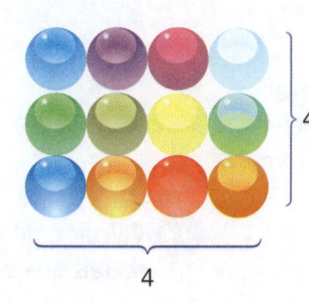

- Quantas bolas de gude havia na caixa?

Podemos utilizar uma expressão numérica para representar a situação: $5 \times 3 + 4^2$.

Resolvendo a expressão, temos:
$5 \times 3 + 4^2 =$
$= 5 \times 3 + 16 =$
$= 15 + 16 =$
$= 31$

Havia na caixa 31 bolas de gude.

Vamos resolver outras expressões numéricas.

a) $\sqrt{64} \div 2 - 1 \times 4 =$
   $= \underline{8 \div 2} - \underline{1 \times 4} =$
   $= 4 - 4 =$
   $= 0$

b) $56 - \sqrt{81} + 3^4 \div (\sqrt{4} + 1) =$
   $= 56 - \sqrt{81} + 3^4 \div (2 + 1) =$
   $= 56 - \sqrt{81} + 3^4 \div 3 =$
   $= 56 - 9 + 81 \div 3 =$
   $= 56 - 9 + 27 =$
   $= 74$

ATIVIDADES

93) Observe a igualdade $\sqrt{25} = 5$.
   a) Qual operação foi efetuada? _____
   b) Qual é o índice? _____
   c) Qual é o radicando? _____
   d) Qual é a raiz quadrada? _____

94) Um número natural elevado ao quadrado dá 121.
   a) Qual é esse número? _____
   b) Em relação a 121, o que representa esse número? _____

95) Explique por que a raiz quadrada de 225 é 15.
   _____

96) Calcule:
   a) $\sqrt{25}$ _____
   b) $\sqrt{1}$ _____
   c) $\sqrt{100}$ _____
   d) $\sqrt{0}$ _____
   e) $\sqrt{129}$ _____

97) O piso de uma cozinha tem forma quadrangular. Foi recoberto com 169 ladrilhos que também têm forma quadrangular. Quantos ladrilhos há em cada lado desse piso?

98) Determine o valor das expressões:
   a) $4^3 + 5 - 3^2$
   _____
   _____
   b) $5^2 + (3^2 + 1) - \sqrt{4}$
   _____
   _____
   c) $9 - \sqrt{9} \div 3 + 2 \times 6^2$
   _____
   _____
   d) $8^2 + [(17 + 3^3 - 2^3) \div 2^2]$
   _____
   _____
   e) $\sqrt{121} \div 101^0 - (5^1 + 3)$
   _____
   _____
   f) $(14^2 - 11^2) \times 5^2 - 8^2$
   _____
   _____

99) Calcule a diferença entre o cubo de 12 e a metade da raiz quadrada de 100.
   _____
   _____

100) Calcule a raiz quadrada do resultado da expressão:
   $4 \times 5 + \sqrt{4} + 3 \times 5^0$
   _____
   _____

capítulo 7
AMPLIANDO O ESTUDO DA GEOMETRIA

▶ Figuras geométricas planas e espaciais

Diversos objetos do nosso dia a dia nos dão ideia de **figuras geométricas espaciais**.

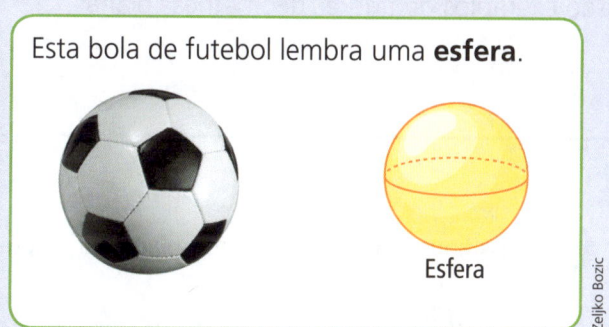

Esta bola de futebol lembra uma **esfera**.

Esfera

Esta casquinha de sorvete lembra um **cone**.

Cone

Esta lata lembra um **cilindro**.

Cilindro

Este livro lembra um paralelepípedo ou **bloco retangular**.

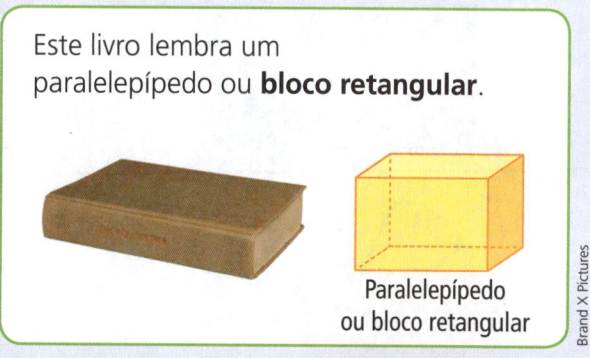

Paralelepípedo ou bloco retangular

A esfera, o cone, o cilindro e o paralelepípedo são exemplos de figuras geométricas espaciais ou sólidos geométricos.

Observação: Na representação de uma figura espacial, o tracejado mostra as linhas situadas além do plano do desenho.

As placas de trânsito dão ideia de **figuras geométricas planas**.

Círculo

Esta placa significa que é "Proibido acionar buzina ou sinal sonoro".
Ela tem a forma de um **círculo**.

Triângulo

Esta placa significa "Dê a preferência".
Ela lembra um **triângulo**.

85

1 km — retângulo

Esta placa indica que a 1 quilômetro de distância existe um telefone de serviço. Ela tem a forma de um **retângulo**.

PARE — quadrado

Esta placa significa "Parada obrigatória". Ela tem a forma de um **quadrado**.

O círculo, o triângulo, o retângulo e o quadrado são exemplos de figuras geométricas planas.

ATIVIDADES

1 Identifique os objetos que dão ideia de figura geométrica espacial e os que dão ideia de figura geométrica plana:

a)

b)

c)

d)

2 Classifique estas figuras como planas ou espaciais:

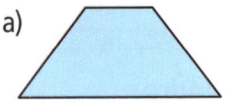

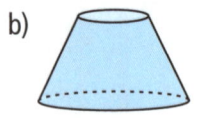

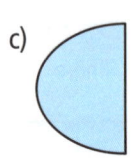

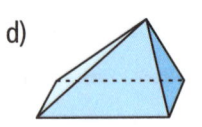

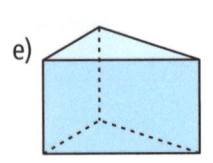

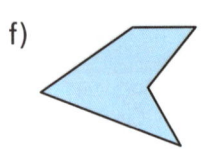

a)

b)

c)

d)

e)

f)

> As linhas tracejadas nessas figuras significam elementos que estão "invisíveis" ao observador.

86

3 Observe e identifique qual destas fotos lembra uma figura geométrica plana e qual dá ideia de uma figura geométrica espacial:

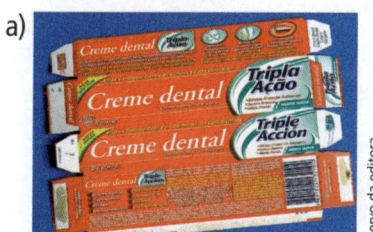

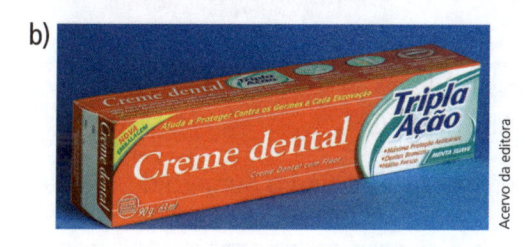

a)

b)

4 Dê dois exemplos de objetos que dão ideia de figuras geométricas espaciais.

_____

5 Dê dois exemplos de objetos, ou parte de objetos, que dão ideia de figuras geométricas planas.

_____

6 Cada objeto abaixo pode ser representado por uma figura geométrica. Quais são essas figuras?

a) um armário _____

b) uma laranja _____

c) tela do aparelho de televisão _____

d) CD _____

▶ Figuras geométricas espaciais

A seguir vamos estudar os prismas, as pirâmides e os corpos redondos. Iniciaremos com o bloco retangular.

Bloco retangular

Alguns objetos dão ideia de **bloco retangular**.

O bloco retangular é uma figura geométrica espacial que tem três dimensões: comprimento, largura e altura.

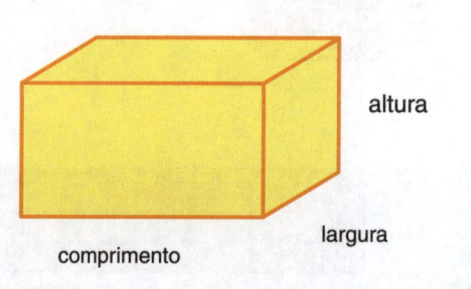

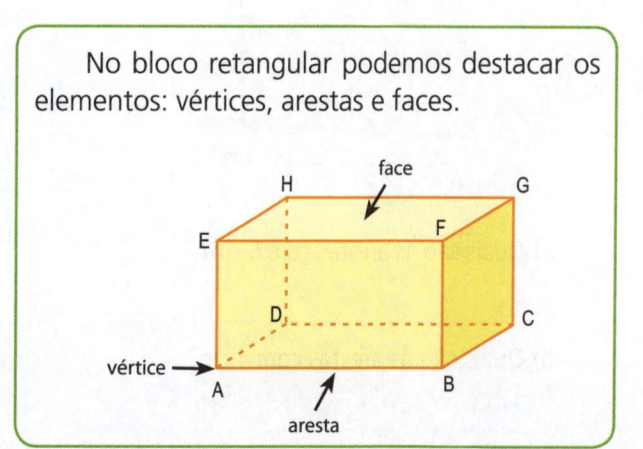

No bloco retangular podemos destacar os elementos: vértices, arestas e faces.

87

Número de vértices, arestas e faces de um bloco retangular

Observe o bloco retangular abaixo.

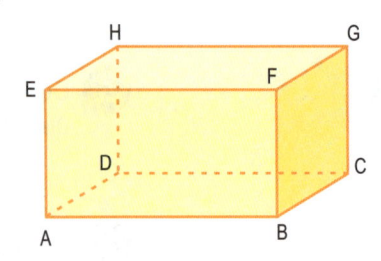

O bloco retangular tem:

8 vértices ⟶ pontos A, B, C, D, E, F, G e H.

12 arestas ⟶ segmentos $\overline{AB}$, $\overline{BC}$, $\overline{CD}$, $\overline{DA}$, $\overline{EG}$, $\overline{FG}$, $\overline{HG}$, $\overline{HE}$, $\overline{AE}$, $\overline{DH}$, $\overline{BF}$ e $\overline{CG}$

6 faces ⟶ retângulos ABFE, BCFG, CGHD, DHEA, ABCD e EFGH

No bloco retangular o número de arestas é 12; o número de faces é 6; e o número de vértices é 8.

ATIVIDADES

7 O bloco retangular tem três pares de faces opostas.

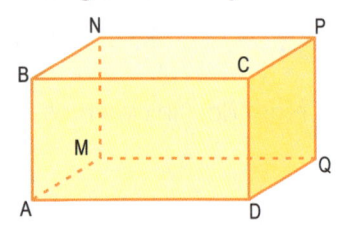

Nesse bloco retangular as faces ABCD e MNPQ são faces opostas.

a) Qual é a face oposta à face ABNM? _____

b) Qual é a face oposta à face BCPN? _____

8 No bloco retangular a seguir, estão indicadas as medidas do comprimento, da largura e da altura.

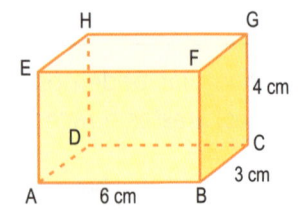

a) Quais são as arestas com 6 cm?

_____

b) Quais são as arestas com 4 cm?

_____

c) Quais são as arestas com 3 cm?

_____

9 Esta figura mostra um tijolo com a indicação de suas dimensões:

- 20 cm de comprimento
- 10 cm de largura
- 5 cm de altura

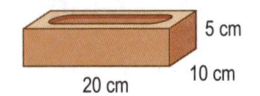

Calcule o comprimento, a largura e a altura de cada uma destas pilhas:

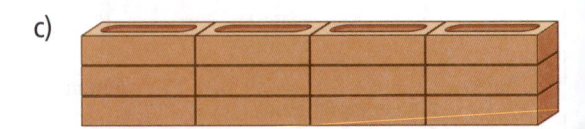

a)

b)

c)

10 Uma caixa de sabonete tem 8 cm de comprimento, 6 cm de largura e 3 cm de altura.

Abaixo são mostradas as etapas realizadas para desmontar a caixa.

1. Abrimos as tampas que contêm as abas.

2. Cortamos ao longo de uma de suas arestas (comprimento), conforme mostra a figura.

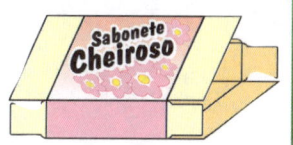

3. Desmontamos a caixa e cortamos as abas.

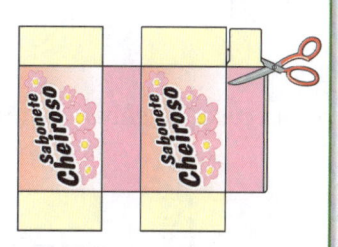

Fizemos a planificação da caixa e, com isso, obtivemos um molde de papelão da caixa.

Quantos centímetros de fita adesiva serão necessários para tornar a montar a caixa? _____

Pense bem! Nas dobras não é necessário fita adesiva. E lembre-se: as abas foram cortadas!

11 Numa folha de cartolina, reproduza esta figura com as dimensões indicadas. Ela representa um bloco retangular planificado. Construa esse bloco retangular.

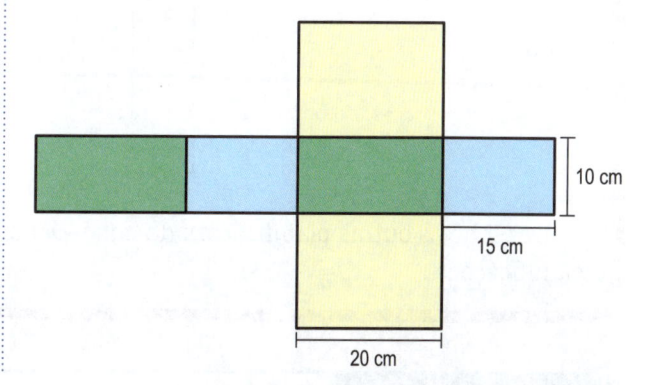

10 cm
15 cm
20 cm

Cubo

O objeto ao lado lembra um cubo.

Se as três dimensões de um bloco retangular têm medidas iguais, ele recebe o nome de **cubo**.

Pufe.

ATIVIDADES

12 Dê exemplo de dois objetos que lembram o cubo.
_____
_____

13 As seis faces de um cubo têm a forma de um quadrado.

a) Se o lado de uma das faces de um cubo mede 12 cm, qual é a soma das medidas dos lados dessa face? _____

b) Qual é a soma das medidas de todas as arestas desse cubo? _____

EXPERIMENTOS, JOGOS E DESAFIOS

Planificando um cubo

Este bloco retangular é um cubo.
Esta é uma possível planificação do cubo.

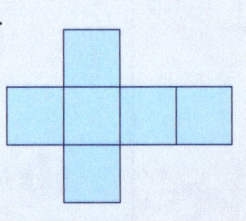

Existem 11 planificações que permitem a montagem de um cubo. Desenhamos três delas.

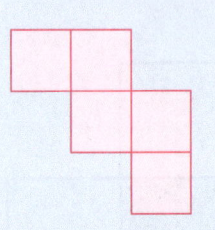

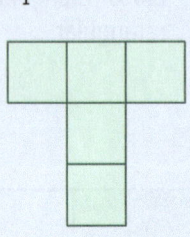

Desenhe as outras planificações do cubo. Depois, usando cartolina, monte os cubos a partir dessas planificações.

ATIVIDADES

14 Desenhe, em uma folha de papel sulfite, esta planificação. Com ela você poderá montar um cubo. Pinte de azul a face que, no cubo, é oposta à face A e pinte de vermelho a face oposta à face C.

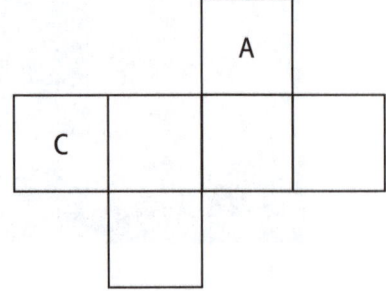

15 As faces de um cubo têm cores diferentes: azul, vermelho, amarelo, verde, lilás e cinza. Observe este cubo em três posições diferentes:

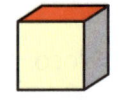

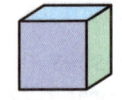

- Determine as cores que estão em faces opostas.
_____

Uma dica: imagine esse cubo planificado.

> **VOCÊ SABIA?** **Os paralelepípedos e as embalagens**
>
> Você já reparou que as embalagens mais comuns são as que têm a forma de um bloco retangular?
>
> Existe uma razão para que as embalagens tenham essa forma.
>
> Embalagens com essa forma facilitam o armazenamento e o transporte de produtos.

Prismas e pirâmides

Prismas retos

O cubo e o bloco retangular são exemplos de prismas. Nas figuras a seguir, identificamos alguns de seus elementos.

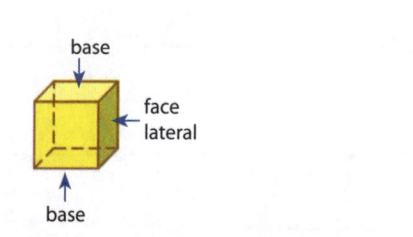

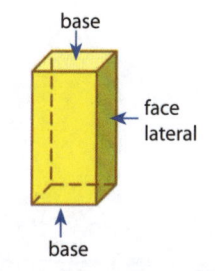

Além deles, há outros tipos de prismas. Veja alguns deles:

prisma de base triangular

prisma de base pentagonal

- As faces laterais de um prisma reto são retângulos.
- Suas bases têm a mesma forma e "tamanho" e são paralelas.

Pirâmides

Figuras espaciais que têm apenas uma base e faces laterais triangulares com um vértice comum.

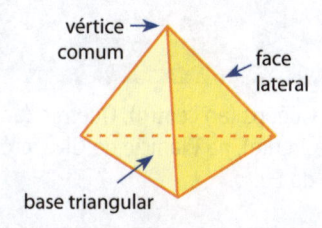

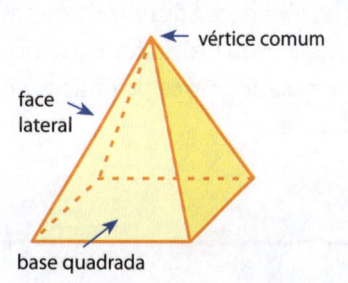

vértice comum — face lateral — base triangular

vértice comum — face lateral — base quadrada

ATIVIDADES

16 Classifique as figuras abaixo como prismas ou pirâmides.

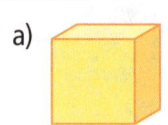

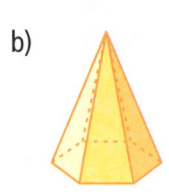

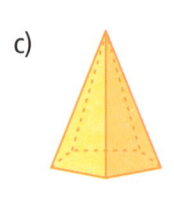

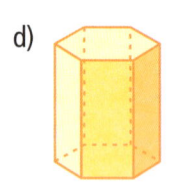

a)

b)

c)

d)

17 Dê dois exemplos de objetos do dia a dia que lembrem um prisma.

_____
_____
_____

18 Dê dois exemplos de objetos que lembrem uma pirâmide.

_____
_____
_____

19 Escreva uma diferença entre uma pirâmide e um prisma.

_____
_____
_____
_____

VOCÊ SABIA?   As pirâmides do Egito

As pirâmides egípcias foram construídas no período de 2686 a 2181 a.C. e serviam de tumba para os faraós.

A primeira pirâmide foi construída por Imhotep, ministro do faraó Zoser. Ela é chamada "Pirâmide de Degraus".

As mais famosas pirâmides do Egito foram construídas na Planície de Gizé, pelos faraós Quéops, Quéfren e Miquerinos (respectivamente: avô, pai e filho). A Pirâmide de Quéops, por exemplo, empregou ao mesmo tempo 4 000 trabalhadores durante 23 anos. Na sua construção foram utilizados 2 300 000 blocos de pedra, pesando cerca de duas toneladas e meia cada um.

Pirâmides de Quéops (ao centro), Quéfren (ao fundo) e Miquerinos (à frente), na Planície de Gizé, próxima ao Cairo, capital do Egito.

Corpos redondos

Estes objetos lembram os corpos redondos mais comuns: a **esfera**, o **cilindro** e o **cone**.

Alguns corpos redondos apresentam superfície não plana, como a esfera. Outros apresentam superfícies planas e não planas, como o cilindro e o cone.

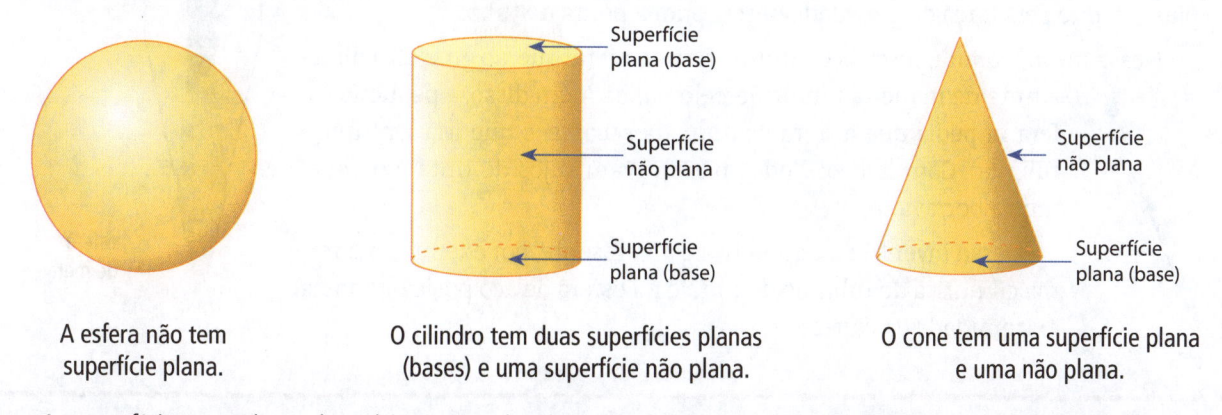

A esfera não tem superfície plana.

O cilindro tem duas superfícies planas (bases) e uma superfície não plana.

O cone tem uma superfície plana e uma não plana.

A superfície não plana dos objetos que lembram esferas, cones e cilindros faz com que rolem quando empurrados.

93

ATIVIDADES

20 Para cada caso, escreva o nome de dois objetos que lembrem:

a) uma esfera

_____

b) um cilindro

_____

c) um cone

_____

21 Escreva uma diferença entre o cilindro e o cone.

_____

22 Qual é a forma das bases do cilindro? E da base do cone?

_____
_____

23 Qual das figuras representa a planificação do cilindro?

Figura 1

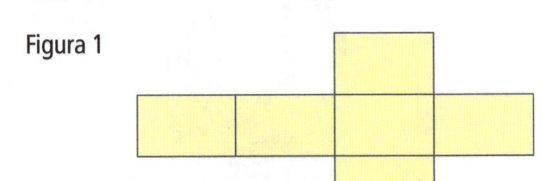

Figura 2

Figura 3

VOCÊ SABIA?   A caneta esferográfica

Em 1937, o revisor tipográfico húngaro Laszlo Biro (1899-1985) inventou uma caneta que não causava borrão e cuja tinta não secava no depósito, como ocorria com a caneta-tinteiro utilizada naquela época.

Na oficina do jornal em que trabalhava, na cidade de Budapeste, ele observou o funcionamento do cilindro: este se empapava de tinta e imprimia o texto nele gravado sobre o papel, mas não borrava porque a tinta era de secagem rápida. Com a ajuda de seu irmão Georg, que era químico, e do amigo Imre Gellért, um técnico industrial, Biro colocou uma tinta semelhante dentro de um tubo plástico, que pela força de gravidade descia para a ponta do tubo.

Nessa mesma ponta, ele colocou uma esfera de metal que, ao girar, distribuía a tinta de maneira uniforme pelo papel. Além disso, a pequena esfera impedia que a tinta acumulada secasse, o que iria entupir o tubinho. Com isso, os dedos não ficavam sujos de tinta e o papel nunca borrava.

Nessa invenção a Geometria está presente, por exemplo, na forma cilíndrica do tubinho de tinta e na esfera de aço posicionada na extremidade da caneta.

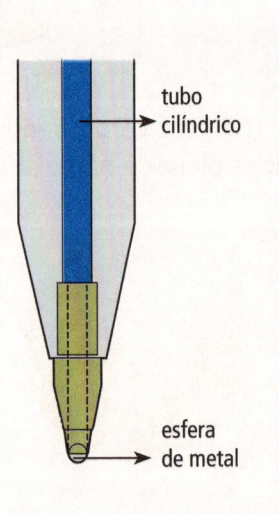

tubo cilíndrico

esfera de metal

▶ Polígonos

Figuras geométricas são muito utilizadas na decoração de ambientes. Veja um exemplo.

Observe ao lado o desenho que representa ladrilhos de um piso.

Nele existem estas figuras geométricas planas, que recebem o nome de **polígono**:

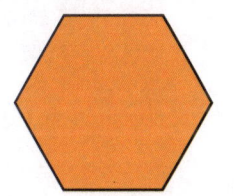

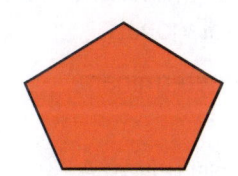

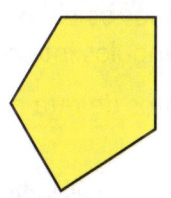

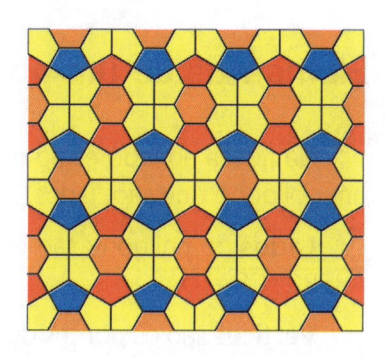

Linha poligonal

Linha poligonal é a figura geométrica plana formada apenas por segmentos de reta. Ela pode ser aberta ou fechada. Veja os exemplos:

linha poligonal fechada   linha poligonal aberta

Polígono

Polígono é uma figura geométrica plana formada por uma linha poligonal fechada e por seus pontos internos.

Existem figuras geométricas planas que não são polígonos.

Veja alguns exemplos de polígonos e não polígonos.

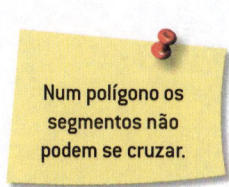

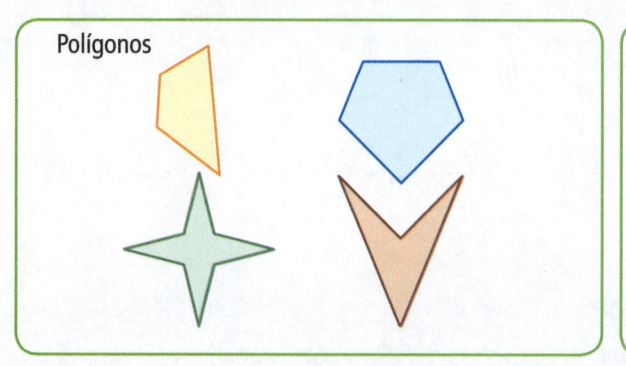

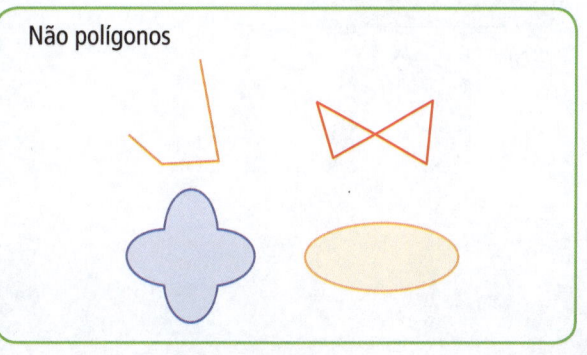

> Num polígono os segmentos não podem se cruzar.

| Polígonos | Não polígonos |

95

Um polígono pode ser **convexo** ou **não convexo**.

Polígono convexo	Polígono não convexo
Polígono convexo: unindo-se dois pontos quaisquer de seu interior, o segmento traçado não intercepta seu contorno.	Polígono não convexo: unindo-se dois pontos de seu interior pode-se traçar um segmento que intercepta o seu contorno.

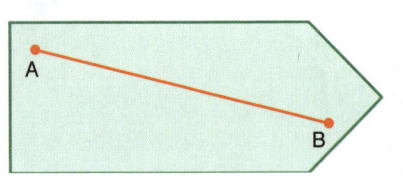

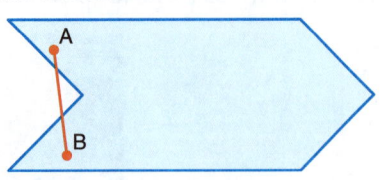

Elementos de um polígono

Na figura ao lado estão representados os elementos principais de um polígono que são: lados, vértices, ângulos internos e diagonais.

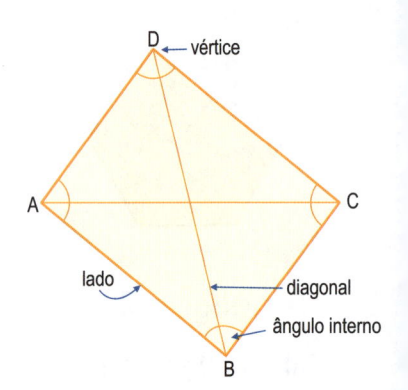

Lados do polígono são os segmentos de reta que o determinam: $\overline{AB}, \overline{BC}, \overline{CD}$ e $\overline{DA}$.

Vértices são os pontos de encontro de dois lados consecutivos: A, B, C e D.

Ângulos internos são os ângulos formados por dois lados consecutivos: $\hat{A}, \hat{B}, \hat{C}$ e $\hat{D}$.

Diagonais são os segmentos que unem dois vértices não consecutivos: $\overline{AC}$ e $\overline{BD}$.

ATIVIDADES

24 Classifique estas figuras como polígonos ou não polígonos:

a)

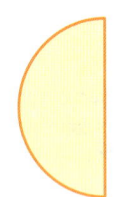

b)

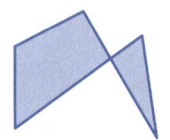

c)

d)

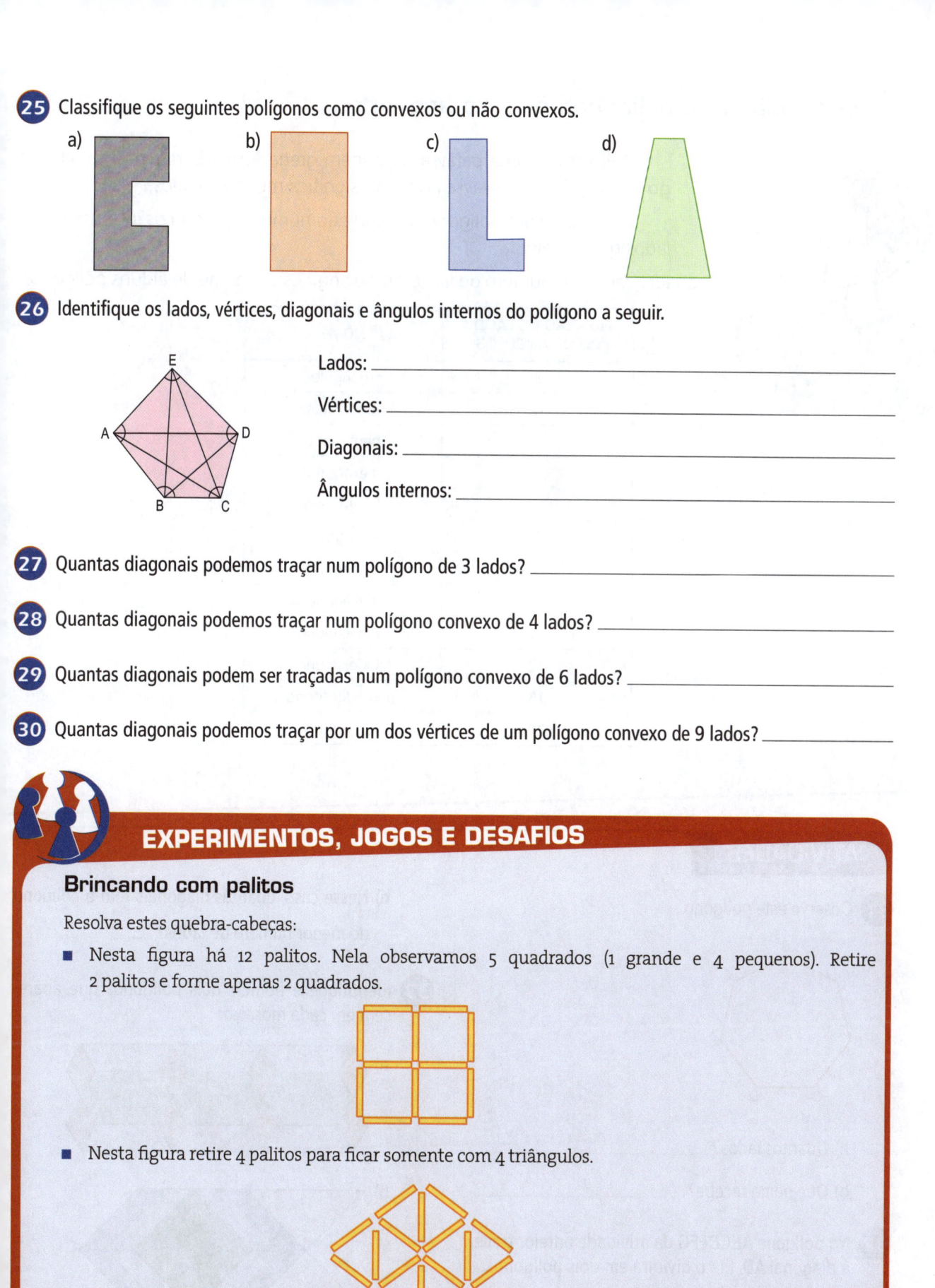

25 Classifique os seguintes polígonos como convexos ou não convexos.

a)   b)   c)   d)

26 Identifique os lados, vértices, diagonais e ângulos internos do polígono a seguir.

Lados: _____

Vértices: _____

Diagonais: _____

Ângulos internos: _____

27 Quantas diagonais podemos traçar num polígono de 3 lados? _____

28 Quantas diagonais podemos traçar num polígono convexo de 4 lados? _____

29 Quantas diagonais podem ser traçadas num polígono convexo de 6 lados? _____

30 Quantas diagonais podemos traçar por um dos vértices de um polígono convexo de 9 lados? _____

EXPERIMENTOS, JOGOS E DESAFIOS

Brincando com palitos

Resolva estes quebra-cabeças:

- Nesta figura há 12 palitos. Nela observamos 5 quadrados (1 grande e 4 pequenos). Retire 2 palitos e forme apenas 2 quadrados.

- Nesta figura retire 4 palitos para ficar somente com 4 triângulos.

Classificação dos polígonos quanto aos lados

O que significa a palavra polígono?

Polígono é uma palavra de origem grega formada por **poli** (muitos) e **gono** (ângulos). A palavra polígono significa muitos ângulos.

O nome de um polígono depende do número de ângulos internos ou de lados que apresenta.

O quadro mostra o número de lados ou de ângulos e o nome de alguns polígonos.

NÚMERO DE LADOS OU DE ÂNGULOS	NOME
3	triângulo
4	quadrilátero
5	pentágono
6	hexágono
7	heptágono
8	octógono
9	eneágono
10	decágono
11	undecágono
12	dodecágono
15	pentadecágono
20	icoságono

ATIVIDADES

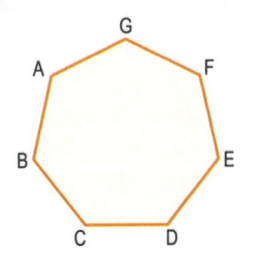

31 Observe este polígono.

a) Quantos lados? _____

b) Que nome recebe? _____

32 No polígono ABCDEFG da atividade anteior trace a diagonal AD. Ela o dividirá em dois polígonos.

a) Qual é o nome desses polígonos?

_____

b) Nesse caso, quantas diagonais tem o polígono de menor número de lados? _____

33 Identifique e nomeie dois polígonos que aparecem em cada mosaico:

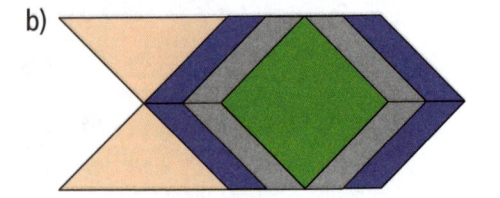

a)

b)

Polígonos regulares

As partes destacadas destes objetos lembram polígonos regulares.

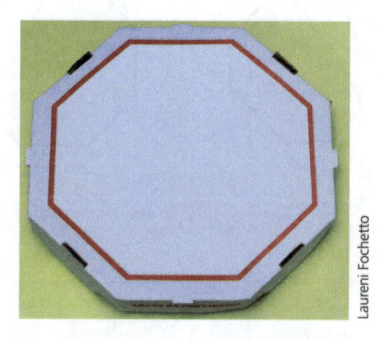

> Quando todos os lados de um polígono têm a mesma medida e todos os seus ângulos internos têm a mesma medida, dizemos que o **polígono é regular**.

Veja abaixo um hexágono regular: todos os seus lados medem 2 cm e cada um de seus ângulos internos mede 120°.

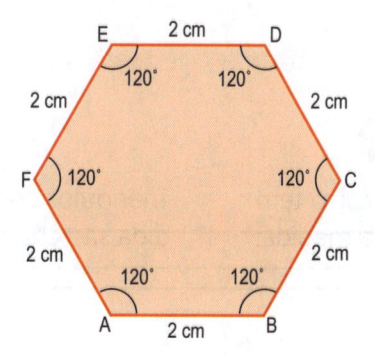

ATIVIDADES

34 Identifique os polígonos regulares:

a) 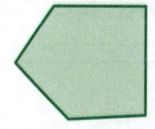
b) 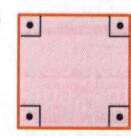
c)
d)

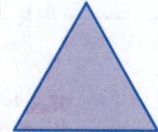

35 Quais destas placas lembram polígonos regulares?

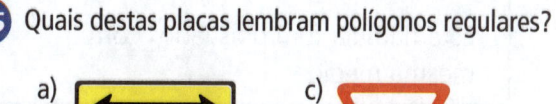

a)  Sentido duplo
b) Pista irregular
c)  Dê a preferência
d)  Siga em frente

36 Qual das placas do exercício anterior lembra o polígono regular com menor número de lados?

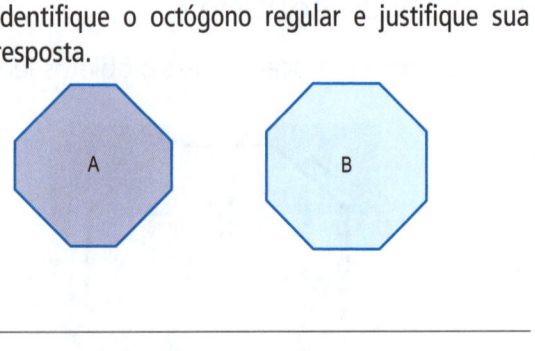

_____
_____
_____
_____
_____
_____

37 Identifique o octógono regular e justifique sua resposta.

A   B

_____
_____

Triângulos

Nas fotos abaixo, o triângulo que usamos no carro, a flâmula e o esquadro têm a forma triangular.

O triângulo que usamos no carro tem todos os lados com a mesma medida.

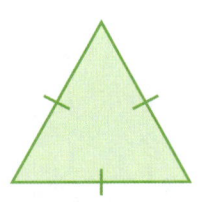

Triângulos cujos três lados têm a mesma medida são chamados **triângulos equiláteros**.

Esta flâmula tem dois lados com a mesma medida.

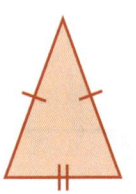

Triângulos cujos dois lados têm a mesma medida são chamados **triângulos isósceles**.

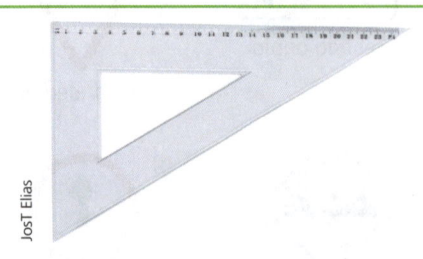

Todos os lados deste esquadro têm medidas diferentes.

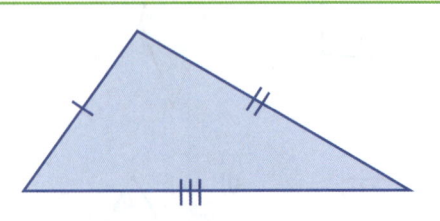

Triângulos cujos três lados têm medidas diferentes são chamados **triângulos escalenos**.

ATIVIDADES

38 Este esquadro lembra um triângulo isósceles, equilátero ou escaleno?

_____

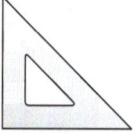

39 Num polígono, lados com medidas iguais são identificados por meio do mesmo número de risquinhos. Classifique os triângulos em isósceles, equilátero ou escaleno.

a)

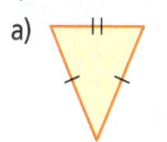

b)

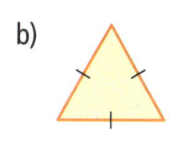

c)

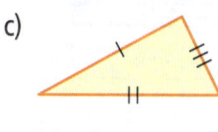

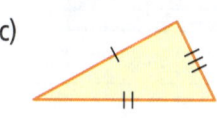

40 Os ângulos internos de um triângulo equilátero têm a mesma medida (figura 1).

Com seis desses triângulos, formamos um hexágono regular (figura 2).

Sabendo que o ângulo de uma volta tem 360°, qual é a medida de cada ângulo interno de um triângulo equilátero?

Figura 1

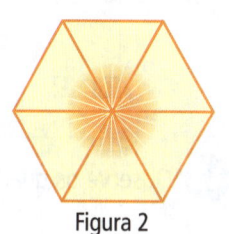

Figura 2

Quadriláteros

Quadrilátero é uma palavra de origem latina formada por *quadri* (quatro) e *latus* (lado).

Quadriláteros são polígonos de quatro lados. Entre eles, alguns têm nomes especiais: os trapézios e os paralelogramos.

trapézio

paralelogramo

Os **trapézios** são quadriláteros que têm apenas dois lados opostos paralelos.

Os **paralelogramos** são quadriláteros que têm os lados opostos paralelos e congruentes.

O retângulo, o losango e o quadrado são paralelogramos especiais.

- O **retângulo** tem os quatro ângulos internos retos.

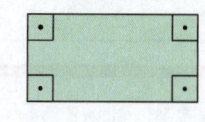

- O **losango** tem os quatro lados com medidas iguais.

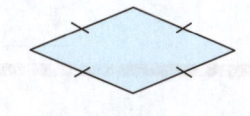

- O **quadrado** tem os quatro ângulos internos retos e os quatro lados com medidas iguais.

101

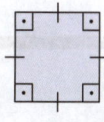

ATIVIDADES

41 Identifique os quadriláteros:

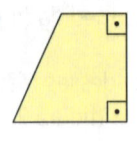

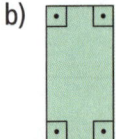

a) [losango]

c) [trapézio retângulo]

b) [retângulo]

42 Observe os quadriláteros e responda:

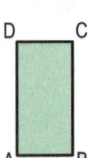

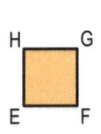

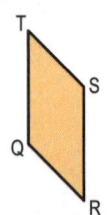

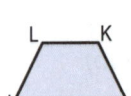

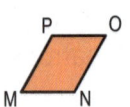

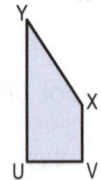

[Figuras: ABCD (retângulo), EFGH (quadrado), QRST (paralelogramo), IJKL (trapézio), MNOP (paralelogramo), UVXY (trapézio retângulo)]

a) Quais deles têm apenas dois lados opostos paralelos? Como são chamados?

_____

_____

b) Quais têm os lados opostos paralelos e congruentes? Como são chamados?

_____

_____

_____

c) Quais têm os quatro ângulos internos retos? Como são chamados?

_____

_____

d) Quais têm os quatro ângulos internos retos e os lados de mesma medida? Como são chamados?

_____

_____

EXPERIMENTOS, JOGOS E DESAFIOS

Separando carneiros

Esta figura representa um pasto onde estão nove carneiros.

Divida o pasto com duas cercas quadradas, de modo que cada carneiro fique isolado do outro.

Descubra como essas cercas devem ser construídas.

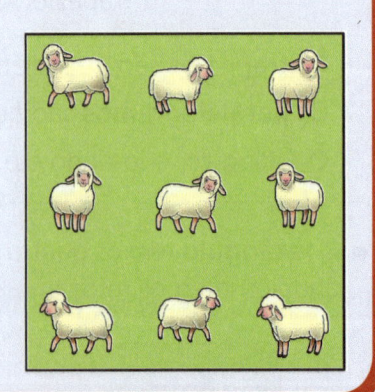

Capítulo 8

DIVISIBILIDADE, MÚLTIPLOS, DIVISORES E SEQUÊNCIAS NUMÉRICAS

▶ Noção de divisibilidade

A professora Valéria quer separar os 35 alunos do 6º ano em grupos que tenham, no mínimo, 4 alunos, e no máximo 6, porém não devem sobrar alunos fora de grupos.

Para formar os grupos ela precisa dividir 35 por 4, por 5 e por 6 e considerar apenas as divisões exatas, isto é, que dão resto zero:

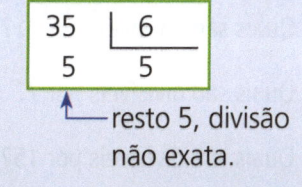

```
35 | 4       35 | 5       35 | 6
 3   8        0   7        5   5
```

↳ resto 3, divisão não exata. ↳ resto 0, divisão exata. ↳ resto 5, divisão não exata.

Só a divisão de 35 por 5 é exata.

Logo, a professora Valéria só poderá fazer grupos com 5 alunos.

Dizemos que:

- 35 é **divisível por 5**, pois a divisão de 35 por 5 é exata, resto zero.
- 35 **não é divisível por 4**, pois a divisão de 35 por 4 não é exata.
- 35 **não é divisível por 6**, pois a divisão de 35 por 6 não é exata.

Um número natural é divisível por outro número natural diferente de zero se a divisão entre eles for exata.

103

ATIVIDADES

1 Verifique se:

a) 382 é divisível por 2 _____

b) 431 é divisível por 3 _____

c) 584 é divisível por 4 _____

d) 555 é divisível por 5 _____

e) 1 005 é divisível por 3 _____

f) 121 é divisível por 7 _____

g) 126 é divisível por 7 _____

h) 999 é divisível por 11 _____

2 Considere os números 77, 85, 93, 135 e 210.

a) Quais são divisíveis por 2? _____

b) Quais são divisíveis por 3? _____

c) Quais são divisíveis por 5? _____

d) Quais são divisíveis por 10? _____

e) Quais são divisíveis por 11? _____

f) Quais são divisíveis por 7? _____

g) Quais são divisíveis por 15? _____

h) Quais são divisíveis por 1? _____

3 Complete o quadro.

Dividendo	Divisor	Quociente	Resto
132	4		
133	4		
134	4		
135	4		
136	4		

a) Quais são os restos encontrados?
_____

b) Quais dos dividendos são divisíveis por 4?
_____

c) Sem fazer contas, escreva o próximo número da sequência 132, 133, 134, 135, 136, ... que é divisível por 4. Como você chegou a essa conclusão?
_____
_____

4 O número 1 335 é divisível por 5. Depois desse, qual é o próximo número natural divisível por 5?
_____

5 Carlos tem mais de 35 anos e menos de 48 anos. Sua idade é um número natural divisível por 3 e por 5. Quantos anos ele tem?
_____

▶ Critérios de divisibilidade

O número 14 386 é divisível por 2?

Um dos modos de descobrir é efetuar a divisão e verificar se é exata. Mas, dependendo do dividendo, pode levar algum tempo.

```
14 386 | 2
  03     7 193
  18
  06
   0  ← exata
```

O número 14 386 é divisível por 2.

Essa divisão é trabalhosa!

104

Para verificar mais rapidamente se um número é divisível por outro podemos utilizar critérios práticos conhecidos como **critérios de divisibilidade**.

Divisibilidade por 2

A tabela mostra a divisão de alguns números naturais por 2.

Dividendo	Divisor	Quociente	Resto
25	2	12	1
36	2	18	0
41	2	20	1
52	2	26	0

- os números 25 e 41 não são divisíveis por 2;
- os números 36 e 52 são divisíveis por 2.

> Um número natural é divisível por 2 quando terminar em 0, 2, 4, 6 ou 8; ou seja, quando for par.

Divisibilidade por 3 e por 9

Divisibilidade por 3

Observe estas divisões:

```
 231 | 3          821 | 3
  21   77          22   273    Divisão não
   0       Divisão 11            exata
           exata    2
```

O número 231 é divisível por 3 e o número 821 não.

Há um critério mais prático para verificar se um número é divisível por 3. Veja, por exemplo, no caso das divisões anteriores.

Ao adicionar os algarismos que compõem cada um desses dividendos, verificamos que:

231 ⟶ 2 + 3 + 1 = 6 → 6 é divisível por 3.
821 ⟶ 8 + 2 + 1 = 11 → 11 não é divisível por 3.

> Quando a soma dos algarismos que compõem um número natural é divisível por 3, esse número natural também é divisível por 3.

Divisibilidade por 9

A divisibilidade por 9 é parecida com a divisibilidade por 3. Observe estas divisões:

> Quando a soma dos algarismos que compõem um número natural é divisível por 9, esse número natural também é divisível por 9.

- O número 4 293 é divisível por 9?

4 293 ⟶ 4 + 2 + 9 + 3 = 18 → 18 é divisível por 9.

- O número 57 124 é divisível por 9?

57 124 ⟶ 5 + 7 + 1 + 2 + 4 = 19 → 19 não é divisível por 9.

Divisibilidade por 6

```
 48 | 2        48 | 3
 08   24       18   16
  0             0
```

O número 48 é divisível por 2 e por 3.
Veja que ele também é divisível por 6.

```
 48 | 6
  0   8
```

> Um número é divisível por 6 quando é divisível, ao mesmo tempo, por 2 e por 3.

ATIVIDADES

6) Quais dos números abaixo são divisíveis por 2?
a) 1 352
b) 56 001
c) 23 703
d) 547 638

7) Quais dos números abaixo são divisíveis por 3?
a) 12 345
b) 500 001
c) 34 567
d) 347 810

8) Quais dos números abaixo são divisíveis por 9?
a) 129
b) 432
c) 1 233
d) 12 456

9) Escreva todos os números de três algarismos distintos que podem ser formados com os algarismos 4, 3 e 8. Quais são divisíveis por:
a) 2 _____
b) 3 _____
c) 6 _____
d) 9 _____

10) O número 3 351 024 é divisível por 9. Se trocarmos de posição os algarismos 1 e 4 obteremos um número divisível por 9? Justifique sua resposta.
_____

Divisibilidade por 4 e por 8

Divisibilidade por 4

Todo número terminado em 00 é divisível por 4. Começamos dividindo 100 por 4:

$$\begin{array}{r|l} 100 & \underline{4} \\ 0 & 25 \end{array}$$ Divisão exata

Logo, 100 é divisível por 4, pois a divisão é exata.

Os números 200, 300, 400, 500,... também são divisíveis por 4:

- 200 = 2 × 100 (dois grupos de 100)
- 300 = 3 × 100 (três grupos de 100)
⋮

Sabendo disso, podemos descobrir quando um número natural maior que 100 é divisível por 4.

Exemplos:

- 240 é divisível por 4?

240 = 200 + 40
          └→ Termina em 00, logo é divisível por 4.

Como 40 também é divisível por 4, podemos concluir que o número 240 é divisível por 4.

- 38 478 é divisível por 4?

38 478 = 38 400 + 78
              └→ Divisível por 4

Como 78 não é divisível por 4, podemos concluir que o número 38 478 também não é divisível por 4.

> Um número natural maior que 99 é divisível por 4 se termina em 00 ou se o número formado pelos seus dois últimos algarismos é divisível por 4.

Divisibilidade por 8

O critério de divisibilidade por 8 é parecido com o da divisibilidade por 4.

> Um número natural maior que 999 é divisível por 8 se termina em 000 ou se o número formado pelos seus três últimos algarismos é divisível por 8.

Exemplos:

- 321 280 é divisível por 8?

321 280 = 321 000 + 280
                └→ Divisível por 8

Como 280 é divisível por 8, podemos concluir que o número 321 280 também é divisível por 8.

- 23 541 é divisível por 8?

  23 541 = 23 000 + 541
             └─→ Divisível por 8

Como 541 não é divisível por 8, podemos concluir que o número 23 541 também não é divisível por 8.

ATIVIDADES

11) Quais destes números são divisíveis por 4?
  a) 123 456
  b) 123 465
  c) 65 432
  d) 65 423

12) Quais destes números são divisíveis por 8?
  a) 345 678
  b) 345 792
  c) 927 543
  d) 927 560

13) Qual é o maior algarismo que devemos colocar no lugar do ■ para que o número obtido seja divisível por 8?
  a) 9874 ■ 0
  b) 3257 ■
  c) 470 ■ 44

14) Encontre o menor e o maior número de três algarismos divisível por:
  a) 4 _____
  b) 8 _____

15) Alguns eventos ocorrem de 4 em 4 anos; suas datas são divisíveis por 4. As Olimpíadas, por exemplo, são realizadas desde 1896, na Grécia. Não foram realizadas em 1916, 1940 e em 1944 por causa das guerras.
  a) No ano de 1984 houve Olimpíadas? _____
  b) E no ano de 1957? _____
  c) Quais foram os três últimos anos em que tivemos Olimpíadas?
  _____

Divisibilidade por 5 e por 10

Divisibilidade por 5

Observe estas divisões:

34	5	51	5	49	5	43	5	32	5
4	6	01	10	4	9	3	8	2	6

120	5	198	5	86	5	75	5	47	5
20	24	48	39	36	16	25	15	2	9
0		3		6		0			

- Os números 51, 32, 43, 34, 86, 47, 198 e 49 não são divisíveis por 5.
- Os números 120 e 75 são divisíveis por 5.

> Um número é divisível por 5 quando termina em 0 ou em 5.

Divisibilidade por 10

- O número 1 230 é divisível por 10, pois termina em 0.
- O número 3 541 não é divisível por 10, pois não termina em 0.

> Todo número terminado em 0 é divisível por 10.

ATIVIDADES

16) Considere os números: 1 102, 2 375, 1 580, 2 348, 4 375. Desses números, quais são:

a) divisíveis por 2 _____

b) divisíveis por 5 _____

c) divisíveis por 10 _____

d) divisíveis por 5 e não por 2 _____

_____

17) Quais algarismos devemos colocar no lugar do ■ para que o número 2 34 ■ seja:

a) divisível por 5 _____

b) divisível por 10 _____

c) divisível por 3 e por 5 _____

18) Qual número par é divisível por 3 e não por 5, e é maior que 238 e menor que 249? _____

▶ Sequências numéricas

Esta é a sequência dos números naturais:

0, 1, 2, 3, 4, 5, 6, 7, 8, 9, 10, 11, 12, ...

Neste capítulo, você irá conhecer outras sequências.

- **0, 2, 4, 6, 8, 10, 12, 14, 16, ...** é a sequência dos números pares.
- **1, 3, 5, 7, 9, 11, 13, 15, ...** é a sequência dos números ímpares.
- Outras sequências:

a) **1, 4, 7, 10, 13, 16, 19, ...**

   Nessa sequência, a diferença entre dois termos consecutivos é 3.

b) **5, 9, 13, 17, 21, 25, ...**

   Nessa sequência, a diferença entre dois termos consecutivos é 4.

Nessas sequências, a diferença entre dois termos consecutivos é constante, ou seja, a diferença é sempre a mesma.

> Cada número que faz parte de uma sequência numérica é chamado **termo** dessa sequência.

ATIVIDADES

19) Escreva as sequências indicadas.

a) sequência dos números pares menores que 12.

_____

b) sequência dos números pares maiores que 4 e menores que 20.

_____

c) sequência dos números ímpares maiores que 9.

_____

20) Os números x, y, 67 nessa ordem são ímpares e consecutivos. Qual é o valor de x? E de y?

_____

21) Os números x, 10 e y nessa ordem são pares e consecutivos. Qual é o valor de x? E de y?

_____

22) Escreva os dois próximos termos da sequência 45, 41, 37, 33, 29, ... _____

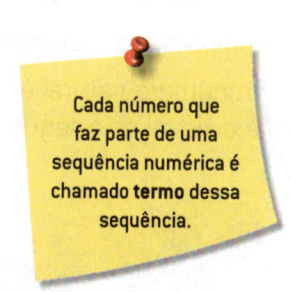

23 Determine o próximo termo de cada sequência:

a) 2, 5, 8, 11, 14, ... _____

b) 1, 7, 13, 19, 25, ... _____

24 Descubra o sexto número em cada sequência:

a) 2, 6, 10, ... _____

b) 5, 12, 19, ... _____

25 Na sequência 35, 40, 45, 50, 55, 60, a diferença entre dois termos consecutivos é constante. Qual é o valor dessa constante? _____

26 Observe esta sequência:

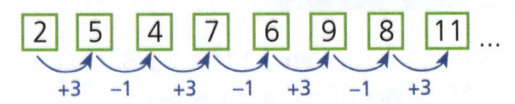

| 2 | 5 | 4 | 7 | 6 | 9 | 8 | 11 | ... |

+3 −1 +3 −1 +3 −1 +3

A partir do primeiro termo, adicionamos 3 unidades para encontrar o segundo; subtraímos 1 unidade para encontrar o terceiro. Repetimos o processo para encontrar os próximos.

• Agora, descubra como estas sequências foram formadas:

a) 2, 4, 7, 9, 12, 14 _____

b) 1, 4, 2, 8, 4, 16, 8 _____

▶ Os múltiplos de um número

Para encontrar um **múltiplo de um número** basta multiplicar esse número por outro número natural.

Multiplicando, por exemplo, 24 por 2 obtemos o número 48. Dizemos que 48 é múltiplo de 24.

Um número natural é múltiplo de outro número natural, diferente de zero, quando o primeiro número é divisível pelo segundo número.

$6 \times 3 = 18$ — 18 é múltiplo de 6.

$\begin{array}{r|l} 18 & 6 \\ 0 & 3 \end{array}$ — 18 é divisível por 6.

Para encontrar a sequência dos múltiplos de um número natural, basta multiplicar esse número pela sequência dos números naturais.

Multiplicando, por exemplo, o número 2 pelos termos da sequência dos números naturais, temos:

| $2 \times 0 = 0$ | $2 \times 1 = 2$ | $2 \times 2 = 4$ | $2 \times 3 = 6$ | $2 \times 4 = 8$ | $2 \times 5 = 10$ | $2 \times 6 = 12$ | ... |

Obtemos o conjunto dos múltiplos de 2:

M(2) = {0, 2, 4, 6, ...}

Da mesma maneira, podemos obter o conjunto dos múltiplos de 3, de 4, de 5 etc.

Observações

■ O zero é múltiplo de qualquer número natural.

■ Todo número natural é múltiplo de si mesmo.

■ O conjunto dos múltiplos de um número natural diferente de zero é infinito.

ATIVIDADES

27 Escreva uma sequência em que o primeiro termo é zero e, a partir do segundo, cada termo é igual ao anterior adicionado a 3. Essa é a sequência dos múltiplos de que número natural?

_____

28 Escreva os seis primeiros múltiplos dos números:

a) 5 _____

b) 6 _____

c) 10 _____

29 Escreva o conjunto dos múltiplos de:

a) 7, menores que 70

_____

b) 8, menores que 80

_____

c) 9, maiores que 20

_____

30 Multiplique por 11 cada termo da sequência 0, 1, 2, 3, 4, 5, 6, 7, 8 e escreva a sequência obtida.

_____

31 Como é formada a sequência numérica 3, 8, 13, 18, 23, ...? Podemos dizer que ela é a sequência dos múltiplos de 5? Justifique.

_____
_____
_____
_____

32 Determine o maior e o menor número, de 3 algarismos, múltiplos de 2. _____

33 Qual é o múltiplo de 5 mais próximo de 10 583?

_____

> Você não precisa escrever a sequência dos múltiplos de 5 até 10 583. Basta pensar em como terminam os números que são múltiplos de 5.

34 Qual é o menor múltiplo de 18, maior que 200?

_____

35 Ao contar todos os pés das cadeiras de uma classe, podemos obter o número 125? E o número 120? Justifique.

_____
_____
_____
_____

O mínimo múltiplo comum (mmc)

Determinando o mmc de dois números naturais

Como exemplo, vamos encontrar o mmc de 4 e 5.

Para obter o mínimo múltiplo comum entre 4 e 5 escrevemos:

- conjunto dos múltiplos de 4:

M(4) = {0, 4, 8, 12, 16, 20, 24, 28, 32, 36, 40, ...}

- conjunto dos múltiplos de 5:

M(5) = {0, 5, 10, 15, 20, 25, 30, 35, 40, 45, 50, ...}

- conjunto dos múltiplos comuns de 4 e 5:

M(4, 5) = {0, 20, 40, ...}

Como 20 é o menor múltiplo comum de 4 e 5, diferente de zero, o mínimo múltiplo comum de 4 e 5 é 20. Indica-se assim:

mmc (4, 5) = 20

> O **mínimo múltiplo comum (mmc)** de dois ou mais números naturais é o menor múltiplo comum diferente de zero.

ATIVIDADES

36 Faça o que se pede:

a) Escreva o conjunto dos múltiplos de 4.

b) Escreva o conjunto dos múltiplos de 6.

c) Escreva o conjunto dos múltiplos comuns de 4 e 6.

d) Qual é o menor múltiplo comum de 4 e 6, diferente de zero?

37 Encontre o mmc (3, 6, 8), seguindo os passos:

a) Escreva o conjunto dos múltiplos de 3.

b) Escreva o conjunto dos múltiplos de 6.

c) Escreva o conjunto dos múltiplos de 8.

d) Escreva o conjunto dos múltiplos comuns de 3, 6 e 8.

e) Qual é o menor múltiplo comum de 3, 6 e 8, diferente de zero?

38 Determine o mínimo múltiplo comum de:

a) 6 e 9 _____   c) 3 e 6 _____

b) 5 e 8 _____   d) 2, 3 e 5 _____

39 É possível escrever o maior múltiplo comum dos números 2 e 4? Explique.

40 Observe este quadro e responda:

a	b	mmc (a, b)
3	6	6
8	32	32
9	27	27

Quando um número é múltiplo de outro, qual é o mmc dos dois números? _____

41 Calcule mentalmente:

a) mmc (2, 4)   c) mmc (4, 16)

b) mmc (3, 9)

42 Determine o menor e o maior número de 2 algarismos que são múltiplos de 3 e 4.

43 No alto da torre de uma emissora de televisão existem duas luzes que piscam. A primeira pisca a cada 5 segundos e a segunda, a cada 7 segundos. Se, num certo instante, as duas luzes piscam juntas, após quantos segundos elas voltarão a piscar ao mesmo tempo?

44 Dois ciclistas participam de uma competição numa pista circular. Partindo simultaneamente do mesmo ponto, o primeiro dá uma volta em 45 segundos e o segundo, em 63 segundos. Após quantos segundos os dois ciclistas passarão juntos pelo mesmo ponto? _____

45 Quatro amigos resolveram marcar um encontro. Carlos só pode comparecer ao encontro a cada 2 dias. Daniela está livre a cada 4 dias. Paula só tem folga no trabalho a cada 5 dias e Felipe a cada 6 dias. A partir do momento em que resolveram marcar o encontro, quantos dias se passarão até o dia em que todos poderão se reunir?

_____

▸ O conjunto dos divisores de um número natural

Considere uma divisão exata, como, por exemplo, 48 ÷ 6.

$$\begin{array}{r|l} 48 & 6 \\ 0 & 8 \end{array}$$ Divisão exata

Como a divisão é exata, dizemos que 48 é divisível por 6, ou que 6 é divisor de 48.

A determinação dos divisores de um número pode ser feita de uma maneira bem simples.

Veja um exemplo:

■ Divisores de 12:
- O primeiro divisor de 12 é o **1**, e o último é o próprio 12.

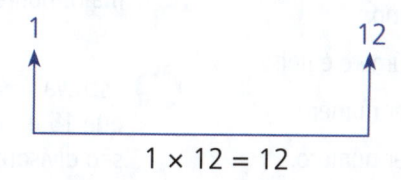

$$1 \qquad 12$$
$$1 \times 12 = 12$$

- O próximo número natural que é divisor de 12 é o **2**, pois 12 é par. Para descobrir outro divisor devemos obter um número natural que multiplicado por **2** dê 12. O número é 6.

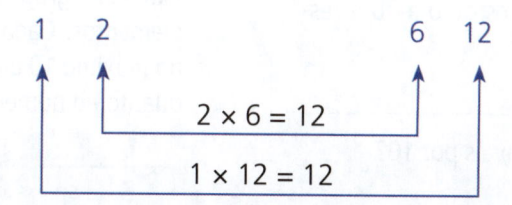

$$1 \quad 2 \qquad 6 \quad 12$$
$$2 \times 6 = 12$$
$$1 \times 12 = 12$$

113

- Ao descobrir um dos divisores de um número, encontramos outro divisor. Continuando o processo, temos:

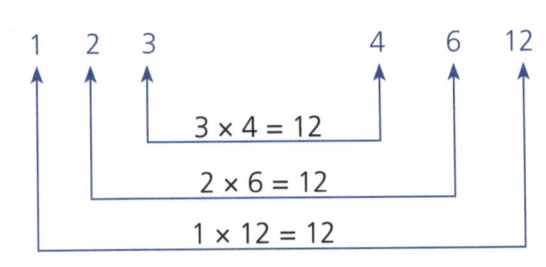

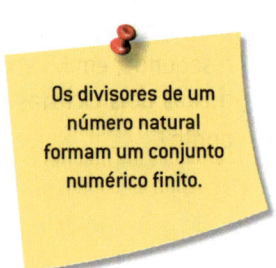

$$1 \quad 2 \quad 3 \quad 4 \quad 6 \quad 12$$

$$3 \times 4 = 12$$
$$2 \times 6 = 12$$
$$1 \times 12 = 12$$

> Os divisores de um número natural formam um conjunto numérico finito.

Os divisores de 12 são: **1, 2, 3, 4, 6 e 12**.
Eles formam o conjunto dos divisores de 12.
D(12) = {1, 2, 3, 4, 6, 12}.

ATIVIDADES

46 Verifique quais destes números são divisíveis por 17.
   a) 918
   b) 1 156
   c) 1 158

47 Observe {0, 2, 4, 6, 8, 10, 12, ...}
   a) Esse conjunto representa os múltiplos de que número? _____
   b) Existem dois números naturais que são divisores de todos os números desse conjunto. Quais são esses números? _____

48 Identifique as sentenças verdadeiras.
   a) Todo número é divisor dele mesmo.
   b) O conjunto dos divisores de um número é finito.
   c) O número 0 é divisor de qualquer número.
   d) O número 1 é divisor de qualquer número.
   e) Todo número natural diferente de 1 admite pelo menos dois divisores: o número 1 e ele mesmo.

49 Escreva o conjunto dos números de 0 a 30 e responda:
   a) Quais são os números divisíveis por 10?
   b) Observe os números que você escreveu em sua resposta, no item (a). Qual é o algarismo das unidades desses números? O que você pode concluir?

50 Determine todos os divisores de:
   a) 36 _____
   b) 15 _____
   c) 25 _____

51 Dos números naturais menores que 500, qual é o maior número divisível por 7? _____

52 Escreva a sequência dos múltiplos de 4 maiores que 15 e menores que 35. Quais desses números são divisores de 80?

53 Numa sala de 36 alunos, o professor quer trabalhar com grupos com a mesma quantidade de elementos. Cada grupo deve ter no mínimo 2 e no máximo 10 alunos. Quais são as possibilidades quanto ao número de alunos por grupo?

O máximo divisor comum (mdc)

Uma balconista tem 2 rolos de fita, um com 12 metros e outro com 28 metros. Precisa dividir a fita dos dois rolos em partes iguais e com o maior tamanho possível. Qual deve ser o comprimento de cada pedaço de fita?

- O primeiro rolo pode ser cortado em pedaços com 1, 2, 3, ④, 6 ou 12 metros.

  Os números 1, 2, 3, 4, 6, 12 são os divisores de 12.

  D(12) = {1, 2, 3, 4, 6, 12}

- O segundo rolo pode ser cortado em pedaços com 1, 2, ④, 7, 14 ou 28 metros.

  Os números 1, 2, 4, 7, 14, 28 são os divisores de 28.

  D(28) = {1, 2, 4, 7, 14, 28}

Portanto, para ter pedaços de fita iguais e com o maior tamanho possível, o comprimento de cada pedaço deverá ser de 4 metros.

Observe que 4 é o maior divisor tanto de 12 como de 28; portanto, 4 é o máximo divisor comum de 12 e 28. Indica-se: mdc (12, 28) = 4.

> O maior dos divisores comuns de dois ou mais números naturais é chamado **máximo divisor comum (mdc)** desses números.

ATIVIDADES

54 Faça o que se pede:

a) Escreva o conjunto dos divisores de 24. _____

b) Escreva o conjunto dos divisores de 30. _____

c) Escreva o conjunto dos divisores comuns de 24 e 30. _____

d) Qual é o máximo divisor comum de 24 e 30? _____

55 Determine:

a) mdc (2, 8) _____

b) mdc (3, 6) _____

c) mdc (6, 8) _____

56 Paula dá aulas para 36 alunos no 6º ano A e 42 no 6º ano B. Para uma competição, em cada uma dessas classes, vai formar grupos com o maior número de alunos possível. E, nesses grupos, alunos de uma classe não ficarão juntos com alunos da outra. Quantos alunos terá cada grupo?

Números primos e números compostos

O quadro abaixo mostra alguns números naturais e seus divisores:

Número	2	3	5	7	11	...
Divisores	1, 2	1, 3	1, 5	1, 7	1, 11	...

Observe a sequência 2, 3, 5, 7, 11,... Cada um de seus termos possui apenas dois divisores naturais: o número 1 e o próprio número.

> Os números naturais maiores que 1 que possuem somente dois divisores, o número 1 e o próprio número, são chamados **números primos.**

O quadro abaixo mostra alguns números naturais e seus divisores. Nesse caso, cada um dos números tem mais de dois divisores:

Número	4	10	18	24
Divisores	1, 2, 4	1, 2, 5, 10	1, 2, 3, 6, 9, 18	1, 2, 3, 4, 6, 8, 12, 24

> Os números naturais que têm mais de dois divisores são chamados **números compostos.**

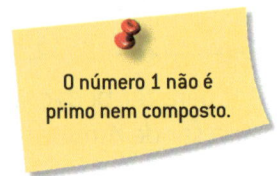

O número 1 não é primo nem composto.

Reconhecendo um número primo

Para saber se um número é primo, divide-se esse número pelos números primos menores que ele até obter um quociente menor ou igual ao divisor. Se nenhuma dessas divisões for exata, então o número é primo. Exemplos:

- 157 é número primo?

    Dividimos 157 pelos números primos menores que ele: 2, 3, 5, 7,... até obter um quociente menor ou igual ao divisor. Ao aplicarmos os critérios de divisibilidade, verificamos que esse número não é divisível nem por 2, nem por 3, nem por 5. Continuando com as divisões, temos:

    157 | 7   157 | 11   157 | 13
    17   22   47   14   27   12
    3   3   1

    O quociente da última divisão é menor que o divisor. A divisão não é exata. O número 157 é primo.

- 187 é um número primo?

    Ao aplicarmos os critérios de divisibilidade, verificamos que esse número não é divisível por 2, nem por 3, nem por 5. Continuando com as divisões, temos:

    187 | 7   187 | 11
    47   26   77   17
    5   0

A divisão de 187 por 11 é exata. Portanto, o número 187 não é primo.

EXPERIMENTOS, JOGOS E DESAFIOS

O crivo de Eratóstenes

O grego Eratóstenes foi brilhante em todos os ramos do conhecimento de sua época. Era matemático, astrônomo, geógrafo, historiador, filósofo, poeta e atleta.

Em aritmética tornou-se conhecido devido a um dispositivo chamado crivo, usado para encontrar números primos. Veja como fazer para encontrar os números primos menores que 100:

- Na tabela ao lado, risque os múltiplos de 2, exceto o 2.
- Risque todos os múltiplos de 3, exceto o 3.
- Risque todos os múltiplos de 5, exceto o 5.
- Risque todos os múltiplos de 7, exceto o 7.

Os números que sobrarem sem riscos são primos.

	2	3	4	5	6	7	8	9	10
11	12	13	14	15	16	17	18	19	20
21	22	23	24	25	26	27	28	29	30
31	32	33	34	35	36	37	38	39	40
41	42	43	44	45	46	47	48	49	50
51	52	53	54	55	56	57	58	59	60
61	62	63	64	65	66	67	68	69	70
71	72	73	74	75	76	77	78	79	80
81	82	83	84	85	86	87	88	89	90
91	92	93	94	95	96	97	98	99	100

ATIVIDADES

57 Este quadro mostra os divisores de alguns números naturais:

Número	1	18	19	20	21	22	23
Divisores	1	1, 2, 3, 6, 9 e 18	1 e 19	1, 2, 4, 5, 10 e 20	1, 3, 7 e 21	1, 2, 11 e 22	1 e 23

Observe e responda:

a) Quais desses números são primos? Justifique.

_____

b) Quais são compostos? _____

c) Quais não são nem primos nem compostos? _____

d) Quais são os divisores primos do número 18? _____

58 Quais destes números são primos?
a) 171   b) 238   c) 347   d) 233

59 Existe um único número par que é primo. Qual é esse número? _____

60 Existe algum múltiplo de 7, além do próprio 7, que seja primo? _____

61 Qual é o menor número de três algarismos que é primo? _____ E o maior? _____

62 Quais os dois únicos números naturais consecutivos que são primos? Justifique.

_____

63 Quando dois números primos diferem de duas unidades eles são chamados primos gêmeos. Por exemplo, os números 3 e 5. Escreva mais três pares de números primos gêmeos.

_____

Números primos entre si

Observe os divisores de 10 e de 21:

- Divisores de 10: 1, 2, 5, 10
- Divisores de 21: 1, 3, 7, 21

O máximo divisor comum de 10 e 21 é 1.

Os números 10 e 21 são primos entre si porque o máximo divisor comum de 10 e 21 é 1.

> Quando o máximo divisor comum de dois números é 1, dizemos que esses dois números são primos entre si.

Veja outro exemplo de números primos entre si:

- Divisores de 30: 1, 2, 3, 5, 6, 10, 15, 30
- Divisores de 77: 1, 7, 11, 77

mdc (30,77) = 1

Os números 30 e 77 são primos entre si.

Já os números 28 e 35 não são primos entre si:

Divisores de 28: 1, 2, 4, 7, 14, 28

Divisores de 35: 1, 5, 7, 35

mdc (28, 35) = 7

> Dois números primos são sempre primos entre si.

ATIVIDADES

64 Responda:

a) Quais são os divisores de 14? _____

b) Quais são os divisores de 55? _____

c) Quais são os divisores comuns de 14 e 55? _____

d) Qual é o mdc (14, 55)? _____

e) Os números 14 e 55 são primos entre si?

_____

65 Em quais itens os números são primos entre si?

a) 17 e 101   c) 44 e 54

b) 44 e 49   d) 39 e 51

66 Escreva:

a) dois números primos entre si _____

b) dois números compostos que não sejam primos entre si _____

▶ Decomposição em fatores primos

Sempre podemos decompor um número composto como produto de dois ou mais fatores (todos diferentes de 1).

Observe algumas decomposições do número 60:

$$60 \\ 2 \times 30 \qquad 60 \\ 2 \times 3 \times 10 \qquad 60 \\ 2 \times 2 \times 3 \times 5$$

Na última decomposição do número 60, todos os fatores são números primos.

Vamos decompor o número 60 em fatores primos usando um dispositivo prático.

Dispositivo prático

1º) Escreve-se o número 60 no lado esquerdo de um traço vertical:

60 |

2º) Escreve-se, no lado direito do traço, o menor divisor primo do número 60:

60 | 2

3º) Divide-se o número 60 pelo seu menor divisor primo e escreve-se, abaixo do número 60, o quociente da divisão efetuada:

60 | 2
30 |

4º) Repete-se esse processo até que o quociente seja igual a 1:

60 | 2
30 | 2
15 | 3
5 | 5
1 |

Os fatores primos de 60 são os números que se encontram do lado direito do traço.

$60 = \underbrace{2 \times 2 \times 3 \times 5}_{\text{todos fatores primos}} = \underbrace{2^2 \times 3 \times 5}_{\text{forma fatorada}}$

ATIVIDADES

67 Utilizando o dispositivo prático, escreva os fatores primos destes números:
   a) 96 _____
   b) 1 024 _____
   c) 243 _____
   d) 230 _____

68 Qual é o menor número natural cujos fatores primos são 2, 3, 5, 7 e 11?
   _____

▶ O cálculo do mmc pela fatoração

Há um processo rápido de calcular o mmc de dois ou mais números naturais: usando a **decomposição simultânea** dos números **em fatores primos**. Veja um exemplo:

■ Em seu tratamento, Cláudio precisa tomar dois comprimidos diferentes. Um de 6 em 6 horas e o outro de 8 em 8 horas. Ele iniciou o tratamento tomando os dois comprimidos ao mesmo tempo.

119

Após quantas horas ele voltará a tomar os dois comprimidos juntos?

Esse problema pode ser resolvido encontrando-se o mínimo múltiplo comum de 6 e 8.

Vamos calcular o mmc (6, 8):

```
6, 8 | 2   (6 ÷ 2 = 3 e 8 ÷ 2 = 4)
3, 4 | 2   (4 ÷ 2 = 2)
3, 2 | 2   (2 ÷ 2 = 1)
3, 1 | 3   (3 ÷ 3 = 1)
1, 1 |
```

mmc (6,8) = 2 × 2 × 2 × 3 = 24

Cláudio voltará a tomar os dois comprimidos juntos após 24 horas.

ATIVIDADES

69) Determine o mmc pelo processo da decomposição simultânea:

a) mmc (36, 54)

b) mmc (24, 66)

c) mmc (20, 44)

d) mmc (32, 48, 64)

70) Qual é o mmc dos números $a = 2^5 \times 3$ e $b = 2^3 \times 3^2$?

71) Determine o mdc de cada par de números: 3 e 5; 7 e 11; 13 e 17; 19 e 25.

a) Os números que formam cada um desses pares são primos entre si? _____

b) Determine o mmc de cada um desses pares de números.

c) De um modo geral, como podemos encontrar o mmc de dois números primos entre si?

_____

72) Cecília tem mais de 400 e menos de 500 moedas. Pode agrupá-las de 10 em 10, de 12 em 12, ou de 14 em 14 e nunca sobram moedas fora dos grupos. Quantas moedas ela tem?

73) Numa caixa há mais de 40 e menos de 100 laranjas. Contando-as de 6 em 6, de 8 em 8 ou de 9 em 9, sempre sobram 2 laranjas. Quantas laranjas há na caixa?

Capítulo 9 — FRAÇÕES

▶ Ideias de fração

A palavra fração vem do latim *fractionne* e significa dividir, partir, fragmentar.

Neste capítulo veremos **a ideia de fração** como: **parte-todo**, **operador**, **razão** e **quociente de dois números**.

Fração como parte-todo

Bruno dividiu uma folha de sulfite em duas partes iguais e pintou uma delas de vermelho. Que fração representa a parte da folha que Bruno pintou?

A parte pintada representa uma das duas partes da folha (inteiro). Ela corresponde a $\frac{1}{2}$ (um meio ou metade) da folha.

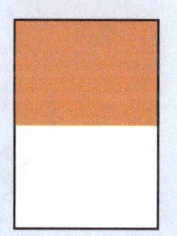

> A expressão $\frac{a}{b}$ representa uma **fração**, sendo a e b números naturais, com b diferente de zero.

Os números **a** e **b** são os **termos** da fração. Esses números são chamados numerador e denominador.

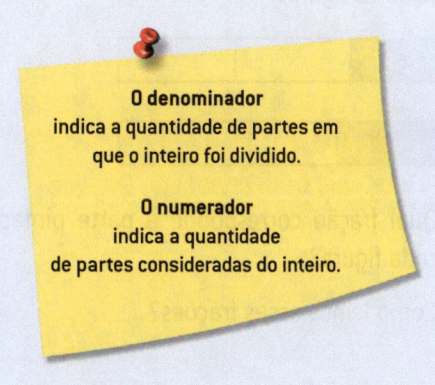

$\frac{a}{b}$ ← numerador
      ← denominador

> **O denominador** indica a quantidade de partes em que o inteiro foi dividido.
>
> **O numerador** indica a quantidade de partes consideradas do inteiro.

Leitura de uma fração

Lemos primeiro o numerador e, em seguida, o denominador.

- Leitura de frações com denominadores menores que 10

Denominador	2	3	4	5	6	7	8	9
Leitura	meio	terço	quarto	quinto	sexto	sétimo	oitavo	nono

$\dfrac{2}{3}$ dois terços $\dfrac{1}{5}$ um quinto $\dfrac{3}{7}$ três sétimos

■ Leitura de frações com denominadores múltiplos de 10

Denominador	10	100	1000	...
Leitura	décimo	centésimo	milésimo	...

$\dfrac{3}{10}$ três décimos $\dfrac{9}{100}$ nove centésimos $\dfrac{11}{1000}$ onze milésimos

■ Leitura de frações com outros denominadores

Lê-se o numerador e, em seguida, o denominador acompanhado da palavra avos.

$\dfrac{7}{15}$ (sete quinze avos)

$\dfrac{1}{11}$ (um onze avos)

$\dfrac{3}{17}$ (três dezessete avos)

ATIVIDADES

1 Observe as figuras:

a) Qual fração corresponde à parte pintada em cada figura?

b) Como lemos essas frações?

2 Este sólido é formado por 5 blocos de mesmo tamanho.

a) Qual fração corresponde à parte verde? _____

b) Qual fração corresponde à parte vermelha? _____

3 Esta figura foi dividida em 6 partes iguais.

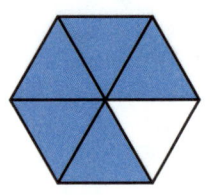

a) Qual fração corresponde à parte colorida?
_____

b) Qual fração corresponde à parte branca?
_____

c) Qual fração corresponde à figura inteira?
_____

4 Leandro levou 20 maçãs para vender na praia. Veja o que sobrou.

a) Qual fração corresponde às maçãs vendidas por Leandro? _____

b) Como se lê essa fração? _____

c) Qual fração corresponde às maçãs que faltam vender? _____

5 Represente $\frac{7}{8}$ desta figura.

6 Observe esta figura. A parte colorida representa a fração $\frac{1}{4}$? Explique.

_____
_____
_____

7 Relacione estas frações com suas respectivas leituras:

a) $\frac{5}{11}$ I) trinta e sete milésimos

b) $\frac{9}{10}$ II) onze centésimos

c) $\frac{11}{100}$ III) nove décimos

d) $\frac{37}{1\,000}$ IV) cinco onze avos

Fração como operador

Acompanhe duas situações que envolvem a fração como operador:

SITUAÇÃO 1

Numa corrida automobilística largaram 24 carros. Desses, $\frac{2}{3}$ não completaram a prova por problemas mecânicos e por colisão. Quantos carros não completaram a prova?

Veja como encontramos $\frac{2}{3}$ dos 24 carros:

- $\frac{1}{3}$ de 24 é igual a 8, pois **24 ÷ 3 = 8**

- $\frac{2}{3}$ de 24 é igual a 16, pois **2 × 8 = 16**

Portanto, 16 carros não terminaram a prova.

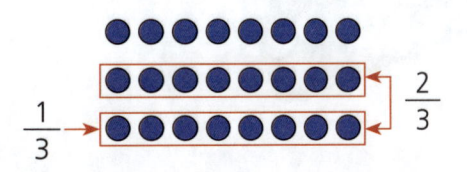

123

SITUAÇÃO 2

Sabendo que 1 hora corresponde a 60 minutos, quantos minutos correspondem a $\frac{1}{4}$ de hora?

- $\frac{1}{4}$ de hora é o mesmo que $\frac{1}{4}$ de 60 minutos.

- $\frac{1}{4}$ de 60 é 15, pois 60 ÷ 4 = 15

Portanto, $\frac{1}{4}$ de hora corresponde a 15 minutos.

ATIVIDADES

8 Calcule:

a) $\frac{5}{8}$ de 96

b) $\frac{17}{23}$ de 115

c) $\frac{3}{11}$ de 143

9 Calcule mentalmente:

a) $\frac{1}{2}$ de 24 _____   c) $\frac{2}{3}$ de 9 _____

b) $\frac{3}{5}$ de 10 _____   d) $\frac{1}{4}$ de 16 _____

10 Gisele precisa usar $\frac{1}{3}$ destes ovos para fazer um bolo. Quantos ovos ela vai usar?

11 Esta *pizza* está dividida em 8 partes iguais.

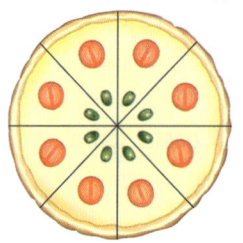

a) Se a *pizza* custar 16 reais, quanto custará $\frac{1}{8}$ dela?

b) Se custar 24 reais, qual será o preço de $\frac{5}{8}$?

c) Se custar 20 reais, quanto custará $\frac{8}{8}$?

12 Carlos tem 63 anos. Sua filha tem $\frac{2}{7}$ de sua idade. Qual a idade da filha?

13 Flávia ganhou um prêmio de R$ 1 600 00. Decidiu dar $\frac{1}{4}$ dessa quantia ao filho e $\frac{3}{8}$ ao marido. Quantos reais receberá cada um?

14 A capacidade do tanque de combustível de um carro é de 48 litros. De acordo com a figura, quantos litros de gasolina se encontram no tanque? _____

15 Uma caixa de bombom contém 15 unidades. Daniela comeu $\frac{1}{3}$ e Cleide $\frac{1}{5}$ dessas unidades. Quantas unidades sobraram? _____

16 Uma loja colocou em liquidação 360 camisetas. No primeiro dia vendeu $\frac{7}{9}$ delas e no dia seguinte vendeu as restantes.

a) Desenhe a fração que representa a venda no primeiro dia.
_____

b) Quantas camisetas foram vendidas no primeiro dia?
_____

c) Que fração das camisetas foi vendida no segundo dia?
_____

d) Qual fração representa o total das camisetas?
_____

17 Uma tonelada corresponde a 1 000 quilogramas.

Determine a fração da tonelada que corresponde a:

a) 500 quilogramas
_____

b) 750 quilogramas
_____

c) 1 250 quilogramas
_____

18 Use o segmento $\overline{AB}$ como unidade de medida. A que fração dessa unidade corresponde cada um destes segmentos?

a) $\overline{CD}$
_____

b) $\overline{EF}$
_____

c) $\overline{GH}$
_____

d) $\overline{IJ}$
_____

Fração como razão

- Sandra ganhou uma caixa de bombons de diferentes sabores.

O quadro mostra o sabor e a quantidade total de bombons da caixa.

Que fração indica a quantidade de bombons de morango em relação ao total de bombons?

Bombons	Quantidade
coco	2
chocolate	4
morango	3
limão	5

125

Dizemos que 3 dos 14 bombons são de morango, ou seja, $\frac{3}{14}$ (três catorze avos) dos bombons são de morango.

Nesse caso, a fração $\frac{3}{14}$ é usada para comparar a quantidade de bombons de morango (3) em relação ao total de bombons (14).

Veja a razão entre a quantidade de bombons com outros sabores e a quantidade total de bombons na caixa que Sandra ganhou.

- Dois dos 14 bombons são de coco, ou seja, $\frac{2}{14}$ (dois catorze avos).

- Quatro dos 14 bombons são de chocolate, ou seja, $\frac{4}{14}$ (quatro catorze avos).

- Cinco dos 14 bombons são de limão, ou seja, $\frac{5}{14}$ (cinco catorze avos).

ATIVIDADES

19 Uma classe com 35 alunos foi dividida em grupos de 5 alunos. Cada grupo corresponde a que fração do total?

_____

20 Daniel fez esta pergunta a 100 pessoas:

- Qual é o seu time preferido?

Este gráfico representa o resultado de sua pesquisa.

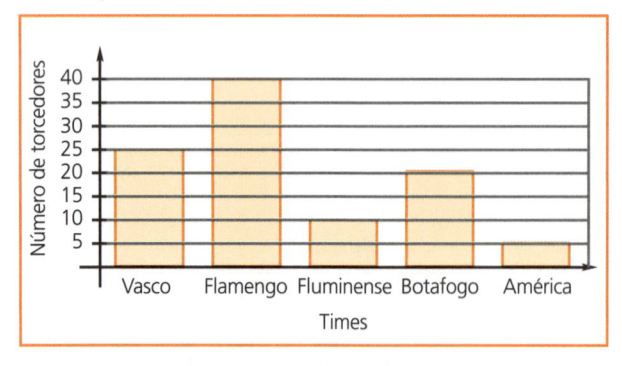

a) Quantas pessoas torcem pelo América? _____

b) Qual fração representa o número de torcedores do América em relação ao total?

_____

c) Que fração representa o número de torcedores de cada um dos outros times em relação ao total de torcedores?

_____

21 Uma piscina comporta 40 mil litros de água. Nela existem 25 mil litros de água.

a) A que fração do total de água que pode caber na piscina correspondem 25 mil litros?

_____

b) Qual fração corresponde à quantidade de água que falta para encher totalmente a piscina?

_____

22 Carlos comprou um automóvel em 12 prestações iguais. Já pagou 7 prestações. Qual fração corresponde às prestações pagas em relação ao número total de prestações?

_____

Fração como quociente de dois números

Acompanhe duas situações que envolvem a fração com quociente:

SITUAÇÃO 1

Quatro barras de chocolate são divididas igualmente entre dois amigos: Rogério e Mário. Quantas barras de chocolate coube a cada um?

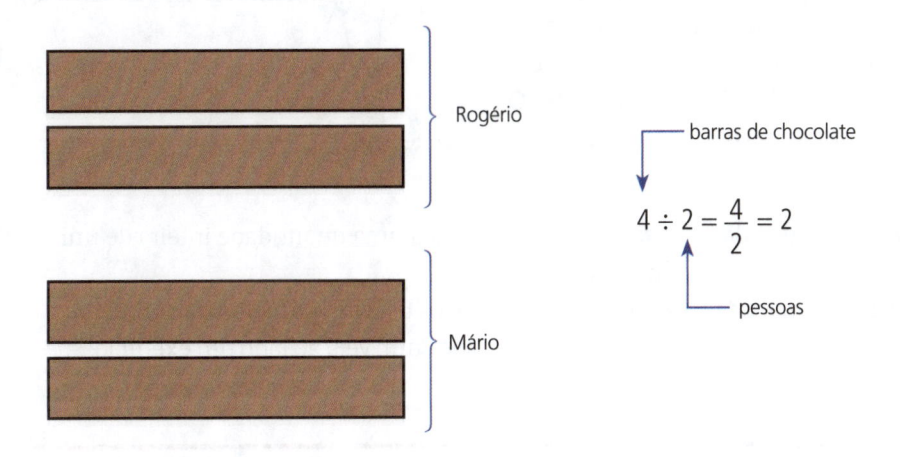

$$4 \div 2 = \frac{4}{2} = 2$$

(barras de chocolate / pessoas)

Cada um recebeu duas barras de chocolate.

SITUAÇÃO 2

Se Rogério e Mário dividirem igualmente uma barra de chocolate, que parte da barra caberá a cada um?

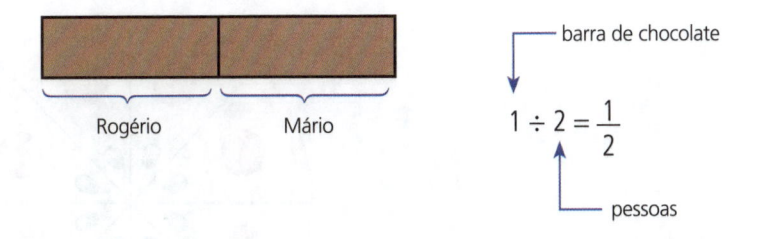

$$1 \div 2 = \frac{1}{2}$$

(barra de chocolate / pessoas)

Cada um ficará com $\frac{1}{2}$ da barra.

A fração, entendida como divisão de dois números naturais, sendo o divisor diferente de zero, representa um número racional escrito na forma fracionária (número fracionário).

127

VOCÊ SABIA?

Os números fracionários e os egípcios

Os números fracionários foram usados há mais de 3000 a.C. pelos egípcios.

As terras às margens do Rio Nilo eram repartidas entre seus habitantes, que pagavam aos faraós tributos proporcionais à área cultivada. Na época das cheias, as marcações se perdiam e as terras tinham que ser medidas novamente. Os homens que mediam as terras eram os "estiradores de corda".

Muitas vezes uma medida de terra não correspondia a uma quantidade inteira de unidades, ou seja, nem sempre era um número natural.

Para registrar essas medidas (não inteiros), os egípcios usavam números fracionários. Utilizavam frações unitárias, ou seja, com numerador um. Veja ao lado um exemplo.

$\frac{1}{8}$
um oitavo

ATIVIDADES

23 Escreva as divisões na forma de número fracionário:

a) $2 \div 3$

b) $5 \div 7$

c) $15 \div 28$

d) $135 \div 1238$

24 Escreva as frações na forma de divisão:

a) $\frac{1}{5}$

b) $\frac{2}{7}$

c) $\frac{3}{8}$

d) $\frac{5}{10}$

25 Esta *pizza* foi igualmente dividida entre 4 amigos. Quantos pedaços coube a cada um?

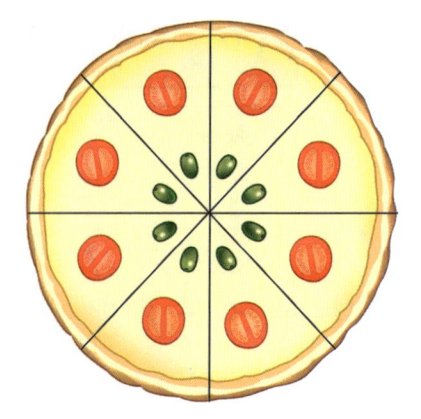

▶ Tipos de fração

As frações podem ser classificadas em **próprias**, **impróprias** ou **aparentes**.

Frações próprias

Observe estas figuras e as frações correspondentes à parte colorida.

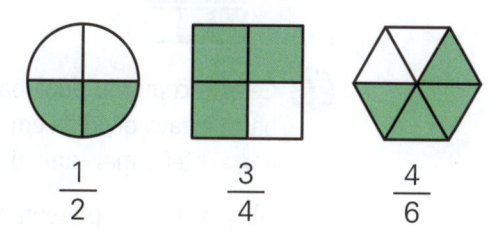

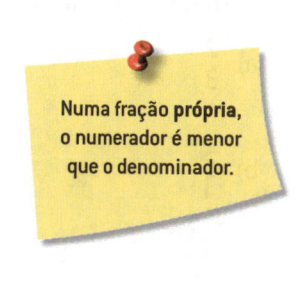

$\dfrac{1}{2}$ $\dfrac{3}{4}$ $\dfrac{4}{6}$

> Numa fração **própria**, o numerador é menor que o denominador.

Essas frações representam quantidades menores que o inteiro.

Frações impróprias

Observe, agora, estas figuras:

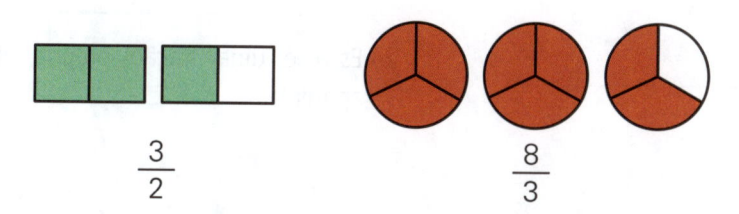

$\dfrac{3}{2}$ $\dfrac{8}{3}$

> Numa fração **imprópria**, o numerador é maior que o denominador.

Essas frações representam quantidades maiores que o inteiro.

Frações aparentes

Por último, observe estas figuras:

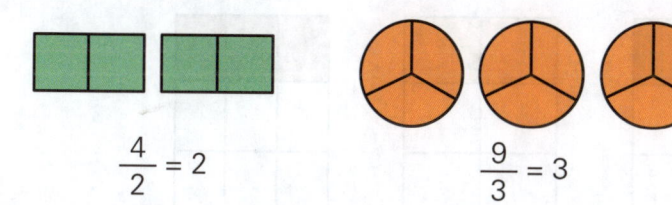

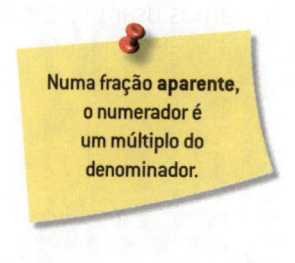

$\dfrac{4}{2} = 2$ $\dfrac{9}{3} = 3$

> Numa fração **aparente**, o numerador é um múltiplo do denominador.

Essas frações representam quantidades múltiplas do inteiro. As frações aparentes representam números naturais.

ATIVIDADES

26 Classifique cada fração em própria, imprópria ou aparente, e desenhe uma figura que a represente:

a) $\dfrac{2}{3}$

b) $\dfrac{5}{3}$

c) $\dfrac{2}{2}$

d) $\dfrac{8}{4}$

27 Que fração representa cada caso?

Essas frações são próprias, impróprias ou aparentes?

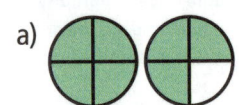

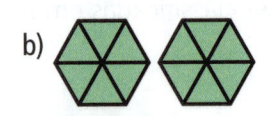

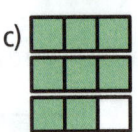

a) _____

b) _____

c) _____

28 Celeste comprou duas barras de chocolate. Cada barra estava dividida em 4 partes. Ela comeu uma barra inteira mais uma parte da outra barra.

a) Qual fração representa a quantidade de chocolate que Celeste comeu?

_____

b) Essa é uma fração própria, imprópria ou aparente? _____

▶ Frações equivalentes

O retângulo branco representa uma folha de papel sulfite.

Vamos usar três dessas folhas e colorir a parte que representa as frações $\dfrac{1}{3}$, $\dfrac{2}{6}$ e $\dfrac{3}{9}$.

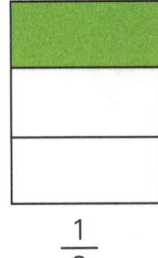

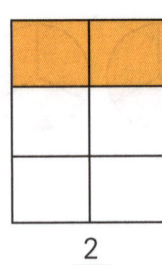

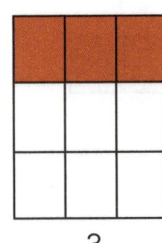

$\dfrac{1}{3}$ $\dfrac{2}{6}$ $\dfrac{3}{9}$

Observe que as três frações representam a mesma parte da folha de papel, isto é, representam a mesma parte do inteiro. Portanto, essas frações são equivalentes entre si e podemos escrever:

$$\dfrac{1}{3} = \dfrac{2}{6} = \dfrac{3}{9}$$

Encontrando frações equivalentes

- Considere esta figura. Ela representa 1 inteiro.

Observe as frações obtidas desse inteiro:

- A figura foi dividida em 3 partes iguais.
  A fração que corresponde à parte colorida é $\frac{2}{3}$.

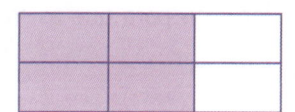

- A figura foi dividida em 6 partes iguais.
  A fração que corresponde à parte colorida é $\frac{4}{6}$.

Observe que essa fração pode ser obtida multiplicando os dois termos da fração $\frac{2}{3}$ por 2.

As frações $\frac{2}{3}$ e $\frac{4}{6}$ são equivalentes, pois representam a mesma quantidade do inteiro.

$$\frac{2 \times 2}{3 \times 2} = \frac{4}{6}$$

$$\frac{2}{3} = \frac{4}{6}$$

Considere, agora, esta outra figura como um inteiro:

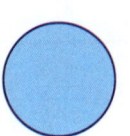

Observe as frações obtidas desse inteiro:

- A figura foi dividida em 8 partes iguais.
  A parte colorida corresponde à fração $\frac{4}{8}$.

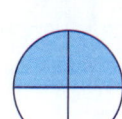

- A figura foi dividida em 4 partes iguais.
  A parte colorida corresponde à fração $\frac{2}{4}$.

Essa fração pode ser obtida dividindo os dois termos da fração $\frac{4}{8}$ por 2.

As frações $\frac{4}{8}$ e $\frac{2}{4}$ são equivalentes.

$$\frac{4}{8} = \frac{2}{4}$$

$$\frac{4 \div 2}{8 \div 2} = \frac{2}{4}$$

De modo geral, podemos dizer:

> Multiplicando ou dividindo os dois termos de uma fração por um número natural diferente de zero, obtemos **frações equivalentes**.

ATIVIDADES

29 Observe estas figuras:

$\frac{1}{2}$

$\frac{2}{4}$

$\frac{3}{6}$

$\frac{2}{5}$

a) As frações $\frac{1}{2}$ e $\frac{2}{4}$ são equivalentes? _____

E as frações $\frac{1}{2}$ e $\frac{3}{6}$? _____

b) As frações $\frac{1}{2}$ e $\frac{2}{5}$ são equivalentes? _____

c) Qual é a fração equivalente a $\frac{2}{4}$, com numerador igual a 3? _____

30 Escreva três frações equivalentes a cada fração abaixo:

a) $\frac{1}{7}$ _____

b) $\frac{6}{8}$ _____

c) $\frac{3}{5}$ _____

d) $\frac{20}{35}$ _____

31 Para encontrar, por exemplo, a fração equivalente a $\frac{3}{5}$, com denominador 20, podemos multiplicar os dois termos dessa fração pelos números 1, 2, 3, 4, ..., até encontrar o denominador 20.

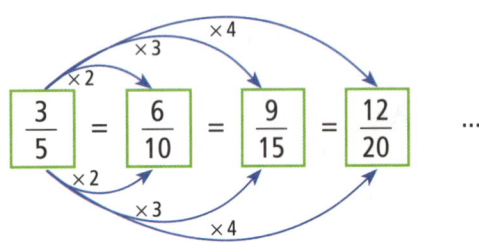

$$\frac{3}{5} = \frac{6}{10} = \frac{9}{15} = \frac{12}{20} \ldots$$

A fração equivalente a $\frac{3}{5}$ com denominador 20 é $\frac{12}{20}$.

Agora é com você.

Encontre a fração de denominador 35 equivalente a $\frac{4}{7}$.

32 Na igualdade $\frac{4}{7} = \frac{n}{42}$, qual é o valor de n?

33 Qual deve ser o valor de n para que as frações $\frac{12}{18}$ e $\frac{6}{n}$ sejam equivalentes? _____

34 Observe estas frações:

$\frac{2}{5}, \frac{4}{7}, \frac{8}{14}, \frac{6}{10}, \frac{12}{21}$ e $\frac{4}{15}$.

Quais delas são equivalentes entre si?

_____

35 Zé Guloso comeu $\frac{3}{4}$ de uma *pizza*, dividida em 8 partes iguais. Qual fração da *pizza* ele comeu?

_____

132

36. Observe os procedimentos para encontrar a fração equivalente a $\frac{12}{16}$, cuja soma dos termos seja igual a 42.

- Divide-se por 4 os dois termos da fração:
$$\frac{12 \div 4}{16 \div 4} = \frac{3}{4}$$

- Multiplica-se os dois termos da fração $\frac{3}{4}$ pelos números 1, 2, 3, 4, 5, ..., obtendo frações equivalentes a $\frac{3}{4}$:

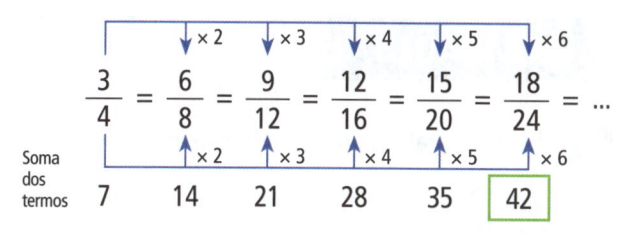

$$\frac{3}{4} = \frac{6}{8} = \frac{9}{12} = \frac{12}{16} = \frac{15}{20} = \frac{18}{24} = ...$$

Soma dos termos: 7, 14, 21, 28, 35, **42**

A fração procurada é $\frac{18}{24}$, pois é equivalente a $\frac{12}{16}$ e a soma de seus termos é 42.

Agora é com você.
Encontre uma fração equivalente a $\frac{5}{6}$, cuja soma dos termos seja igual a 44.

Simplificando frações

Simplificar uma fração significa encontrar uma fração equivalente com numerador e denominador menores. Para tanto, dividimos os termos da fração dada pelo mesmo número.

Veja como simplificar a fração $\frac{18}{24}$:

$$\frac{18}{24} = \frac{9}{12} \quad (\div 2)$$

Podemos simplificar ainda mais:

$$\frac{18}{24} = \frac{9}{12} = \frac{3}{4} \quad (\div 2, \div 3)$$

A fração $\frac{3}{4}$ não pode mais ser simplificada porque o numerador (3) e o denominador (4) não têm fatores comuns. Nesse caso, ela é chamada **fração irredutível**.

Podemos simplificar a fração $\frac{18}{24}$ efetuando apenas uma divisão. Para isso precisamos dividir os termos pelo mdc (18, 24).

mdc (18, 24) = 6

$$\frac{18}{24} = \frac{3}{4} \quad (\div 6)$$

Dessa forma, simplificamos a fração $\frac{18}{24}$ obtendo a fração irredutível $\frac{3}{4}$.

> Quando uma fração não pode mais ser simplificada, ou seja, o numerador e o denominador não têm fatores comuns, dizemos que ela é uma **fração irredutível**.

ATIVIDADES

37 Simplifique até encontrar a fração irredutível:

a) $\dfrac{28}{16}$ _____

b) $\dfrac{432}{184}$ _____

c) $\dfrac{135}{310}$ _____

d) $\dfrac{825}{990}$ _____

38 Quais destas frações são irredutíveis?

a) $\dfrac{15}{79}$ c) $\dfrac{101}{45}$

b) $\dfrac{28}{23}$ d) $\dfrac{24}{36}$

39 A qual fração irredutível corresponde a quantidade de comprimidos tomados? _____

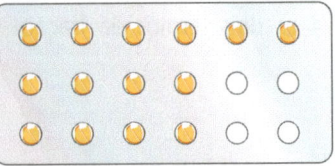

40 Dos 96 pontos que o time de basquete do Indiana marcou, 48 foram anotados por Márcio. A qual fração irredutível correspondem os pontos anotados por Márcio? _____

41 Escreva uma fração irredutível que satisfaça estas condições:

a) ter numerador 2 _____

b) ter denominador ímpar _____

c) ter denominador múltiplo de 5 _____

▶ Comparação de frações

Podemos comparar frações com o mesmo denominador ou frações com denominadores diferentes. É o que veremos a seguir.

Frações com o mesmo denominador

Duas jarras têm a mesma capacidade. Uma delas contém $\dfrac{1}{3}$ dessa capacidade de suco e a outra, $\dfrac{2}{3}$.

• Qual delas contém mais suco?

Observe que as duas frações têm o mesmo denominador e que, na figura, a quantidade de suco da primeira jarra é menor que a quantidade que há na segunda.

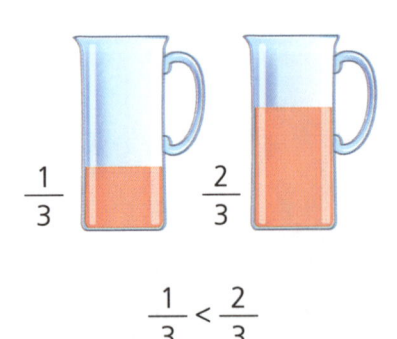

$$\dfrac{1}{3} < \dfrac{2}{3}$$

< é menor que.

> Quando duas frações têm o mesmo denominador, a menor é aquela que tem o menor numerador.

Frações com denominadores diferentes

Qual fração é maior: $\frac{5}{6}$ ou $\frac{3}{8}$?

E agora? Os denominadores são diferentes!

Para comparar frações com denominadores diferentes, o primeiro passo é encontrar frações equivalentes às frações dadas que tenham o mesmo denominador.

Vamos comparar as frações $\frac{5}{6}$ e $\frac{3}{8}$ de duas maneiras:

- Escrevendo as frações equivalentes:

$$\frac{5}{6} = \frac{10}{12} = \frac{15}{18} = \mathbf{\frac{20}{24}} = ...$$

$$\frac{3}{8} = \frac{6}{16} = \mathbf{\frac{9}{24}} = ...$$

$\frac{20}{24} > \frac{9}{24}$, então, $\frac{5}{6} > \frac{3}{8}$.

- Encontrando o denominador comum das duas frações pelo cálculo do mmc dos denominadores 6 e 8:

mmc (6, 8) = 24

$$\frac{5}{6} \xrightarrow{\times 4} \frac{20}{24} \qquad \frac{3}{8} \xrightarrow{\times 3} \frac{9}{24}$$

$\frac{20}{24} > \frac{9}{24}$, então, $\frac{5}{6} > \frac{3}{8}$.

135

Comparação de frações com numeradores iguais

Daniel e Pedro têm uma barra de chocolate cada um. A barra de chocolate de Daniel estava dividida em 3 partes e ele comeu uma delas; a barra de Pedro estava dividida em 4 partes e ele comeu uma delas.

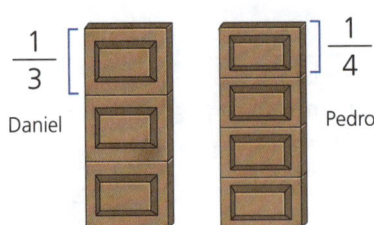

$\frac{1}{3}$ Daniel $\frac{1}{4}$ Pedro

Observe que as duas frações têm numeradores iguais a 1, o que significa que cada um comeu uma parte do inteiro.

Mas como as barras de chocolate foram divididas em um número diferente de partes, eles não comeram a mesma quantidade de chocolate. Observando as barras percebemos que Daniel comeu mais chocolate do que Pedro.

Como $\frac{1}{3}$ representa a quantidade de chocolate que Daniel comeu, e $\frac{1}{4}$ a parte que Pedro comeu, podemos concluir que $\frac{1}{3}$ é maior que $\frac{1}{4}$.

> Quando duas frações têm o mesmo numerador, a maior é aquela que tem o menor denominador.

ATIVIDADES

42 Observe as figuras e compare as frações. Qual delas é maior?

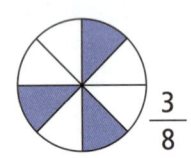

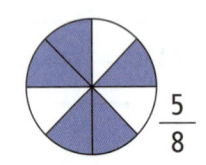

$\frac{3}{8}$ $\frac{5}{8}$

43 Nas figuras, que frações são representadas pelas partes coloridas? Compare-as utilizando os sinais < (menor que) e > (maior que).

a)

b)

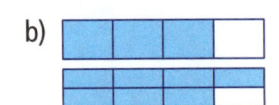

44 Qual fração é maior?

a) $\frac{1}{8}$ ou $\frac{1}{9}$?

b) $\frac{2}{5}$ ou $\frac{2}{7}$?

c) $\frac{13}{21}$ ou $\frac{13}{15}$?

d) $\frac{25}{14}$ ou $\frac{25}{6}$?

45 Compare as frações abaixo usando os sinais = (igual), < (menor que), ou > (maior que):

a) $\frac{5}{8}$ e $\frac{3}{4}$

b) $\frac{2}{6}$ e $\frac{1}{3}$

c) $\frac{8}{15}$ e $\frac{1}{5}$

d) $\frac{3}{7}$ e $\frac{2}{5}$

46 Coloque as frações em ordem decrescente: $\frac{1}{2}$, $\frac{3}{8}$, $\frac{4}{5}$ e $\frac{3}{10}$.

_____
_____
_____

47 Estes parafusos são identificados pelo seu comprimento, medido em polegadas. O menor deles mede $\frac{1}{4}$ de polegada.

1 polegada $\frac{1}{2}$ polegada $\frac{1}{4}$ polegada $\frac{3}{4}$ polegada $\frac{5}{8}$ polegada

a) Qual é a medida do maior? _____

b) Escreva em ordem crescente as medidas desses parafusos.

_____

48 Escreva uma fração maior que um inteiro com numerador 12.

_____

49 Flávia comprou $\frac{1}{2}$ quilograma de carne e Fernanda $\frac{3}{4}$ de quilograma. Quem comprou menos carne? _____

50 Na eleição para representante de classe são considerados apenas os votos válidos. João obteve $\frac{3}{5}$ desses votos e Patrícia, $\frac{4}{7}$. Quem ganhou a eleição?

▶ Adição e subtração com frações

Veja algumas situações em que é preciso efetuar adições com números fracionários.

Frações com denominadores iguais

Marta e Maria compraram uma *pizza*. Dividiram essa *pizza* em 8 pedaços de mesmo tamanho. Maria comeu 2 pedaços e Marta, 3 pedaços.

a) Que fração da *pizza* cada uma comeu?

b) Que fração da *pizza* elas comeram ao todo?

c) Que fração da *pizza* Marta comeu a mais que Maria?

Resolvendo:

a) Maria Marta
$\frac{2}{8}$ $\frac{3}{8}$

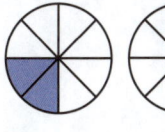

b) $\frac{2}{8} + \frac{3}{8} = \frac{5}{8}$ ao todo

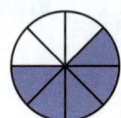

c) $\frac{3}{8} - \frac{2}{8} = \frac{1}{8}$
Maria Marta
a mais

> Para adicionar ou subtrair frações com denominadores iguais, basta adicionar ou subtrair os numeradores e conservar os denominadores.

Frações com denominadores diferentes

Carlos gasta $\frac{2}{5}$ do salário com despesas em educação e $\frac{1}{3}$ com plano de saúde.

a) Que fração do salário Carlos gasta com despesas médicas e educação?
b) Que fração do salário Carlos gastou a mais com educação do que com plano de saúde?

Solução

Vamos considerar que a barra representa o salário e que as partes coloridas representam frações do salário gastas com educação e saúde.

a) Fração do salário gasta com educação e com plano de saúde.

- Representação das frações $\frac{2}{5}$ e $\frac{1}{3}$ por meio de figuras:

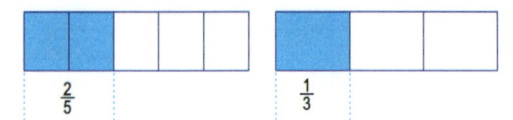

- As frações $\frac{2}{5}$ e $\frac{1}{3}$ não representam partes iguais do inteiro. Para adicionar frações com denominadores diferentes, o primeiro passo é encontrar frações equivalentes que tenham o mesmo denominador.

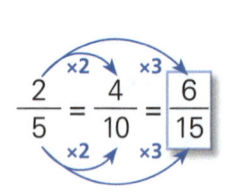

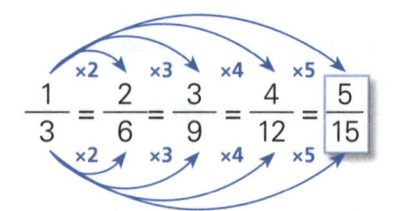

$$\frac{2}{5} = \frac{4}{10} = \frac{6}{15} \qquad \frac{1}{3} = \frac{2}{6} = \frac{3}{9} = \frac{4}{12} = \frac{5}{15}$$

- Representação das frações $\frac{6}{15}$ e $\frac{5}{15}$, que são equivalentes respectivamente às frações $\frac{2}{5}$ e $\frac{1}{3}$, por meio de figuras:

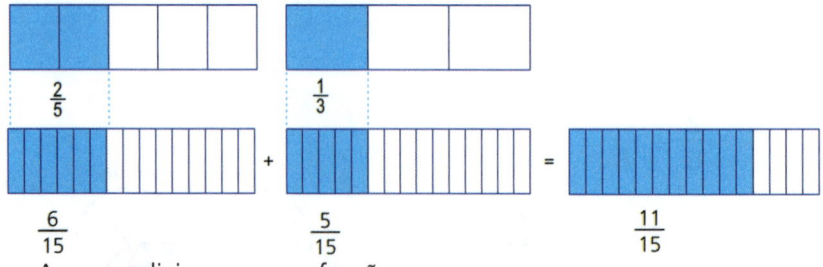

- Agora, adicionamos as frações:

$$\frac{2}{5} + \frac{1}{3} = \boxed{?}$$

$$\frac{6}{15} + \frac{5}{15} = \frac{11}{15}$$

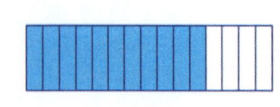

138

- Outro processo para calcular $\frac{2}{5} + \frac{1}{3}$

$\frac{2}{5} + \frac{1}{3} = \boxed{?}$

Pode-se encontrar o denominador comum das duas frações calculando o mmc dos denominadores 5 e 3:

frações equivalentes

$\frac{2}{5} + \frac{1}{3} = \frac{6}{15} + \frac{5}{15} = \frac{11}{15}$

frações equivalentes

```
5, 3 | 3
5, 1 | 5
1, 1 |
```
mmc (5, 3) = 15

Resposta: Carlos gasta $\frac{11}{15}$ de seu salário para pagar o plano de saúde e as despesas com educação.

b) Fração que gastou a mais (plano de saúde x educação):

Precisamos calcular $\frac{2}{5} - \frac{1}{3} = ?$

Encontramos as frações equivalentes às frações $\frac{2}{5}$ e $\frac{1}{3}$ e efetuamos a subtração:

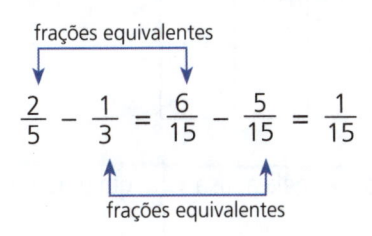

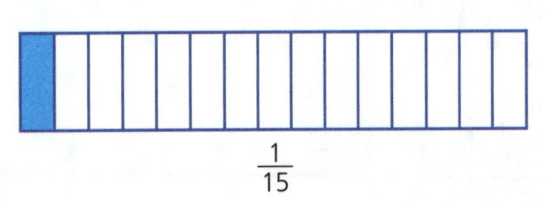

frações equivalentes

$\frac{2}{5} - \frac{1}{3} = \frac{6}{15} - \frac{5}{15} = \frac{1}{15}$

frações equivalentes

Carlos gasta $\frac{1}{15}$ de seu salário a mais com plano de saúde do que com despesas em educação.

ATIVIDADES

51 Observe as partes coloridas das figuras abaixo e escreva:

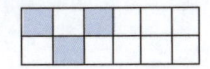

a) as frações representadas _____

b) a soma dessas frações _____

c) a diferença entre a fração maior e a menor _____

52 Efetue e, quando possível, simplifique cada resultado:

a) $\frac{4}{7} + \frac{3}{7}$

b) $\frac{5}{8} - \frac{1}{8}$

c) $\dfrac{1}{9} + \dfrac{3}{9} + \dfrac{4}{9}$

d) $\dfrac{7}{15} + \dfrac{6}{15} - \dfrac{4}{15}$

e) $\dfrac{4}{6} - \dfrac{1}{6} + \dfrac{5}{6}$

f) $\dfrac{53}{25} - \dfrac{1}{25} - \dfrac{2}{25}$

53 Efetue estas adições:

a) $\dfrac{7}{8} + \dfrac{1}{2}$

b) $\dfrac{11}{12} + \dfrac{1}{14}$

c) $\dfrac{5}{6} + \dfrac{3}{8}$

54 Efetue estas subtrações:

a) $\dfrac{7}{8} - \dfrac{1}{2}$

b) $\dfrac{5}{6} - \dfrac{3}{8}$

c) $\dfrac{11}{12} - \dfrac{7}{8}$

55 Resolva estas expressões:

a) $\dfrac{2}{4} + \dfrac{1}{2} - \dfrac{1}{8}$

b) $\dfrac{5}{6} - \dfrac{1}{6} + \dfrac{3}{5}$

c) $\dfrac{13}{12} - \dfrac{1}{4} + \dfrac{2}{3}$

d) $\dfrac{12}{13} - \dfrac{1}{11} - \dfrac{3}{5}$

e) $6 + \dfrac{1}{5} - \dfrac{5}{4}$

f) $8 + \dfrac{1}{2} + \dfrac{1}{3}$

56 Este é um quadrado mágico. A soma de cada linha, coluna ou diagonal é sempre igual a $\dfrac{3}{2}$. Complete o quadrado com as frações que faltam.

$\dfrac{2}{3}$		$\dfrac{1}{4}$
	$\dfrac{1}{2}$	

57 Numa receita, Angélica usa $\dfrac{1}{2}$ quilograma de açúcar para fazer a massa, $\dfrac{1}{3}$ de quilograma para o recheio e $\dfrac{1}{6}$ de quilograma para a cobertura. Quantos quilogramas de açúcar serão necessários para fazer essa receita?

▶ Número misto

Quantas tortas estão representadas na figura?

1   1 $\dfrac{1}{2}$

Podemos representar duas tortas e meia de duas maneiras:

- $\frac{1}{1} + \frac{1}{1} + \frac{1}{2} = \frac{2}{2} + \frac{2}{2} + \frac{1}{2} = \frac{5}{2}$ $\frac{5}{2}$ (fração imprópria)

- $1 + 1 + \frac{1}{2} = 2 + \frac{1}{2}$ ou $2\frac{1}{2}$ $2\frac{1}{2}$ (número misto)

$2\frac{1}{2}$ (Lê-se: dois inteiros e meio)

parte fracionária
parte inteira

Para representar a fração imprópria $\frac{5}{2}$ na forma de número misto, dividimos o numerador pelo denominador.

$$\frac{5}{2} = 5 \div 2$$

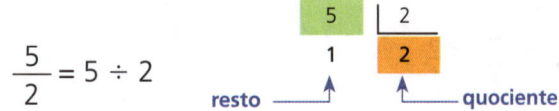

resto 1   quociente 2

O quociente 2 indica o número de partes inteiras e o resto 1 indica o número de partes do inteiro dividido.

$$\frac{5}{2} = 2 + \frac{1}{2} = 2\frac{5}{2}$$

Todo número misto pode ser escrito como fração imprópria.

$$2\frac{1}{2} = 2 + \frac{1}{2} = \frac{4}{2} + \frac{1}{2} = \frac{5}{2}$$

ATIVIDADES

58 Escreva estas frações na forma de número misto:

a) $\frac{17}{2}$

b) $\frac{13}{8}$

c) $\frac{21}{4}$

d) $\frac{135}{16}$

c) $8\frac{1}{7}$

d) $9\frac{11}{13}$

59 Escreva estes números mistos como frações impróprias:

a) $2\frac{1}{3}$

b) $3\frac{2}{5}$

60 Represente a quantidade de laranjas nas seguintes formas:

a) de número misto _____

b) de fração imprópria _____

141

▶ Multiplicação com frações

Vamos efetuar multiplicações de um número natural por um número fracionário, de um número fracionário por um natural e de números fracionários.

Multiplicação de um número natural por um número fracionário

Uma jarra comporta $\frac{1}{2}$ litro de água. Quantos litros de água comportarão quatro dessas jarras?

Para responder, podemos efetuar uma adição ou uma multiplicação.

adição $\quad \frac{1}{2} + \frac{1}{2} + \frac{1}{2} + \frac{1}{2} = \frac{4}{2} = 2$

multiplicação $\quad 4 \times \frac{1}{2} = \frac{4}{2} = 2$

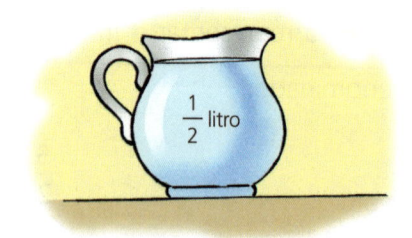

Quatro jarras comportarão 2 litros de água.

Multiplicação de um número fracionário por um número natural

Numa escola constatou-se que, para cada grupo de 10 alunos, 2 deles usam óculos. Se essa escola tem 320 alunos, quantos usam óculos?

A fração que representa o número de alunos que usam óculos em relação ao total de alunos é $\frac{2}{10}$.

$\frac{2}{10}$ de 320 é a quantidade de alunos que usam óculos.

Em Matemática, a palavra "de" pode ser trocada pelo sinal de multiplicação.

$$\frac{2}{10} \text{ de } 320 \rightarrow \frac{2}{10} \times 320 = 64$$

Portanto, na escola, 64 alunos usam óculos.

Multiplicação de números fracionários

Metade dos alunos do 6º ano pratica algum esporte e, desses, $\frac{2}{3}$ jogam futebol. Qual fração dos alunos do 6º ano representa a quantidade de alunos que jogam futebol?

O total de alunos que jogam futebol corresponde a $\frac{2}{3}$ de $\frac{1}{2}$ dos alunos do 6º ano.

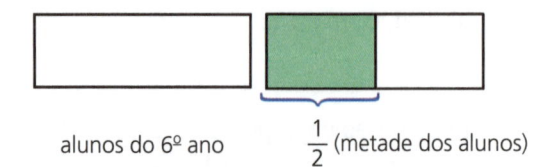

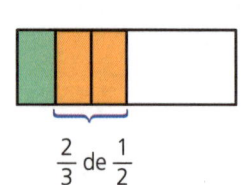

alunos do 6º ano $\quad \frac{1}{2}$ (metade dos alunos) $\quad \frac{2}{3}$ de $\frac{1}{2}$

Logo: $\dfrac{2}{3} \times \dfrac{1}{2} = \dfrac{2}{6} = \dfrac{1}{3}$ (2 × 1; 3 × 2)

Portanto, $\dfrac{1}{3}$ dos alunos do 6º ano joga futebol.

> Para multiplicar dois números fracionários, multiplica-se o numerador de um pelo numerador do outro e o denominador de um pelo denominador do outro.

Observação:

A multiplicação de dois ou mais números fracionários pode se tornar mais fácil se simplificarmos as frações antes de calcular o produto. Veja dois exemplos:

- $\dfrac{35}{289} \times \dfrac{17}{5} = \dfrac{\cancel{35}^{7}}{\cancel{289}_{17}} \times \dfrac{\cancel{17}^{1}}{\cancel{5}_{1}} = \dfrac{7}{17}$ ← dividimos o 289 e o 17 por 17; simplificamos, dividindo o 35 e o 5 por 5

- $\dfrac{24}{16} \times \dfrac{3}{5} = \dfrac{\cancel{24}^{3}}{\cancel{16}_{2}} \times \dfrac{3}{5} = \dfrac{9}{10}$

> Para simplificar frações, dividimos o numerador e o denominador pelo mesmo número. Essa propriedade recebe o nome de "propriedade do cancelamento".

Números inversos

Os números 5 e $\dfrac{1}{5}$; $\dfrac{1}{4}$ e 4; $\dfrac{3}{5}$ e $\dfrac{5}{3}$; $\dfrac{8}{9}$ e $\dfrac{9}{8}$ são inversos.

Observe o produto encontrado em cada multiplicação.

- $5 \times \dfrac{1}{5} = \dfrac{5}{5} = 1$
- $\dfrac{3}{5} \times \dfrac{5}{3} = \dfrac{15}{15} = 1$
- $\dfrac{1}{4} \times 4 = \dfrac{4}{4} = 1$
- $\dfrac{8}{9} \times \dfrac{9}{8} = \dfrac{72}{72} = 1$

> O produto de dois números inversos é sempre igual a 1.

ATIVIDADES

61 Efetue as multiplicações:

a) $2 \times \dfrac{1}{3}$

b) $3 \times \dfrac{2}{5}$

c) $4 \times \dfrac{3}{7}$

d) $\dfrac{1}{2} \times 3$

e) $\dfrac{2}{3} \times 5$

f) $\dfrac{2}{7} \times 3$

62 Efetue estas multiplicações e, quando possível, simplifique os resultados:

a) $\dfrac{3}{5} \times \dfrac{1}{9}$

b) $\dfrac{4}{3} \times \dfrac{27}{2}$

c) $\dfrac{19}{4} \times \dfrac{3}{11}$

d) $\dfrac{169}{121} \times \dfrac{11}{13}$

e) $\dfrac{7}{13} \times \dfrac{13}{7}$

f) $\dfrac{144}{49} \times \dfrac{7}{12}$

63 Efetue as multiplicações utilizando a propriedade do cancelamento:

a) $\dfrac{3}{8} \times \dfrac{2}{9}$

b) $\dfrac{10}{7} \times \dfrac{14}{2}$

c) $\dfrac{13}{2} \times \dfrac{5}{13}$

d) $\dfrac{25}{36} \times \dfrac{4}{5}$

64 Daniela comprou a quarta parte da metade de um bolo. Que fração do bolo Daniela comprou?

65 Como lição de casa, Marcos deve resolver 20 questões de Matemática. Antes do lanche ele resolveu metade dessas questões. Após o jantar, fez $\dfrac{1}{5}$ das questões restantes. Quantas questões ainda faltam resolver?

66 Os números 7 e $\dfrac{1}{7}$ são inversos? _____

67 Os números $\dfrac{3}{5}$ e $\dfrac{15}{9}$ são inversos? _____

▶ Divisão com frações

Acompanhe três situações que envolvem a divisão.

SITUAÇÃO 1

Quantos copos de $\frac{1}{2}$ litro são necessários para encher uma jarra com capacidade de 5 litros?

Observe a figura. Quantas vezes $\frac{1}{2}$ cabe em 5?

5 litros →

| 1 | 1 | 1 | 1 | 1 | $1 \times 5 = 5$ |

| $\frac{1}{2}$ | $\frac{1}{2}$ | $\frac{1}{2}$ | $\frac{1}{2}$ | $\frac{1}{2}$ | $\frac{1}{2}$ | $\frac{1}{2}$ | $\frac{1}{2}$ | $\frac{1}{2}$ | $\frac{1}{2}$ |

$\frac{1}{2} \times 10 = 5$

Observando as figuras, percebemos que $\frac{1}{2}$ cabe 10 vezes em 5, então $5 \div \frac{1}{2} = 10$

$\left. \begin{array}{l} 5 \div \frac{1}{2} = 10 \\ 5 \times 2 = 10 \end{array} \right\}$ $5 \div \frac{1}{2} = 5 \times 2 = 10$
        ↑   ↑
        inverso

Dividir 5 por $\frac{1}{2}$ dá o mesmo resultado que multiplicar 5 pelo inverso de $\frac{1}{2}$.

SITUAÇÃO 2

A metade de um melão foi dividida entre três pessoas. Que fração do melão cada pessoa comeu?

metade do melão

metade do melão dividida em 3 partes

↰ parte que cada pessoa comeu

Observando as figuras, percebemos que $\frac{1}{2}$ melão dividido em 3 partes dá $\frac{1}{6}$, isto é, $\frac{1}{2} \div 3 = \frac{1}{6}$

$\left. \begin{array}{l} \frac{1}{2} \div 3 = \frac{1}{6} \\ \frac{1}{2} \times \frac{1}{3} = \frac{1}{6} \end{array} \right\}$ $\frac{1}{2} \div 3 = \frac{1}{2} \times \frac{1}{3} = \frac{1}{6}$
        ↑   ↑
        inverso

Dividir $\frac{1}{2}$ por 3 dá o mesmo resultado que multiplicar $\frac{1}{2}$ pelo inverso de 3.

SITUAÇÃO 3

Quantas vezes $\frac{1}{9}$ cabe em $\frac{2}{3}$?

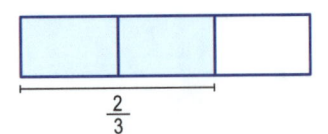

> Para dividir um número fracionário por outro número fracionário diferente de zero, multiplica-se o primeiro pelo inverso do segundo.

$\frac{1}{9}$ cabe 6 vezes em $\frac{2}{3}$, então $\frac{2}{3} \div \frac{1}{9} = 6$.

$$\left.\begin{array}{l}\frac{2}{3} \div \frac{1}{9} = 6 \\ \frac{2}{\cancel{3}_1} \times \frac{\cancel{9}^3}{1} = 6\end{array}\right\} \quad \frac{2}{3} \div \frac{1}{9} = \frac{2}{3} \times \frac{9}{1} = 6$$

inverso

Portanto, dividir $\frac{2}{3}$ por $\frac{1}{9}$ dá o mesmo resultado que multiplicar $\frac{2}{3}$ pelo inverso de $\frac{1}{9}$.

ATIVIDADES

68 Efetue as divisões mentalmente:

a) $\frac{4}{3} \div \frac{4}{3}$

b) $3 \div \frac{1}{3}$

c) $2 \div \frac{1}{2}$

d) $\frac{1}{2} \div 2$

69 Esta figura nos dá a ideia da divisão de $\frac{3}{5}$ por 3. Qual é o quociente dessa divisão?

$\frac{3}{5} \div 3 = \boxed{?}$

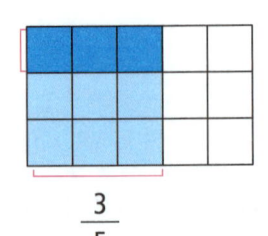

$\frac{3}{5}$

70 Efetue as divisões:

a) $\frac{3}{4} \div 2$

b) $5 \div \frac{2}{3}$

c) $\frac{8}{3} \div \frac{2}{5}$

d) $\frac{18}{12} \div \frac{9}{2}$

71 Para fazer uma camisa, Ana usa $\frac{1}{2}$ metro de tecido. Com os 5 metros que comprou, quantas camisas poderá fazer?

72 Ricardo dividiu, igualmente, $\frac{3}{5}$ de suas canetas entre 9 amigos. Que fração dessas canetas cada amigo recebeu?

Aplicando as operações estudadas na resolução de problemas

Resolver problemas com números fracionários torna-se mais fácil se seguirmos algumas etapas.

1. Compreender o problema.
2. Planejar a solução.
3. Resolver o problema.
4. Conferir os resultados.

Acompanhe a resolução destes problemas:

PROBLEMA 1

Marina fez uma viagem de São Paulo a Salvador. No primeiro dia percorreu $\frac{1}{4}$ do percurso e no segundo, $\frac{1}{3}$. Sabendo que nesses dois dias ela percorreu 1 197 quilômetros, quantos quilômetros separam São Paulo de Salvador?

1. Compreender os dados do problema.

- No 1º dia Marina percorreu $\frac{1}{4}$ do percurso.
- No 2º dia percorreu $\frac{1}{3}$ do percurso.
- Nos dois dias, percorreu 1 197 quilômetros.

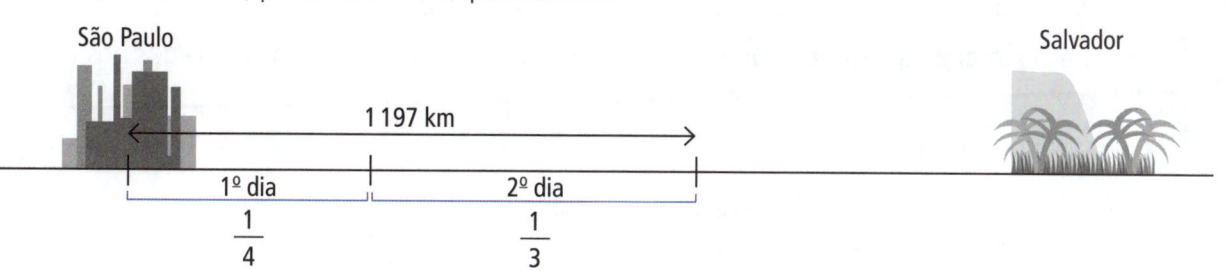

2. Planejar a solução.

Calcular:
- a fração do percurso percorrida nos dois dias.
- quantos quilômetros correspondem a um inteiro, isto é, a distância de São Paulo a Salvador.

3. Resolver o problema.

$\frac{1}{4} + \frac{1}{3} = \frac{3}{12} + \frac{4}{12} = \frac{7}{12}$ Fração percorrida nos dois dias

$\frac{7}{12} \longrightarrow 1\,197$ Quilômetros percorridos nos dois dias

$\frac{1}{12} \longrightarrow 171$ $1\,197 \div 7 = 171$

$\frac{12}{12} \longrightarrow 2\,052$ $12 \times 171 = 2\,052$
distância de São Paulo a Salvador

147

4. Conferir os resultados.

$\frac{1}{4} \times 2052 + \frac{1}{3} \times 2052 = 513 + 684 = 1197$

Resposta confirmada: solução correta.

PROBLEMA 2

Um azulejista trabalhou numa obra durante 3 dias. No primeiro dia executou metade do serviço. No segundo dia, metade do que havia feito no primeiro dia, e no terceiro dia colocou os 93 metros quadrados de azulejos que faltavam.

a) Que fração do serviço ele executou no segundo dia?
b) Que fração do serviço ele executou nos dois primeiros dias?
c) Quantos metros quadrados de azulejo ele colocou nos três dias?

1. Compreender o problema.

1º dia	2º dia	3º dia
$\frac{1}{2}$	$\frac{1}{2} \times \frac{1}{2}$	93 metros quadrados

2. Planejar a solução.

Encontrar:
- a fração que representa o serviço do 2º dia.
- a fração que representa o serviço nos dois primeiros dias.
- a fração total para obter a quantidade de metros quadrados de azulejos colocados nos três dias.

3. Resolver o problema.

a) $\frac{1}{2} \times \frac{1}{2} = \frac{1}{4}$ No segundo dia, o azulejista executou $\frac{1}{4}$ do serviço.

b) $\frac{1}{2} + \frac{1}{4} = \frac{2}{4} + \frac{1}{4} = \frac{3}{4}$ Nos dois primeiros dias, o azulejista executou $\frac{3}{4}$ do serviço.

c) $\frac{4}{4} - \frac{3}{4} = \frac{1}{4}$ Fração correspondente ao que falta executar.

$\frac{1}{4} \longrightarrow 93$ Metros quadrados de azulejos colocados no terceiro dia (o que faltava executar)

$\frac{4}{4} \longrightarrow 372$ $4 \times 93 = 372$ (total de metros quadrados de azulejos colocados nos três dias)

Resposta: Nos três dias, o azulejista colocou 372 metros quadrados de azulejo.

4. Conferir os resultados.

$\frac{1}{2} \times 372 + \frac{1}{4} \times 372 + 93 = 186 + 93 + 93 = 372$ Resposta conferida: solução correta.

ATIVIDADES

73) Dominique gastou $\frac{2}{7}$ do seu salário para comprar os produtos desta oferta. Qual é o salário de Dominique?

R$ 1.300,00   R$ 340,00

74) Dos 162 abacates que Cláudio colheu de seu pomar, $\frac{1}{9}$ estava impróprio para venda. Quantos abacates poderiam ser vendidos?

75) Em um automóvel, a posição do ponteiro do mostrador de gasolina indicava $\frac{3}{4}$ do tanque, que corresponde a 39 litros de combustível. Quantos litros cabem no tanque de combustível desse automóvel?

76) Um recipiente contém $\frac{2}{3}$ de litro de refrigerante. Priscila quer colocar essa quantidade de refrigerante em copos com a capacidade de $\frac{1}{6}$ de litro cada um. Quantos copos serão necessários?

77) Um ciclista andou $2\frac{1}{2}$ horas. Descansou $\frac{1}{5}$ de hora. A seguir, andou mais $3\frac{3}{4}$ horas. Com isso completou um percurso de 36 quilômetros.

Quantas horas gastou para concluir o percurso (incluir descanso)?

78) Jaqueline distribuiu entre suas irmãs o dinheiro que possuía. A mais velha recebeu $\frac{1}{5}$ do total, a mais nova $\frac{1}{3}$ do restante e sua irmã gêmea o restante. Que fração do dinheiro recebeu sua irmã mais nova? E sua irmã gêmea?

79) Quatro candidatos concorreram ao cargo de prefeito de uma cidade. Joaquim obteve $\frac{1}{8}$ dos votos; Daniel, $\frac{1}{6}$; Flávia, $\frac{2}{5}$; e João, 4 995 votos.

a) Quantos eleitores tem essa cidade? _____

b) Quantos votos recebeu cada candidato?

c) Quem ganhou a eleição?

_____

149

80 Em 2010, o estado do Piauí contava com aproximadamente 3 118 360 habitantes. Sabe-se qual era a população aproximada dos dois municípios mais populosos: Teresina com $\frac{1}{4}$ dos habitantes do estado e Parnaíba com $\frac{1}{22}$, determine a população dos demais municípios do Piauí.

Fontes: IBGE - *Censo 2010*. Disponível em: <http://www.ibge.gov.br/estadosat/index.php>. Acesso em: 25 maio 2012.

IBGE – *Censo 2010*. Disponível em: <http://www.censo2010.ibge.gov.br/sinopse/index.php?uf=22&dados=0>. Acesso em: 4 jun. 2012.

Municípios do Estado do Piauí

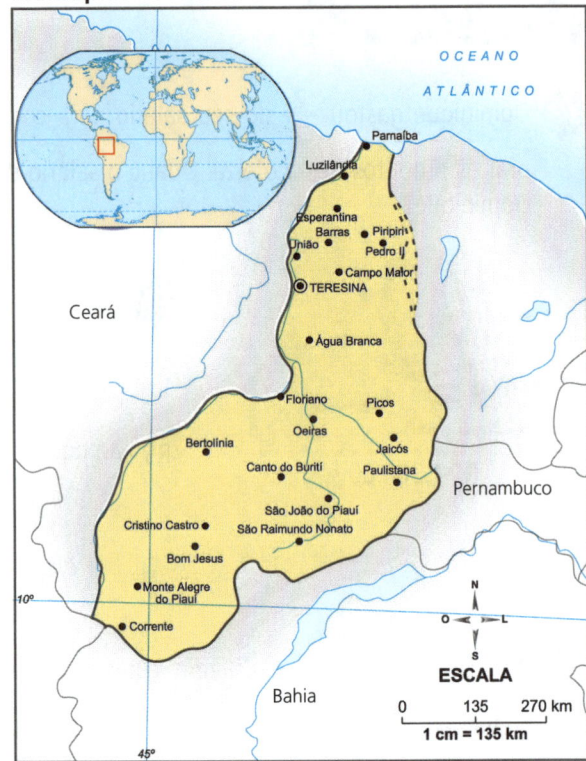

Fonte: Com base no *Atlas Geográfico Escolar*. Rio de Janeiro: IBGE, 2004.

EXPERIMENTOS, JOGOS E DESAFIOS

A divisão do queijo

Eu conheço um modo de cortar este queijo em 8 partes exatamente iguais com apenas três cortes. Se você descobrir como isso é possível, eu posso até lhe dar um pedaço do queijo!

As frações e a porcentagem

O símbolo **%** (lê-se: por cento) aparece com frequência em nosso dia a dia. Mas, o que ele significa? Veja duas situações de uso desse símbolo.

SITUAÇÃO 1

Numa papelaria, para cada 25 canetas vendidas, 5 são vermelhas. Portanto, a fração correspondente a essa situação é $\boxed{\dfrac{5}{25}}$ (5 vermelhas num total de 25).

Então, podemos dizer que a papelaria vende:

- 10 canetas vermelhas para cada grupo de 50 canetas, pois: $\dfrac{5}{25} = \dfrac{5 \times 2}{25 \times 2} = \boxed{\dfrac{10}{50}}$

- 20 canetas vermelhas para cada grupo de 100 canetas, pois: $\dfrac{5}{25} = \dfrac{5 \times 4}{25 \times 4} = \boxed{\dfrac{20}{100}}$

A expressão "20 para cada 100" pode ser escrita "20 por cento", que é representada por **20%**. O símbolo **%** indica uma **porcentagem**.

As três frações $\dfrac{5}{25}$, $\dfrac{10}{50}$ e $\dfrac{20}{100}$ são equivalentes e representam 20%.

$$\dfrac{5}{25} = \dfrac{10}{50} = \dfrac{20}{100} = 20\%$$

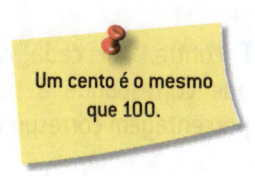

> Um cento é o mesmo que 100.

Observações

- Uma porcentagem pode ser escrita na forma de fração. Exemplo: 20% é o mesmo que $\dfrac{20}{100}$.

- Uma fração com denominador 100 ou equivalente a ela pode ser escrita na forma de porcentagem. Exemplo: $\dfrac{20}{100}$ é o mesmo que 20%.

> **SITUAÇÃO 2**

A liquidação da loja B.M.P. anunciou 30% de desconto nas compras à vista. Isso significa que, para cada 100 reais em compras, há um desconto de 30 reais.

Em 100 reais há um desconto de 30. Como o vestido custa 50 reais (metade de 100), o desconto será de 15 reais (metade de 30).

Então, eu devo pagar 50 – 15, que é 35 reais.

ATIVIDADES

81 Qual é o significado das informações abaixo?

a) A produção de carros cresce 20% ao mês.

_____

b) 60% dos carros importados vêm da Argentina.

_____
_____

c) Colégios militares têm 42% de alunas.

_____
_____

82 Encontre, em cada caso, a fração irredutível que corresponde à parte colorida e escreva a porcentagem correspondente a essa fração.

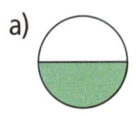

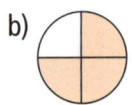

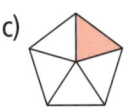

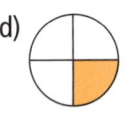

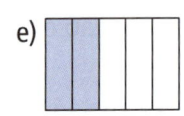

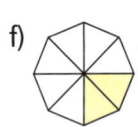

a)

b)

c)

d)

e)

f)

83 Este quadro mostra que, no Brasil, em 2010, de cada 100 alunos do Ensino Médio, 86 estudaram em escolas estaduais.

ENSINO MÉDIO NO BRASIL	
Tipo de Escola	Total de Alunos (em %)*
Estadual	86%
Federal	1%
Municipal	1%
Privada	12%

*valores aproximados

Fonte: MEC/Inep *Resumo Técnico – Censo Escolar 2010* (versão preliminar). Disponível em: <http://portal.mec.gov.br/index.php?option=com_content&view=article&id=16179>. Acesso em: 1 jun. 2012.

a) De cada 100 alunos do Ensino Médio, quantos estudaram em escolas municipais?

_____

b) Que interpretação você dá à última linha do quadro?

_____

_____

c) Adicione todas as porcentagens. Qual é o resultado?

_____

84 Represente cada porcentagem que está no quadro anterior usando uma fração com denominador 100.

a) Escola estadual: 86% _____

b) Escola privada: 12% _____

c) Escola federal: 1% _____

d) Escola municipal: 1% _____

85 Represente as frações na forma de porcentagem:

a) $\dfrac{1}{100}$ _____ b) $\dfrac{75}{100}$ _____

c) $\dfrac{15}{100}$ _____ d) $\dfrac{100}{100}$ _____

86 De cada 100 alunos dos 6º^{s} anos de uma escola, 54 são meninas.

a) Qual é a fração correspondente ao número de meninas? _____

b) Escreva a porcentagem correspondente ao número de meninas. _____

c) Quantos são os meninos? _____

d) Qual é a porcentagem de meninos? _____

87 Represente na forma de porcentagem a quantidade de gordura desta margarina. _____

Margarina do Céu — A cada 100 g há 40 g de gordura

▶ Calculando porcentagens

Como fazer os cálculos abaixo mentalmente?

a) 10% de 80 = [?]

- 10% de 80 é o mesmo que $\dfrac{1}{10}$ de 80
- $\dfrac{1}{10}$ de 80 ou $\dfrac{1}{10} \times 80 = 8$
- Portanto, 10% de 80 é 8.

> Calcular 10% de um valor equivale a dividir por 10 esse valor.

b) 5% de 80 = [?]

- 5% é a metade de 10%.
- 5% de 80 é a metade de 10% de 80.
- 5% de 80 é a metade de 8 e, portanto, é igual a 4.

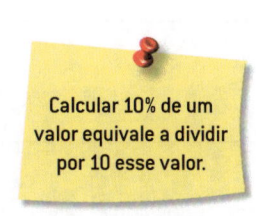

c) 15% de 80 = [?]

- 10% de 80 é 8
- 5% de 80 é 4   ⟩ 15% de 80 é 12.

153

ATIVIDADES

88 Calcule.

a) 20% de 80

b) 25% de 80

c) 45% de 80

d) 80% de 80

89 Sabendo que 10% de 160 é 16, calcule:

a) 5% de 160

b) 15% de 160

c) 25% de 160

d) 50% de 160

e) 75% de 160

f) 90% de 160

90 Quanto é 10% de 200? Com base no resultado que encontrar, calcule mentalmente as porcentagens indicadas no quadro.

1% de 200	20% de 200	30% de 200	50% de 200	100% de 200

91 Calcule mentalmente também:

a) 50% de 300 _____

b) 3% de 100 _____

c) 25% de 40 _____

d) 2% de 600 _____

e) 100% de 20 _____

92 De um tonel com 1 800 litros de vinagre, foram vendidos 10%. Quantos litros restaram no tonel?

93 De um pacote de 500 folhas de papel sulfite, Lucas usou 15%.

a) Quantas folhas foram usadas?

b) Se usasse 45% desse pacote, quantas folhas gastaria?

94 A biblioteca da escola de Patrícia tem 3 600 livros; 25% desses livros são de literatura infantil.

Quantos livros de literatura infantil há nessa biblioteca? _____

95 De uma barra de chocolate de 200 g, 2% correspondem a proteínas. Esse tablete de chocolate contém quantos gramas de proteínas?

Outro modo de calcular porcentagem

Nem sempre é possível calcular mentalmente uma porcentagem. Dependendo do caso, precisamos usar lápis e papel ou utilizar a calculadora.

Um modo simples e prático de calcular porcentagens consiste em calcular 1% do todo e, com o valor encontrado, determinar o que se quer saber. Veja duas situações que envolvem esse tipo de cálculo.

SITUAÇÃO 1

Numa eleição, em que votaram 12 000 eleitores, o candidato a vereador Bebeto foi o mais votado, com 5% dos votos. Quantos votos Bebeto obteve?

Solução

12 000 eleitores correspondem a 100% dos eleitores. Para encontrar 1% dos eleitores, devemos dividir 12 000 por 100.

- 1% de 12 000 é 120.
- 5% de 12 000 corresponde a 5 × 120 = 600.

Usando uma calculadora simples:

| 1 | 2 | 0 | 0 | 0 | × | 5 | % | 600 |

Portanto, Bebeto obteve 600 votos.

SITUAÇÃO 2

Veja o anúncio de liquidação de inverno em uma loja de roupas. Quanto se pagará nessa loja por uma compra de R$ 3 200,00, à vista?

Solução

R$ 3 200,00 corresponde a 100% da compra.

- 1% de 3 200 corresponde a 3 200 ÷ 100 = 32.
- 18% de 3 200 corresponde a 32 × 18 = 576.

Portanto, haverá um desconto de R$ 576,00 e o valor a pagar será:

3 200 − 576 = 2 624

Usando uma calculadora simples:

| 3 | 2 | 0 | 0 | × | 1 | 8 | % | 576 | − | = | 2 624 |

Portanto, o valor a pagar pela compra é R$ 2 624,00.

96 Calcule:

a) 5% de 700

b) 7% de 6 300

c) 13% de 13 000

d) 20% de 3 500

97 A sequência destas teclas mostra operações realizadas numa calculadora simples.

[1] [5] [0] [0] [×] [3] [2] [%]

a) O que está sendo calculado? _____

b) Qual número irá aparecer no visor da calculadora?

98 Comprei um objeto de R$ 300,00 e quero ter um lucro de 30% na venda. Por quanto devo vendê-lo? _____

99 Sobre um salário de R$ 1 000,00 foram descontados 11% como contribuição previdenciária. De quanto foi esse desconto? _____

100 Segundo o IBGE, em 2010, a população estimada no Brasil era de 190 755 799 habitantes. Aproximadamente 8% desses habitantes moravam na Região Norte; 28% na Região Nordeste; 7% na Região Centro-Oeste; 42% na Região Sudeste e 15% na Região Sul.

a) Quantos habitantes havia em cada região?

b) Em que região brasileira a população era menor? E em qual era maior?

Capítulo 0 — NÚMEROS DECIMAIS

Muitos preços de produtos são expressos por **números decimais**. É frequente vermos números decimais também em notícias de jornais e revistas, rádio e TV e em textos da internet.

Mas, o que são números decimais?

É o que veremos a seguir.

Décimos, centésimos e milésimos

O **material dourado** é um recurso que facilita o estudo dos números decimais.

O material dourado foi idealizado pela educadora italiana Maria Montessori (1870-1952) para ensinar Matemática às crianças. O material tem esse nome porque, inicialmente, cada cubinho era uma conta amarela ou dourada.

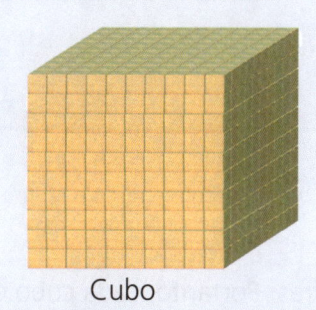

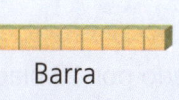

Cubo   Placa   Barra   Cubinho

Para entender o que são décimos, centésimos e milésimos do inteiro, vamos combinar que o cubo grande representa uma unidade.

Décimos

Ao dividir a unidade cubo em 10 partes iguais, cada parte (placa) corresponde a $\frac{1}{10}$ da unidade.

Podemos representar $\frac{1}{10}$ da unidade pelo número decimal 0,1 (lê-se: um décimo):

$\frac{1}{10} = 0,1$.

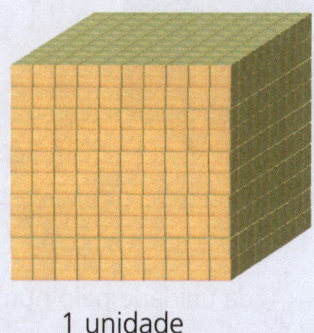

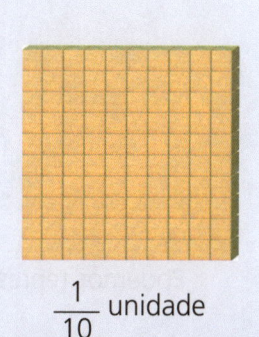

1 unidade $\frac{1}{10}$ unidade

157

Observe, agora, o número 0,1 no quadro de classes e ordens.

Ordem inteira			Ordem decimal		
3ª ordem	2ª ordem	1ª ordem	1ª ordem	2ª ordem	3ª ordem
centenas	dezenas	unidades	décimos	centésimos	milésimos
C	D	U	d	c	m
		0,	1		

Veja como fazemos a representação decimal da fração $\frac{12}{10}$.

$\frac{12}{10} = \frac{10 + 2}{10} = \frac{10}{10} + \frac{2}{10} = 1 + \frac{2}{10} = 1\frac{2}{10} = 1,2$ (lê-se: um inteiro e dois décimos).

Agora, vamos representar 1,2 com material dourado e no quadro de classes e ordens.

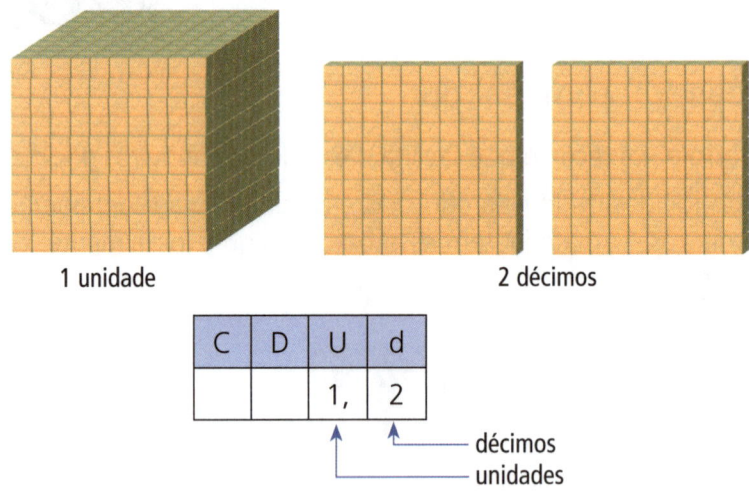

1 unidade   2 décimos

C	D	U	d
		1,	2

↑ décimos
↑ unidades

Centésimos

O cubo é formado por 10 placas e cada placa é formada por 10 barras. Portanto, cada cubo é formado por 100 barras.

Ao dividir a unidade (cubo) em 100 partes iguais, cada parte (barra) corresponde a $\frac{1}{100}$ da unidade.

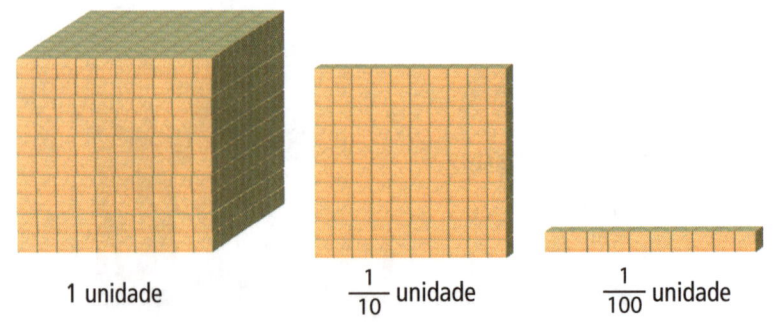

1 unidade $\frac{1}{10}$ unidade $\frac{1}{100}$ unidade

Podemos representar $\frac{1}{100}$ da unidade pelo número decimal 0,01 (lê-se: um centésimo):

$$\frac{1}{100} = 0,01.$$

Veja o número 0,01 no quadro de classes e ordens:

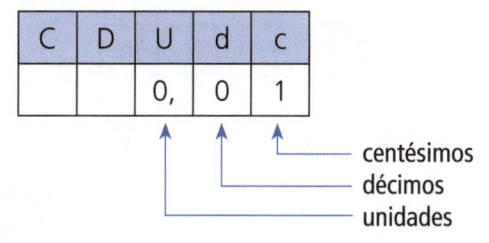

C	D	U	d	c
		0,	0	1

- centésimos
- décimos
- unidades

Veja como fazemos a representação decimal da fração $\frac{213}{100}$.

$$\frac{213}{100} = \frac{200}{100} + \frac{13}{100} = 2 + \frac{13}{100} = 2\frac{13}{100} = 2,13 \text{ (lê-se: dois inteiros e treze centésimos).}$$

Vamos representar 2,13 com material dourado e no quadro de classes e ordens.

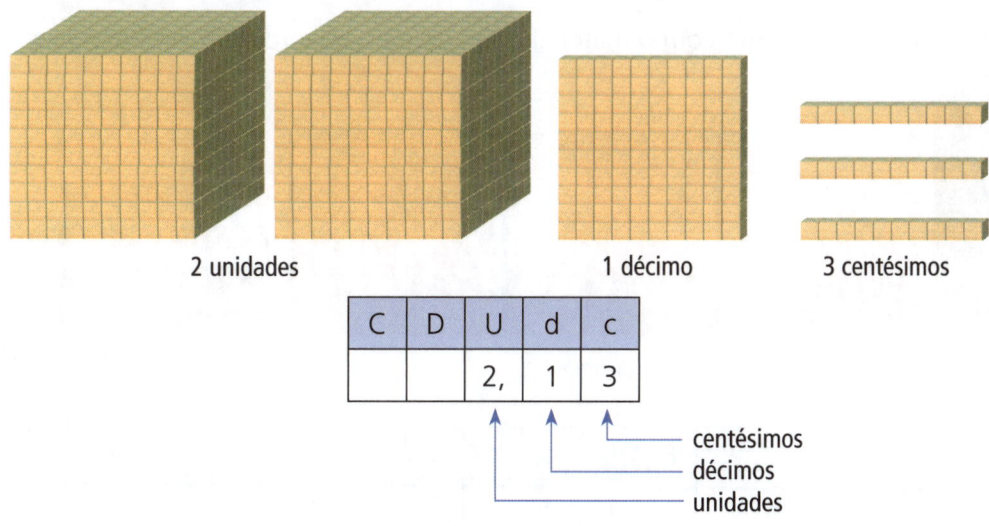

2 unidades   1 décimo   3 centésimos

C	D	U	d	c
		2,	1	3

- centésimos
- décimos
- unidades

Milésimos

O cubo é formado por 10 placas; cada placa é formada por 10 barras e cada barra por 10 cubinhos. Portanto, um cubo é formado por 1000 cubinhos.

Ao dividir a unidade cubo em 1000 partes iguais, cada parte (cubinho) corresponde a $\frac{1}{1000}$ da unidade.

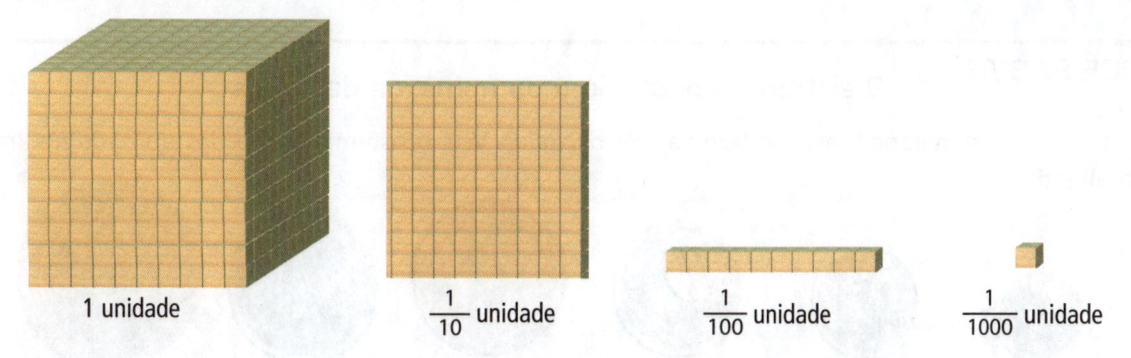

1 unidade $\frac{1}{10}$ unidade $\frac{1}{100}$ unidade $\frac{1}{1000}$ unidade

Podemos representar $\frac{1}{1000}$ da unidade pelo número decimal 0,001:

$$\frac{1}{1000} = 0,001 \text{ (lê-se: um milésimo).}$$

Observe o número 0,001 no quadro.

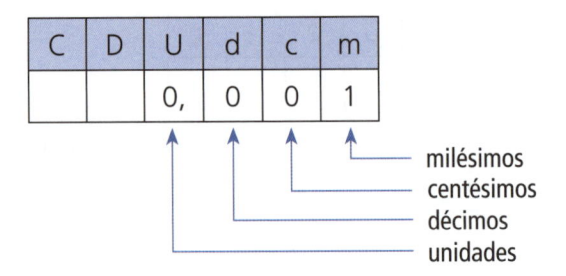

C	D	U	d	c	m
		0,	0	0	1

- milésimos
- centésimos
- décimos
- unidades

Veja como fazemos a representação decimal da fração $\frac{1\,341}{1\,000}$.

$$\frac{1\,341}{1\,000} = \frac{1\,000}{1\,000} + \frac{341}{1\,000} = 1 + \frac{341}{1\,000} = 1\frac{341}{1\,000} = 1{,}341$$

Vamos representar o número 1,341 com o material dourado e no quadro de classes e ordens.

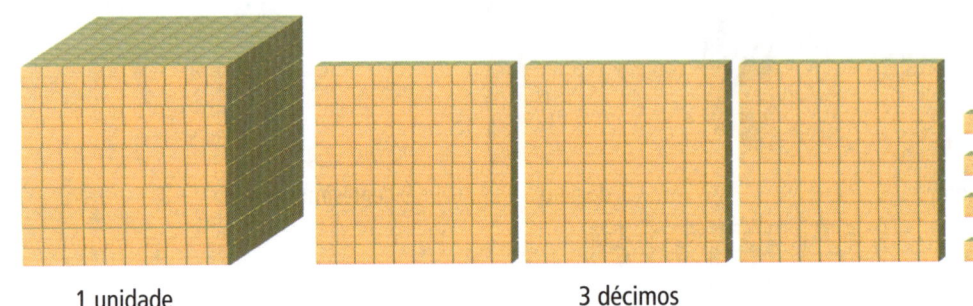

1 unidade   3 décimos   4 centésimos   1 milésimo

C	D	U	d	c	m
		1,	3	4	1

(Lê-se: um inteiro, trezentos e quarenta e um milésimos.)

> Se o denominador de uma fração é igual a 10, 100, 1 000 etc., então essas frações são chamadas **frações decimais**.

VOCÊ SABIA?

O sistema monetário e os números decimais

O sistema monetário brasileiro tem valores decimais. Veja o sistema de moedas utilizado no Brasil atualmente:

- 1 centavo de Real — R$ 0,01
- 5 centavos de Real — R$ 0,05
- 10 centavos de Real — R$ 0,10
- 25 centavos de Real — R$ 0,25
- 50 centavos de Real — R$ 0,50
- 1 Real — R$ 1,00

ATIVIDADES

1 Descreva uma situação do dia a dia em que são utilizados números decimais.

_____
_____
_____

2 Escreva a fração e o número decimal correspondentes a cada quadro:

a) *Considere o cubo grande como unidade.*

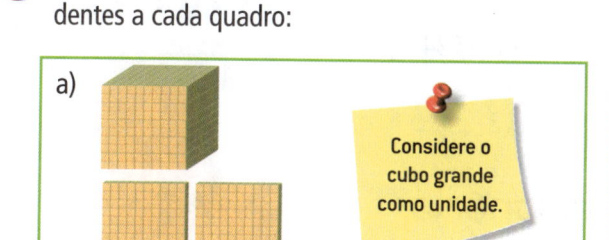

b)

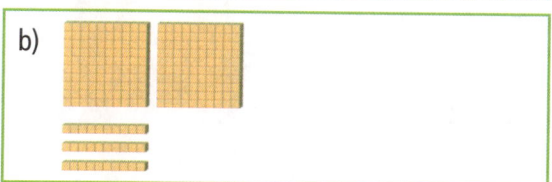

c)

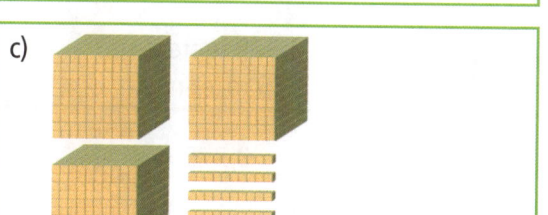

d)

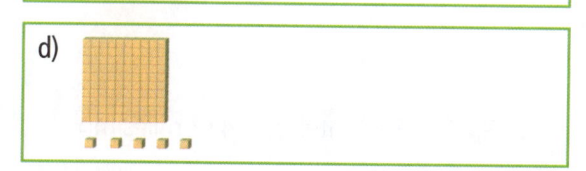

3 Represente, por meio de figuras, os números decimais.

a) 2,01

b) 1,3

c) 1,03

d) 1,003

4 Represente na forma decimal estas frações.

a) $\dfrac{3}{10}$ c) $\dfrac{145}{1\,000}$

b) $\dfrac{21}{100}$ d) $1\dfrac{1}{1\,000}$

5 Veja como escrevemos esta quantia:

R$ 1,12 (um real e doze centavos)

Agora é com você. Escreva os valores usando símbolos e por extenso.

a)  _____
_____

b)  _____
_____

161

6 Observe o número decimal 135,205.

a) Qual é o algarismo das dezenas?

_____

b) Qual é o algarismo dos décimos?

_____

c) Qual é a ordem do algarismo 1?

_____

d) Como se lê esse número?

_____

7 Uma tonelada é uma unidade de massa que corresponde a 1 000 kg (1 kg = 0,001 t). Portanto, cada quilograma (kg) corresponde a um milésimo da tonelada. Transforme essas medidas, que estão em quilogramas, em toneladas.

a) 4 kg _____

b) 13 kg _____

c) 231 kg _____

d) 1 534 kg _____

▶ Número decimal na forma fracionária

Vimos como representar as frações decimais na forma de números decimais. Agora, vamos escrever um **número decimal na forma fracionária**.

Quando o número decimal é menor que a unidade

Veja alguns exemplos.

a) 0,3 representa 3 décimos

$$0,3 = \frac{3}{10}$$

b) 0,12 representa 12 centésimos

$$0,12 = \frac{12}{100}$$

c) 0,375 representa 375 milésimos

$$0,375 = \frac{375}{1\,000}$$

Quando o número decimal é maior que a unidade

Veja dois exemplos.

a) 2,47 são 2 inteiros e 47 centésimos

$$2,47 = 2 + \frac{47}{100} = \frac{200}{100} + \frac{47}{100} = \frac{247}{100}$$

b) 3,412 são 3 inteiros e 412 milésimos.

$$3,412 = 3 + \frac{412}{1\,000} = \frac{3\,000}{1\,000} + \frac{412}{1\,000} = \frac{3\,412}{1\,000}$$

ATIVIDADES

8 Escreva os números decimais na forma de fração.

a) 0,51   b) 11,02   c) 2,008   d) 384,5

9 Continue escrevendo na forma de fração.

a) Dois inteiros e sete centésimos. _____

b) Quarenta e dois inteiros, cento e quarenta milésimos. _____

c) Cento e vinte e quatro milésimos. _____

d) Um inteiro, trezentos e cinco milésimos.

_____

10 Considere:

um inteiro   um décimo   um centésimo   um milésimo

- Escreva na forma de fração e de número decimal estas representações.

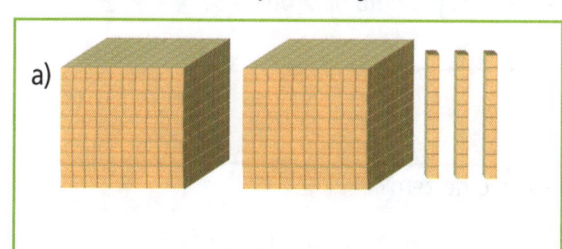

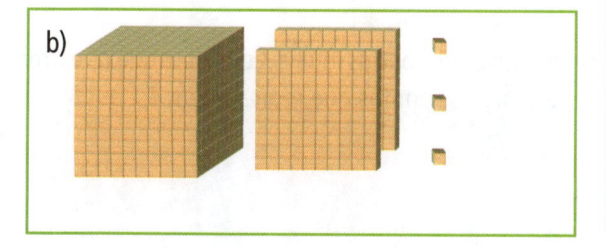

a)

b)

11 No rótulo de um achocolatado encontramos uma tabela com informações nutricionais.

INFORMAÇÕES NUTRICIONAIS	
(quantidade por porção de 25 g)	
Vitamina B1	0,42 mg
Vitamina B2	0,48 mg
Vitamina PP	5,4 mg
Vitamina B6	0,60 mg
Pantotenato de cálcio	1,96 mg
Biotina	0,05 mg

a) Escreva os números da tabela na forma de fração.

_____

_____

_____

_____

b) Escreva como se leem essas frações.

_____

_____

_____

_____

_____

▶ Números decimais na reta numérica

Veja a representação de números com uma casa decimal.

Para representar, por exemplo, os números 0,4 e 4,8 podemos utilizar uma régua.

Na régua, entre as indicações dos números naturais, há 10 partes iguais e cada parte "vale" 0,1.

Para representar 0,4, basta contar, a partir do zero, quatro partes contínuas e marcar o número 0,4.

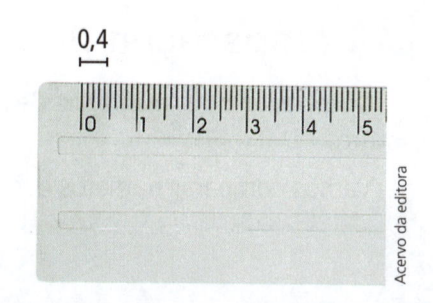

163

Para marcar o número 4,8 contamos oito partes contínuas a partir do 4:

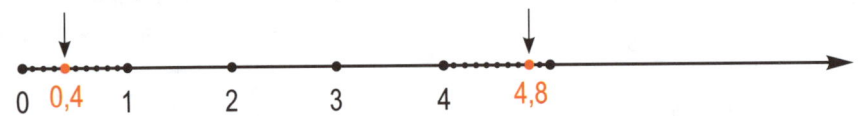

> Para representar um número com uma casa decimal, divide-se o inteiro em 10 partes iguais. Cada parte corresponde a 0,1.

ATIVIDADES

12 Qual é o número representado pelos pontos indicados nas retas?

a)

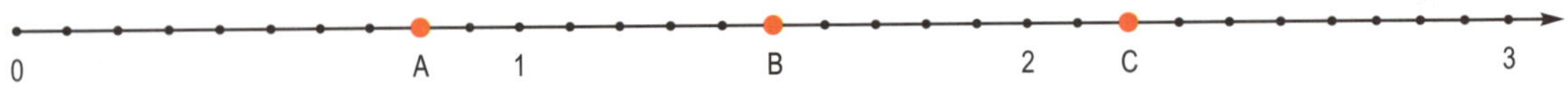

b)

13 Nesta reta, marque um ponto correspondente a 2,8. Ele está mais próximo de 2 ou de 3? _____

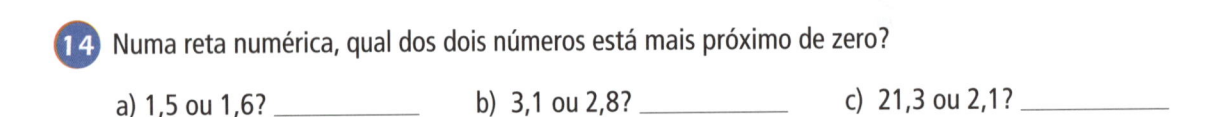

14 Numa reta numérica, qual dos dois números está mais próximo de zero?

a) 1,5 ou 1,6? _____   b) 3,1 ou 2,8? _____   c) 21,3 ou 2,1? _____

15 Desenhe um segmento de reta com 10 cm. Divida esse segmento em 10 partes iguais. Considere que os extremos desse segmento representam os números 4 e 5. A seguir, assinale os pontos que representam 4,1 e 4,8.

▶ Comparação de números decimais

Comparar dois números decimais é verificar se eles são iguais ou se um é menor ou maior que o outro.

Vamos comparar números decimais por meio do material dourado e da calculadora.

Uma propriedade importante dos números decimais

Considere:

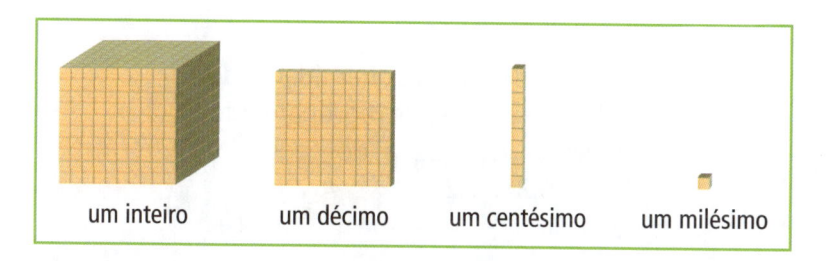

| um inteiro | um décimo | um centésimo | um milésimo |

Vamos comparar os números 1,2 e 1,20 representados com material dourado.

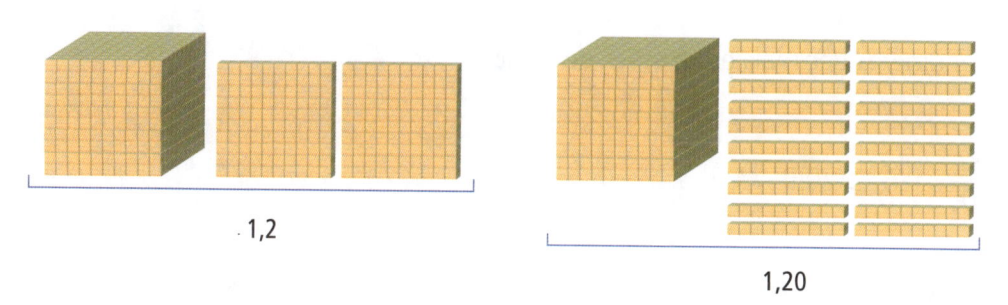

1,2

1,20

Observe que na representação com material dourado do número 1,20 as "placas" foram trocadas por barras, mas o valor continua o mesmo.

Agora vamos comparar os números 3,70 e 3,700, sem utilizar o material dourado. Vamos utilizar os números na forma de fração.

$$3{,}70 = \frac{370}{100} = \frac{37}{10} \qquad 3{,}700 = \frac{3\,700}{1\,000} = \frac{37}{10}$$

Como as frações obtidas são iguais, podemos concluir que 3,70 é igual a 3,700.

> Retirando ou acrescentando zeros à direita de um número decimal, o valor desse número não se modifica.

Comparando outros números decimais

Vamos, inicialmente, comparar dois números com a mesma quantidade de casas decimais.

Qual número é maior: 0,3 ou 1,2?

Para comparar esses números podemos utilizar diferentes processos.

- Utilizar reta numérica e localizar os números.

Observa-se que 0,3 está à esquerda de 1,2. Portanto, 0,3 < 1,2.

0,3 < 1,2

- Utilizar o material dourado para representar os dois números.

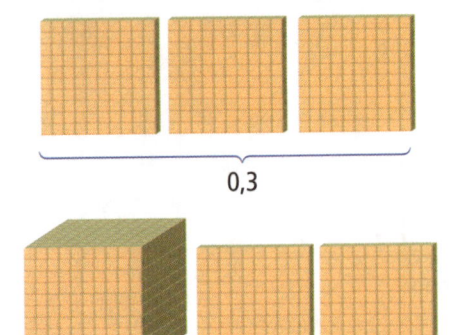

0,3

1,2

> Observa-se que a quantidade de cubinhos do primeiro agrupamento é menor do que a do segundo. Logo, 0,3 < 1,2.

- Transformar os números decimais em frações decimais.

$0,3 = \dfrac{3}{10}$

$1,2 = \dfrac{12}{10}$

$\dfrac{3}{10} < \dfrac{12}{10}$ ou $0,3 < 1,2$

Agora, vamos comparar números decimais com qualquer quantidade de casas decimais.

- Se as partes inteiras são diferentes, o maior número é o que tem a maior parte inteira.

Vamos comparar 12,35 e 3,575.

Basta comparar a parte inteira.

$$12 > 3 \rightarrow 12{,}35 > 3{,}575$$

- Se as partes inteiras são iguais, igualamos o número de casas decimais, o maior número é aquele com a maior parte decimal.

Vamos comparar 3,21 e 3,089.

$3,21 = \dfrac{321}{100} = \dfrac{3\,210}{1\,000}$

$3,089 = \dfrac{3\,089}{1\,000}$

Comparando:

$\dfrac{3\,210}{1\,000} > \dfrac{3\,089}{1\,000}$ ou $3,210 > 3,089$

ATIVIDADES

16 Os números 0,4 e 0,400 são iguais ou diferentes? Justifique.

_____

_____

_____

17 Relacione os números da primeira coluna com os da segunda coluna, associando valores iguais.

11,04	11,00400
11,40	11,404
11,004	11,040
11,4040	11,4

18 Qual dos produtos tem massa menor? As batatas ou os limões? _____

(balança: 3,450 kg — batatas; balança: 3,100 kg — limões)

19 Adote o segmento ⊢1 cm⊣ como unidade de medida e meça cada segmento.

(segmentos AB, CD, EF)

a) Quanto mede cada segmento?
_____

b) Qual é a diferença entre a medida do maior e a do menor? _____

20 Considere os números 3,053; 4,03; 0,85; 1,73; 2,75; 8,07.
a) Quais números são maiores que 2?
_____

b) Quais são menores que 4?
_____

c) Quais são maiores que 3 e menores que 4?
_____

21 A tabela mostra o resultado de uma competição de salto em distância realizada entre cinco amigos.

| COMPETIÇÃO: SALTO EM DISTÂNCIA ||
Nome	Distância (em metros)
Carlos	4,95
Fabiano	3,85
Maíra	5,15
Taís	4,1
Maurício	6,45

a) Quem foi o último colocado?
_____

b) Quem foi o primeiro colocado?
_____

c) Escreva as distâncias em ordem crescente.
_____
_____

22 Coloque os números em ordem decrescente.

1,4   3,15   2,53   4,013   5

_____
_____

23 Escreva um número decimal que seja:
a) menor que 1 _____
b) maior que 10 _____
c) maior que 2,4 e menor que 2,5 _____

VOCÊ SABIA? **A escrita dos números decimais ao longo dos anos**

As frações decimais podem ser escritas na forma de número decimal.
Exemplos:

$\frac{7}{10} = 0,7$ $\frac{1123}{100} = 11,23$ $\frac{2374}{1000} = 2,374$

Os números decimais nem sempre foram escritos indicando a parte decimal depois da vírgula.

O matemático holandês Stevin, em 1582, escrevia números decimais de uma forma bem diferente da que conhecemos hoje. Por exemplo, o número 679,56 era escrito assim:

$$679(0)5(1)6(2)$$

Essa notação mostrava que o número era composto de 679 unidades inteiras, 5 unidades decimais de primeira ordem e 6 unidades decimais de segunda ordem.

Em 1592, o matemático italiano Jost Biirgi simplificou a notação inventada por Stevin, eliminando a escrita da ordem das frações decimais consecutivas e acrescentando o símbolo (°) em cima do último algarismo das unidades simples.

$$679°56$$

Simon Stevin (1548-1620) nasceu em Bruges, na região onde hoje é a Bélgica.

Nesse mesmo ano, o italiano Magini substituiu o símbolo ° por um ponto colocado entre o último algarismo das unidades e o dos décimos:

$$679.56$$

Em 1608, o holandês Willerbrord Snellin criou a notação decimal que usamos até hoje:

$$679,56$$

▸ Adição e subtração de números decimais

Nas situações a seguir vamos adicionar ou subtrair números decimais.

SITUAÇÃO 1

Qual é a altura de Ricardo?

Para saber a altura de Ricardo é preciso efetuar: 1,67 + 0,28.

Ricardo tem 1,95

	U	d	c
	1,	¹6	7
+	0,	2	8
	1,	9	5

Eu tenho 1,67 m de altura.

Eu sou 0,28 m mais alto do que Patrícia.

Patrícia   Ricardo

SITUAÇÃO 2

Fátima viaja para visitar o pai que mora a 42,35 quilômetros de sua cidade. Após percorrer 29,5 quilômetros faz uma parada na casa do irmão. Quantos quilômetros Fátima ainda terá de percorrer para chegar à casa do pai?

Fátima terá de percorrer 12,85 quilômetros.

	D	U	d	c
	³4̷	¹¹2̷,	¹3	5
−		2	9,	5	0
		1	2,	8	5

ATIVIDADES

24 Efetue as operações:

a) 3,7 + 7,58 _____   c) 4,5 + 0,765 _____

b) 5,62 − 2,76 _____   d) 5 − 0,35 _____

25 Calcule mentalmente:

a) 8,65 + 1,35 _____   c) 5,4 + 2,6 _____

b) 12,8 + 3,2 _____   d) 10,31 + 20,69 _____

26 Considere os números: 1,21; 4,35; 3,275; 3,75; 4,807 e efetue:

a) a adição dos dois números maiores _____

b) a diferença entre o maior e o menor _____

27 Qual é o menor número decimal que devemos adicionar a 4,835 para obter um número natural?

_____

28 Adicionando 12,76 a 35,78, quanto faltará para obter 72,4? _____

29 Juliane comprou uma máquina fotográfica. O preço era R$ 117,60, mas ela obteve um desconto de R$ 18,70. Quanto Juliane pagou pela máquina?

_____

30 Lídia comprou um livro no valor de R$ 32,50 e outro no valor de R$ 15,40. Pagou com uma nota de R$ 50,00.

a) Quanto ela gastou? _____

b) Que troco recebeu? _____

31 Dois segmentos AB e BC são consecutivos e colineares. O segmento AB mede 4,7 cm e o segmento BC mede 18,8 cm. Quanto mede o segmento AC?

_____

32 Observando as medidas indicadas no retângulo responda: quantos centímetros o comprimento tem a mais que a largura? _____

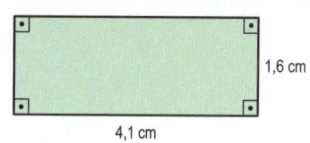

(retângulo com 1,6 cm e 4,1 cm)

33 Descubra como as sequências abaixo foram formadas e encontre o próximo número:

a) | 1,25 | 2,5 | 3,75 | 5 | ☐ |

_____

b) | 10 | 8,5 | 7 | 5,5 | 4 | ☐ |

_____

▶ Multiplicação de números decimais

É comum, em situações do dia a dia, a necessidade de efetuar multiplicações que envolvem números decimais. Veja alguns casos possíveis.

Multiplicação de um número natural por um número decimal

■ De acordo com o anúncio, qual é o valor a ser pago na compra a prazo do conjunto estofado?

Temos de calcular 56,60 × 7.

```
  4 4
  5 6, 6 0
×       7
─────────
  3 9 6, 2 0
```

Portanto, o valor do conjunto estofado a prazo é R$ 396,20.

Conjunto estofado LINDOFORTE — 2 e 3 lugares — À vista R$ 319,00 ou 7 X R$ 56,60

Observação:

A multiplicação de um número decimal por um número natural pode ser feita da mesma forma, pois, na multiplicação de dois números decimais, vale a propriedade comutativa.

169

Multiplicação de um número decimal por um número decimal

- Um litro de gasolina custa R$ 2,25. Quanto Leo vai pagar por 15,8 litros?

   15,8 × 2,25 = ?

   ```
        2, 2 5   ←——— 2 casas decimais
      × 1 5, 8   ←——— 1 casa decimal
      ─────────
        1 8 0 0 +
      1 1 2 5
   + 2 2 5
     ─────────
     3 5, 5 5 0  ←——— 3 casas decimais
   ```

Leo vai pagar R$ 35,55.

> Para multiplicar dois números decimais, multiplicam-se os números como se fossem naturais. Coloca-se vírgula no resultado, de modo que a quantidade de casas decimais seja igual à soma do número de casas decimais dos fatores.

Estimativa do produto

Podemos estimar o produto de uma multiplicação de números decimais antes de efetuar a operação. Veja dois exemplos.

a) Queremos calcular 1,9 × 31,6.

Inicialmente, vamos fazer aproximações para os fatores.

- 1,9 é aproximadamente igual a 2.

- 31,6 é aproximadamente igual a 32.

   2 × 32 = 64   ← estimativa

Como aproximamos os dois valores para cima, o produto procurado com certeza é menor que 64. Efetuando a multiplicação, encontramos como produto o número 60,04.

b) Queremos calcular 21 × 3,8

- 3,8 é aproximadamente igual a 4.

- 4 × 21 = 84

Então, esse produto deve ser aproximadamente 84. Efetuando a multiplicação, encontramos como produto o número 79,8.

EXPERIMENTOS, JOGOS E DESAFIOS

Multiplicação por 10, 100, 1000...

Efetue as multiplicações e analise os produtos obtidos em a, b e c. Em relação aos fatores: 10, 100 e 1000, a vírgula "desloca-se" para a direita ou para a esquerda no produto? O deslocamento é de quantas casas?

a) 2,35 × 10   1,415 × 10   0,5431 × 10 _____

b) 2,35 × 100   1,415 × 100   0,5431 × 100 _____

c) 2,35 × 1000   1,415 × 1000   0,5431 × 1000 _____

ATIVIDADES

34 Calcule mentalmente:

a) 2,45 × 10 _____

b) 0,185 × 10 _____

c) 1,085 × 100 _____

d) 1,585 × 100 _____

e) 4,3521 × 1 000 _____

f) 1,001 × 1 000 _____

35 Uma lata de refrigerante custa R$ 1,16. Quanto custa uma embalagem com 10 unidades desse refrigerante? _____

36 Efetue as multiplicações:

a) 23,4 × 1,8 _____

b) 0,234 × 1,8 _____

c) 2,34 × 0,18 _____

37 Quanto se deve pagar por 3 quilogramas de carne ao preço de R$ 14,70 o quilo?

a) Faça uma estimativa do resultado. _____

b) Calcule o preço a pagar. _____

c) Verifique se sua estimativa estava próxima do preço a pagar. _____

38 Quanto se deve pagar por 1,9 m de um tecido cujo metro custa R$ 16,20?

a) Faça uma estimativa do resultado. _____

b) Calcule o preço a pagar. _____

c) Verifique se sua estimativa estava próxima do preço a pagar. _____

39 Escreva quanto é:

a) o dobro de um centésimo _____

b) o triplo de doze décimos _____

c) o quádruplo de 11 milésimos _____

40 Multiplique 12,6 por 1,5 e subtraia o resultado de 20.

41 Qual é o número que dividindo por 2 e adicionado a 5,6 dá 15,4?

42 Neste anúncio, o valor do *video game*, em 13 prestações, está rasgado.

ninten
Video game Ninten
à vista R$ 799,00
ou
a prazo
13 x R$ 79,90 =

a) Qual é o valor a prazo? _____

b) Qual é a diferença entre o preço à vista e o preço a prazo em 13 vezes? _____

43 Um caderno de 100 folhas é vendido por R$ 6,96. Andrea precisa comprar 3 desses cadernos. Quanto gastará? _____

44 Uma camiseta custa R$ 1910,50. Quanto custam 5 dessas camisetas? _____

45 Paula quer comprar 5,75 metros de tecido. O metro desse tecido custa R$ 6,70. Se ela der uma nota de R$ 50,00, quanto vai receber de troco?

_____

EXPERIMENTOS, JOGOS E DESAFIOS

A multiplicação oculta

Nesta multiplicação cada letra representa um número primo inferior a 10. Qual é o produto?

Atenção: letras iguais correspondem a algarismos iguais e D é número par.

```
      B B, A
   ×    C, C
   ---------
      D C D A
    D C  D A
   ---------
    D A A, B A
```

▶ Divisão com números decimais

Nas situações a seguir, vamos efetuar divisões que envolvem números decimais.

Divisão de um número natural por um número natural (diferente de zero)

Cleide abasteceu seu carro com 12 litros, de combustível, pagando 33 reais. Quanto ela pagou por litro de combustível?

Vamos dividir 33 por 12:

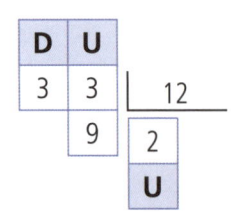

D	U	
3	3	12
	9	2
		U

D	U	d	
3	3		12
	9	0	2, 7
		6	U d

D	U	d	c	
3	3			12
	9	0		2, 7 5
		6	0	U d c
			0	

172

Cleide pagou R$ 2,75 em cada litro.

Veja outro exemplo de divisão de número natural por número natural.

2 ÷ 5 = ?

Nesse caso, o dividendo é menor que o divisor (2 é menor que 5). Veja as etapas da divisão.

- Como 2 é menor que 5, o quociente é 0.
- Acrescentamos um zero à direita do 2 e uma vírgula no quociente e continuamos a divisão.

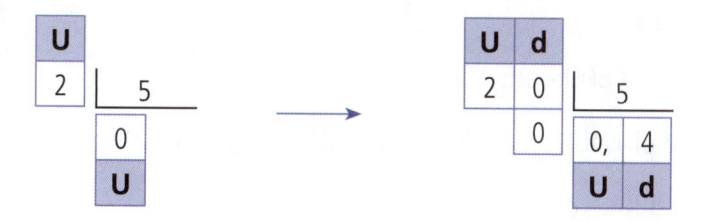

U	
2	5
	0
U	

→

U	d	
2	0	5
	0	0, 4
U	d	

ATIVIDADES

46 Efetue as divisões:

a) 86 ÷ 20 _____

b) 35 ÷ 4 _____

c) 9 ÷ 5 _____

d) 3 ÷ 4 _____

47 Noventa reais foram divididos igualmente entre 8 pessoas. Quantos reais recebeu cada uma?

_____
_____
_____
_____

48 Uma fita com 128 metros foi dividida em 5 pedaços de mesma medida. Quantos metros tem cada pedaço?

_____
_____
_____

49 Dois amigos foram a uma lanchonete. Comeram dois x-salada e tomaram três refrigerantes. Quanto gastou cada um se dividiram igualmente a despesa?

Tabela de preços (R$)	
X-salada	7,50
Hambúrguer	4,20
X-búrguer	5,50
Suco	3,00
Refrigerante	1,50

Divisão de um número natural por um número decimal

Uma folha de papel sulfite tem espessura aproximada de 0,25 milímetro. Um bloco dessas folhas tem 18 milímetros de espessura. Quantas folhas tem esse bloco?

18 ÷ 0,25 = ?

Para facilitar essa divisão, podemos obter um dividendo e um divisor inteiros. Veja como isso pode ser feito de dois modos:

173

MODO 1

$18 \div 0{,}25 = 18 \div \dfrac{25}{100} = 18 \times \dfrac{100}{25} = \dfrac{1800}{25} = 1800 \div 25$

Portanto: $18 \div 0{,}25 = 1800 \div 25$

MODO 2

$\times 100 \Big(\begin{array}{ccc} 18 & \div & 025 \\ 1\,800 & \div & 25 \end{array} \Big) \times 100$

Portanto: $18 \div 0{,}25 = 1800 \div 25$

Agora, efetuamos a divisão com o dividendo 1 800 e o divisor 25:

```
1800 | 25
 50    72
  0
```

O bloco tem 72 folhas.

Divisão de um número decimal por um número natural

Uma barra de chocolate com 1,2 quilograma foi dividida em dois pedaços iguais. Quantos quilogramas tem cada pedaço?

$\times 10 \Big(\begin{array}{c} 1{,}2 \div 2 \\ 12 \div 20 \end{array} \Big) \times 10$

```
120 | 20
  0   0,6
```

Cada pedaço de chocolate tem massa de 0,6 quilograma.

Divisão de um número decimal por um número decimal

Um bolo de 1,5 quilograma custou R$ 46,95. Qual é o preço do quilograma desse bolo?

$46{,}95 \div 1{,}5 = \boxed{?}$

$\times 100 \Big(\begin{array}{c} 46{,}95 \div 1{,}5 \\ 4\,695 \div 150 \end{array} \Big) \times 100$

```
4695 | 150
 195   31,3
 450
   0
```

O preço do quilograma de bolo é R$ 31,30.

> Na prática, eliminamos as vírgulas multiplicando o dividendo e o divisor por 10, por 100 ou por 1 000 etc. até ter uma divisão de um **número natural** por outro número natural e, então, efetuamos a divisão entre os números naturais obtidos.

ATIVIDADES

50 Nestas divisões, os quocientes são números naturais. Determine-os:

a) 37,08 ÷ 4,12 _____

b) 56,52 ÷ 3,14 _____

c) 32 ÷ 0,08 _____

51 Nestas divisões, os quocientes são números decimais com representações finitas. Quais são esses quocientes?

a) 25,46 ÷ 6,7 _____

b) 124,976 ÷ 8,56 _____

c) 203,82 ÷ 15,8 _____

52 Sem fazer cálculos, diga: o quociente de 2,7 por 0,3 é maior, menor ou igual ao quociente de 27 por 3? _____

53 Efetue as divisões. Os resultados, em cada item, são iguais ou diferentes? Justifique.

a) 1,2 ÷ 0,1 e 1,2 × 10

b) 3,45 ÷ 0,1 e 3,45 × 10

54 Esta divisão está errada. Onde está o erro?

$$4,02 \div 2 = 402 \div 200$$
(×100 em cima, ×100 embaixo)

4	0	2			200
	2	0	0		2,1
		0			

55 Num supermercado, o preço de determinado desodorante é R$ 5,45. Certo dia, o supermercado fez o seguinte anúncio.

Qual foi o desconto dado em cada desodorante?

LEVE 3 DESODORANTES
POR R$ 14,70

_____

56 Observe o anúncio. Quantos quilogramas dessa linguiça é possível comprar com R$ 28,90?

_____

LINGUIÇA TOSCANA
8,50 kg

57 Patrícia comprou uma peça de coxão mole cujo preço era R$ 13,69 o quilograma. O entregador trouxe a carne e a nota fiscal no valor de R$ 54,76. Quantos quilogramas tinha essa peça de carne?

_____

175

EXPERIMENTOS, JOGOS E DESAFIOS

Divisão por 10, 100, 1000...

Efetue as divisões.

Analise os quocientes obtidos em a, b e c. Em relação aos divisores: 10, 100 e 1000, a vírgula desloca-se para a direita ou para a esquerda no quociente? Quantas casas?

a) Divida por 10 os números 1123,5; 112,25; 40,5 e 8,36. _____

b) Divida por 100 os números 1123,5; 112,25; 40,5 e 8,36. _____

c) Divida por 1000 os números 1123,5; 112,25; 40,5 e 8,36. _____

ATIVIDADES

58 Calcule mentalmente:

a) 2,45 ÷ 10 _____

b) 0,185 ÷ 10 _____

c) 108,5 ÷ 1 000 _____

d) 5 005,1 ÷ 100 _____

e) 158,5 ÷ 100 _____

59 Complete os quadros escrevendo os dividendos na primeira linha e os quocientes na segunda linha.

÷10
352		45,8		0,002
	128,5		0,125	

÷100
352		45,8		0,002
	128,5		0,125	

÷1 000
352		45,8		0,002
	128,5		0,125	

60 Um automóvel consegue rodar 75,5 quilômetros com 10 litros de combustível. Quantos quilômetros ele roda para cada litro de combustível que consome?

61 Carlos comprou 100 blusas e pagou R$ 5 750,00. Qual é o preço de cada blusa?

62 Quatrocentos e oitenta e cinco quilogramas de chocolate foram divididos igualmente em 1 000 pacotes. Qual é a massa de cada pacote?

▶ Números decimais e porcentagem

Acompanhe esta situação.

Ruth vai de bicicleta para a escola. Como essa bicicleta está muito velha, ela resolveu informar-se sobre o preço de uma nova. Ficou sabendo que, se comprasse à vista, pagaria R$ 212,00. Se comprasse a bicicleta em 8 prestações mensais iguais, seu preço total teria um aumento de 16%.

Qual é o valor de cada prestação da bicicleta?

Solução

Inicialmente, deve-se encontrar o valor do aumento, calculando 16% de R$ 212,00.

16% ou $\frac{16}{100}$ = 0,16

16% de 212

0,16 × 212

```
   212
×  0,16
──────
  1272
+ 212
──────
 33,92
```

Numa calculadora simples, digitamos as seguintes teclas para encontrar o aumento:

[2][1][2][×][0][.][1][6][=]

O aumento será de 33,92 reais. Assim, o preço da bicicleta em 8 prestações será:

212,00 + 33,92 = 245,92

preço à vista   preço a prazo

Valor de cada prestação:

245,92 ÷ 8 = 30,74

Para comprar a bicicleta a prazo, Ruth deverá pagar 8 prestações mensais de R$ 30,74.

ATIVIDADES

63 Represente cada porcentagem por meio de um número decimal:

a) 81% _____

b) 75% _____

c) 150% _____

d) 4% _____

64 Calcule as porcentagens:

a) 4% de 72 _____

b) 6% de 90 _____

c) 12% de 60 _____

d) 18% de 75 _____

e) 24% de 400 _____

f) 11% de 820 _____

g) 45% de 64 _____

h) 36% de 480 _____

i) 10% de 107 _____

j) 90% de 700 _____

k) 200% de 20 _____

65 Observe o anúncio de venda do fogão:

> Desconto de 12%

a) Que número decimal representa a porcentagem de desconto? _____

b) Se o fogão custa R$ 540,00, de quanto é o desconto oferecido?

_____

c) Qual é o preço do fogão à vista?

_____

VOCÊ SABIA? A reciclagem e a porcentagem

Você sabia que cada brasileiro produz, em média, 1 kg de lixo por dia?

Segundo o *Censo de 2010*, a população brasileira era de 190 755 799 habitantes. Ou seja, nessa época, a população produzia, aproximadamente, um total de 191 mil toneladas de lixo por dia.

O que fazer com tanto lixo?

Se cada pessoa continuar a produzir essa média de 1 quilo por dia, daqui a alguns anos será muito difícil encontrar locais para colocar o lixo.

Uma das soluções é a reciclagem.

Segundo o Panorama dos Resíduos Sólidos no Brasil, produzido pela Abrelpe, em 2010 a quantidade de iniciativas de coleta seletiva amentou e o volume de lixo coletado pelos serviços públicos de limpeza do país cresceu 7,7% em relação a 2009. Além disso, 57,6% dos municípios brasileiros tinham projetos de coleta seletiva.

No entanto, como nem todo lixo pode ser reciclado, ainda é necessário, cada vez mais, diminuir a quantidade de lixo.

Pense sobre isso! Diminua, ao máximo, a quantidade de lixo e participe de campanhas de reciclagem.

Fonte: Disponível em: <http://planetasustentavel.abril.com.br/noticia/lixo/producao-destinacao-residuos-solidos-brasil-panorama-2010-abrelpe-625938.shtml>. Acesso em: 27 jun. 2012.

Capítulo 1

MEDIDAS DE COMPRIMENTO

▶ **Como medir comprimentos?**

Comprimento é uma grandeza, isto é, algo que pode ser medido.

Para medir uma grandeza, por exemplo, o comprimento, devemos compará-la com outra grandeza de mesma espécie, usada como unidade de medida.

Veja, por exemplo, como podem ser feitas as medidas de uma sala de aula: podemos medir o comprimento e a largura.

■ Paulão mede o comprimento da sala com seus passos.

Deu aproximadamente 9 passos.

■ Aninha mede a largura da sala com os pés.

Deu exatamente 24 pés.

Para medir o comprimento da sala de aula, Paulão usou o **passo** como unidade de medida. Para medir a largura da sala, Aninha usou uma unidade de medida de comprimento diferente do passo: o **pé**.

Assim, foram utilizadas duas unidades de medida diferentes: o passo de Paulão e o pé de Aninha.

- comprimento da sala: 9 passos de Paulão, aproximadamente
- largura da sala: 24 pés de Aninha

> Paulão e Aninha usaram partes do corpo como unidade de medida.

EXPERIMENTOS, JOGOS E DESAFIOS

Diferentes unidades de medida de comprimento

- Se você tivesse medido a largura da sala de aula com o seu pé, será que teria obtido o mesmo número que Aninha?

- Coloque a mão aberta sobre uma folha de papel, marque as extremidades do polegar e do dedo mínimo e trace um segmento de reta entre as marcas. O segmento de reta traçado corresponde ao comprimento do seu **palmo**.

  Com seu palmo, meça a largura de sua carteira e compare o resultado com o de seus colegas. O resultado será o mesmo?

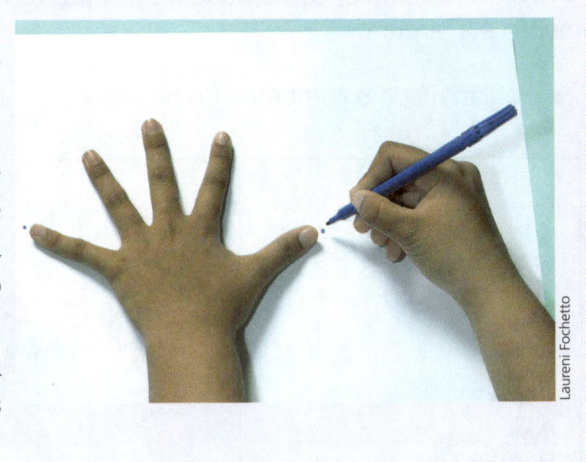

ATIVIDADES

1 Podemos utilizar o passo, o pé e o palmo para medir comprimentos. Escreva quais dessas unidades você usaria para medir:

a) o comprimento da mesa de seu professor

___

b) o comprimento da quadra de esportes

___

c) a largura da lousa

___

2 Quantas vezes o comprimento do seu pé cabe no comprimento do seu passo? O resultado é um número menor que 4, igual a 4 ou maior que 4?

3 Estime quantos passos tem:

a) a frente de sua escola

b) o comprimento e a largura de seu quarto

c) a largura do pátio da sua escola

Se possível, confirme suas estimativas.

VOCÊ SABIA?

Partes do corpo utilizadas como unidades de medida

Desde os tempos mais antigos, o homem sentiu necessidade de medir e, para medir comprimentos, usou partes do próprio corpo.

Na *Bíblia*, há citações sobre a utilização do *côvado* (distância entre o cotovelo e a ponta do dedo médio), do *quatro dedos* (medida da palma da mão, na base dos quatro dedos) e do *palmo* (distância entre a ponta dos dedos extremos, com a mão espalmada) como unidades de medida de comprimento.

Para medir comprimentos, os egípcios usavam o *cúbito* (distância entre o cotovelo e a ponta do dedo médio). Para grandes distâncias usavam cordas com nós feitos em intervalos iguais de 10 cúbitos.

Os romanos usavam o *pé* como unidade de medida de comprimento, e, para distâncias maiores, a *passada dupla* (uma passada dupla equivale a 5 pés). Quando queriam medir distâncias maiores ainda, usavam a *milha* (uma milha equivalia a 1 000 passadas duplas).

A *jarda*, o *pé* e a *polegada* são ainda hoje usados pelos ingleses como unidades de medida de comprimento. Para distâncias maiores usam a milha (uma milha equivale a 1 760 jardas).

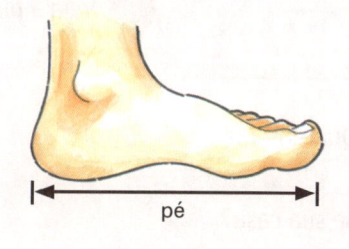

▶ O metro

Os reis e faraós determinavam os padrões a serem usados nas medidas. Porém, essas unidades de medida de comprimento variavam de acordo com o tamanho do antebraço do faraó, ou do braço do rei inglês. Isso criava muita dificuldade nas transações comerciais.

Deveria haver uma unidade que pudesse ser aceita pela maioria das pessoas.

Teve-se a ideia de criar uma unidade de medida-padrão. Mas qual parte do corpo humano e de qual governante seria escolhida para ser essa unidade?

Em 1789, o governo francês pediu à Academia de Ciência da França que criasse um sistema de medidas que tivesse como base algum elemento físico. Foi criado o sistema métrico decimal, constituído inicialmente de três unidades básicas: **o metro** (unidade para medir a grandeza comprimento), o litro (para medir a grandeza volume) e o quilograma (para medir a grandeza massa).

No sistema métrico decimal, o metro foi definido como a décima milionésima parte da quarta parte do meridiano terrestre. Em outras palavras, corresponde à medida de $\frac{1}{4}$ do meridiano da Terra, dividida em 10 000 000 de partes iguais.

Foram criados vários instrumentos para medir comprimentos.

> Para abreviar a palavra metro usamos a letra **m**, sempre no singular.

Metro articulado   Trena   Fita métrica   Régua

ATIVIDADES

4 Que motivos levaram os matemáticos a criar uma unidade-padrão de comprimento?

_____

_____

5 Faça uma estimativa das medidas. Quantos metros tem:

a) o comprimento da janela da sala de sua casa?

_____

b) a altura de uma cadeira da cozinha de sua casa?

_____

6 Agora, meça os objetos mencionados na questão anterior utilizando uma fita métrica ou uma régua.
- Compare a medida estimada com a medida encontrada. São resultados próximos?

_____

7 Você conhece alguém que tenha mais de 2 m de altura?

8 Veja a placa do caminhão.

VEÍCULO LONGO.
Comprimento: 18,75 mts.
Largura: 3,5 mts.

- Há alguma coisa errada nas indicações que estão na placa. O que é? Faça a correção.

_____

_____

_____

_____

Múltiplos e submúltiplos do metro

O metro é a unidade base de medida de comprimentos. Para medir pequenos comprimentos usamos seus submúltiplos: o **decímetro**, o **centímetro** e o **milímetro**.

Decímetro

■ O segmento abaixo mede um decímetro (1 dm).

1 dm

182

O decímetro representa a décima parte do metro.

$1\text{ dm} = \frac{1}{10}\text{ m}$ $\quad\quad 1\text{ dm} = 0,1\text{ m}\quad\quad 1\text{ m} = 10\text{ dm}$

1 dm = 10 cm

Centímetro

- O segmento ao lado mede um centímetro (1 cm). |—| 1 cm

O centímetro representa:

- a décima parte do decímetro

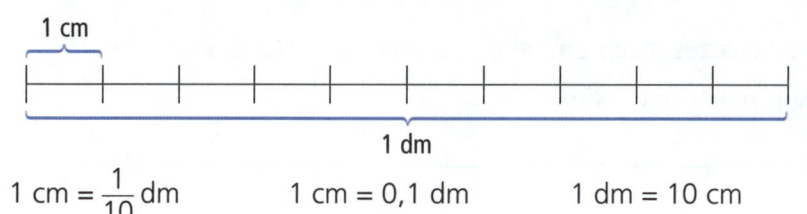

$1\text{ cm} = \frac{1}{10}\text{ dm}$ $\quad\quad 1\text{ cm} = 0,1\text{ dm}\quad\quad 1\text{ dm} = 10\text{ cm}$

- a centésima parte do metro

$1\text{ cm} = \frac{1}{100}\text{ m}$ $\quad\quad 1\text{ cm} = 0,01\text{ m}\quad\quad 1\text{ m} = 100\text{ cm}$

Nos trabalhos escolares, a régua é o instrumento mais usado para medir comprimentos.

Milímetro

- O segmento ao lado mede um milímetro (1 mm).

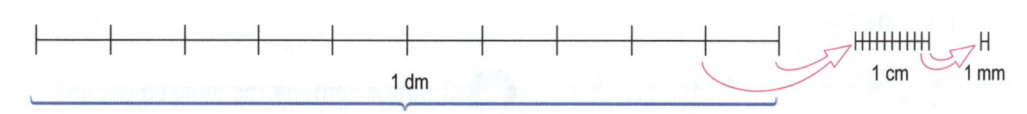

O milímetro representa:

- a décima parte do centímetro

$1\text{ mm} = \frac{1}{10}\text{ cm}$ $\quad\quad 1\text{ mm} = 0,1\text{ cm}\quad\quad 1\text{ cm} = 10\text{ mm}$

- a centésima parte do decímetro

$1\text{ mm} = \frac{1}{100}\text{ dm}$ $\quad\quad 1\text{ mm} = 0,01\text{ dm}\quad\quad 1\text{ dm} = 100\text{ mm}$

Os submúltiplos do metro mais usados são o centímetro e o milímetro.

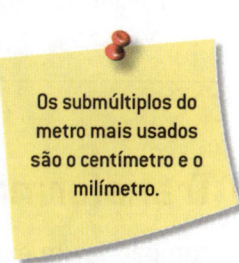

- a milésima parte do metro

$1\text{ mm} = \frac{1}{1\,000}\text{ m}$ $\quad\quad 1\text{ mm} = 0,001\text{ m}\quad\quad 1\text{ m} = 1\,000\text{ mm}$

Para medir grandes distâncias usamos como unidade de medida os múltiplos do metro: o **decâmetro** (dam), o **hectômetro** (hm) ou o **quilômetro** (km).

O decâmetro vale 10 metros, o hectômetro vale 100 metros e o quilômetro vale 1 000 metros.

Desses múltiplos do metro, a unidade mais usada é o quilômetro.

Quando medimos a distância entre duas cidades usamos como unidade de medida o quilômetro. A distância entre as cidades de Palmas (TO) e Vitória (ES), por exemplo, é de 2 214 km.

O quadro mostra as unidades de medida de comprimento derivadas do metro.

MÚLTIPLOS DO METRO				SUBMÚLTIPLOS DO METRO		
quilômetro (km)	hectômetro (hm)	decâmetro (dam)	metro (m)	decímetro (dm)	centímetro (cm)	milímetro (mm)
1 000 m	100 m	10 m	1 m	0,1 m	0,01 m	0,001 m

Cada unidade de medida é 10 vezes maior em relação à unidade à sua direita.

Por exemplo, 1 m é 10 vezes maior que 1 dm.

ATIVIDADES

9 Escreva qual é a unidade de medida mais adequada para medir:

a) o comprimento da sala de aula

b) o comprimento de uma caneta

c) a altura da porta de sua classe

d) a distância entre duas cidades

e) o diâmetro da cabeça de um prego

f) o comprimento de um rio

10 Meça o comprimento do segmento abaixo com uma régua e dê a medida em milímetros.

11 Quantos centímetros tem seu palmo?

12 Quantos centímetros tem o comprimento de sua carteira?

▶ Transformação de unidades de medida de comprimento

Acompanhe um exemplo de transformação de unidades.

Um prego tem 35 mm de comprimento. Qual é o comprimento desse prego, em centímetros?

Para responder, precisamos transformar 35 mm em centímetros.

No sistema métrico decimal cada unidade de medida de comprimento é 10 vezes maior que a unidade de medida inferior. Podemos fazer a transformação de unidades seguindo este quadro.

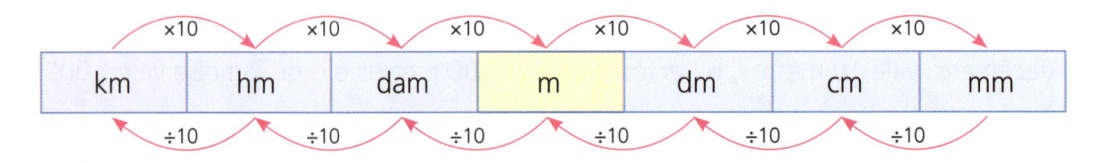

km	hm	dam	m	dm	cm	mm

(×10 da esquerda para a direita; ÷10 da direita para a esquerda)

Ao multiplicar um número decimal por 1 000, desloca-se a vírgula três casas para a direita.

Ao dividir um número decimal por 10, desloca-se a vírgula uma casa para a esquerda.

Usando o esquema do quadro, temos:

m   dm   cm   mm
÷10

Seguindo esse esquema, temos:

35 ÷ 10 = 3,5

Portanto, 35 mm = 3,5 cm.

O comprimento do prego é 3,5 cm.

ATIVIDADES

13 Transforme em metros estas medidas:

a) 0,85 km _____

b) 72 dm _____

c) 148 mm _____

d) 32 cm _____

e) 0,5 km _____

14 A maratona é uma corrida pedestre, cujo percurso é de 42,195 km. Escreva essa medida em metros.

15 Luisinho tem 167 cm de altura. Qual é a altura dele em metros?

16 Transforme estas medidas em centímetros.

a) 5,6 m _____

b) 480 mm _____

c) 2,5 dm _____

d) 1,25 m _____

17 Um livro tem 5 mm de espessura. Quantos centímetros de altura tem uma pilha formada por 20 desses livros? _____

18 A distância de Campo Grande (MS) a Brasília (DF) é de, aproximadamente, 876 000 metros. Transforme a medida dessa distância em quilômetros.

10 Sérgio caminhou 2,5 quilômetros e parou para descansar. Após 15 minutos, caminhou mais 3 450 metros para chegar ao clube.

- Quantos quilômetros ele caminhou? _____

20 As alturas de Carla e Daniel são, respectivamente, 145 cm e 1,45 m. Quem é mais alto? Justifique.

▶ Perímetro de um polígono

Fabiana quer enfeitar a mesa de doces da sua festa de aniversário. O tampo de sua mesa tem a forma retangular. Ela quer colocar uma fita colorida em toda volta da mesa.

Para comprar a quantidade exata de fita para contornar a mesa, ela precisa saber qual é o perímetro da mesa.

O tampo da mesa pode ser representado por um retângulo, que é um polígono.

Em muitas situações, é necessário encontrar o perímetro de um polígono.

Perímetro de um polígono é a soma das medidas de seus lados.

Vamos calcular alguns perímetros:

a) Qual é o perímetro de um quadrado cujo lado mede 3 cm?

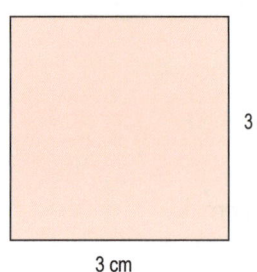

Perímetro = 3 + 3 + 3 + 3
Perímetro = 4 × 3
Perímetro = 12 cm
O perímetro do quadrado é 12 cm.

b) O comprimento de um retângulo mede 5 cm e a largura 3 cm. Qual é o perímetro desse retângulo?

2p = 3 + 3 + 5 + 5
2p = 16 cm
O perímetro do retângulo é 16 cm.

ATIVIDADES

21 Determine o perímetro de cada polígono:

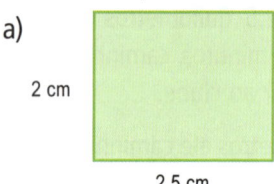

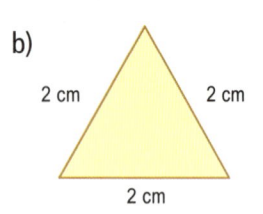

a) 2 cm / 2,5 cm

b) 2 cm, 2 cm, 2 cm

c) 1 cm, 1 cm, 1 cm, 1 cm

22 Cada lado de um triângulo equilátero mede 6 cm. Qual é o perímetro desse triângulo?

_____

23 Esta figura representa a planta de um terreno. Cada centímetro da figura corresponde a 50 m do terreno.

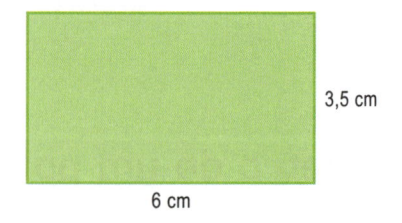

3,5 cm
6 cm

a) Qual é o perímetro dessa figura?
_____
_____

b) Qual é o perímetro do terreno?
_____

24 A figura representa uma placa de trânsito com a forma de um triângulo equilátero com 150 cm de perímetro.

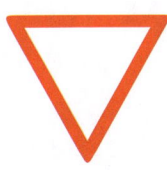

Quanto mede, em metros, cada lado da placa?

_____

25 Um quadrado tem perímetro de 48,6 cm. Quanto mede cada um de seus lados?

_____

26 As medidas dos lados do pentágono são números pares consecutivos. O lado menor mede 4 cm. Qual é o perímetro desse pentágono?

_____
_____
_____

27 A tampa da embalagem de *pizza* tem a forma de um octógono regular cujo lado mede 15 cm. Qual é o perímetro dessa tampa?

_____

28 Uma pessoa dá cinco voltas em torno de uma praça retangular que tem 15,5 m de comprimento e 24,5 m de largura. Quantos metros essa pessoa percorreu?

_____

187

Capítulo 12 — Ampliando o estudo da estatística

▶ Gráfico de setores

Podemos representar os dados de uma pesquisa por meio de gráficos. Veja por exemplo o **gráfico de setores**, em que apresentamos a preferência de 40 pessoas por 4 tipos de esportes.

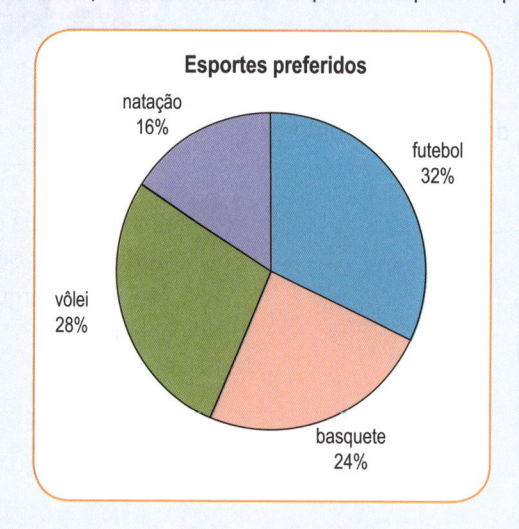

Esportes preferidos
- natação 16%
- futebol 32%
- basquete 24%
- vôlei 28%

O círculo representa o total de entrevistados, isto é, 100% dos entrevistados.

Cada parte colorida do círculo é um setor. Cada setor representa uma porcentagem de entrevistados que prefere determinado esporte.

Nesse gráfico podemos observar que:

- O esporte preferido é futebol.
- Mais que a metade dos entrevistados prefere futebol ou basquete, pois o setor azul mais o setor rosa somam 56% dos entrevistados.

Nos gráficos de setores, é mais fácil visualizar como cada parte (setor) se comporta em relação ao todo (círculo).

Em geral, nos gráficos de setores, os dados são expressos em porcentagem.

ATIVIDADES

1 Este gráfico mostra a preferência de 300 crianças por vários tipos de bala.

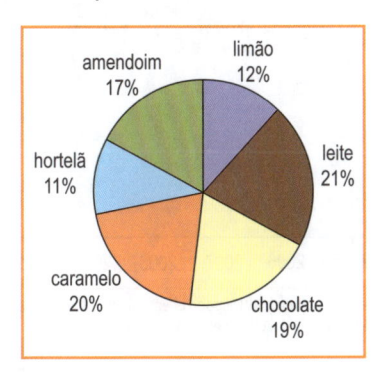

(gráfico: limão 12%, leite 21%, chocolate 19%, caramelo 20%, hortelã 11%, amendoim 17%)

Segundo os dados do gráfico:

a) Qual é o tipo de bala menos apreciado?

_____

b) Qual é o de maior preferência?

_____

c) Quantas crianças preferem bala de caramelo?

_____

2 Este gráfico mostra a preferência de 200 pessoas por diversos tipos de filme.

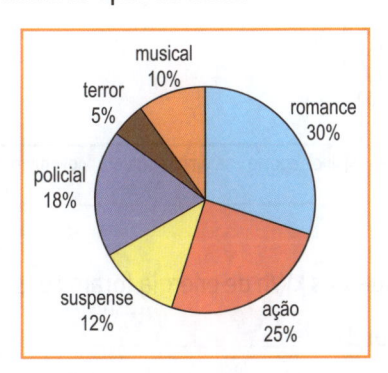

(gráfico: romance 30%, ação 25%, suspense 12%, policial 18%, terror 5%, musical 10%)

a) Quais foram os três tipos de filme mais votados?

_____

b) Quantas pessoas escolheram filme de ação?

c) Quantas pessoas escolheram filme de terror?

_____

3 A prefeitura de uma pequena cidade fez uma pesquisa para saber que materiais recicláveis a população selecionou durante uma semana. O resultado está representado neste gráfico.

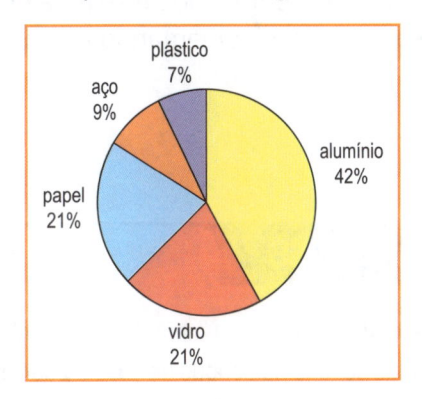

(gráfico: alumínio 42%, vidro 21%, papel 21%, aço 9%, plástico 7%)

O vidro permanece no ambiente durante séculos, mas é totalmente reciclável.

a) Que tipo de material reciclável foi recolhido em maior quantidade nesse período? E em menor quantidade?

_____

b) Em seu bairro é feita a coleta de lixo reciclável? Você participa desse processo?

_____

Gráfico de segmentos

Os **gráficos de linhas**, também chamados **gráficos de segmentos**, são adequados para representar a variação de uma grandeza no decorrer do tempo. Veja, por exemplo, o gráfico de produção de leite de vaca no Brasil entre os anos 2005 e 2010.

Observando o gráfico, percebe-se, por exemplo, que no Brasil, entre 2005 e 2010, a produção de leite de vaca vem aumentando ano a ano.

Produção de leite de vaca no Brasil
(Milhões de litros)
- 2005: 24 621
- 2006: 25 398
- 2007: 26 137
- 2008: 27 585
- 2009: 29 085
- 2010: 30 715

Fonte: IBGE. Pesquisa pecuária municipal. Disponível em: <http://www.sidra.ibge.gov.br/bda/tabela/listabl.asp?c=74&z=p&o=30>. Acesso em: 18 jun. 2012.

ATIVIDADES

4) Este gráfico mostra o número de casos notificados de dengue por ano no período de 1999 a 2004, no Brasil.

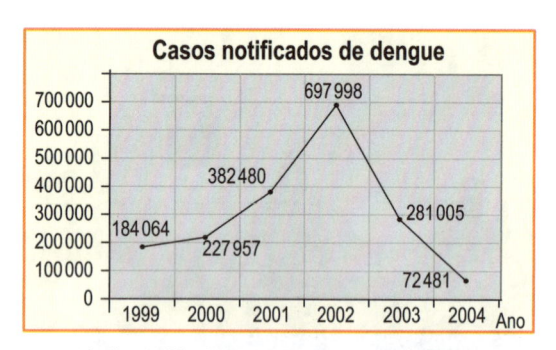

Casos notificados de dengue
- 1999: 184 064
- 2000: 227 957
- 2001: 382 480
- 2002: 697 998
- 2003: 281 005
- 2004: 72 481

Fonte: Planilha simplificada SESs/UF; Sinan. Disponível em: <http://portal.saude.gov.br/portal/arquivos/pdf/tabela_casos_dengue_classico_2008.pdf>. Acesso em: 1 jun. 2012.

a) Em que ano houve a maior incidência de dengue? _____

b) E a menor? _____

c) Em que ano houve 281 005 casos notificados de dengue? _____

d) No período de 1999 a 2002 a quantidade de casos notificados de dengue aumentou ou diminuiu? _____

e) E no período de 2002 a 2004? Aumentou ou diminuiu? _____

f) Faça uma pesquisa para saber como prevenir a dengue.

_____

5) Este gráfico mostra o consumo de energia elétrica de uma residência nos 6 últimos meses do ano. Analise e responda:

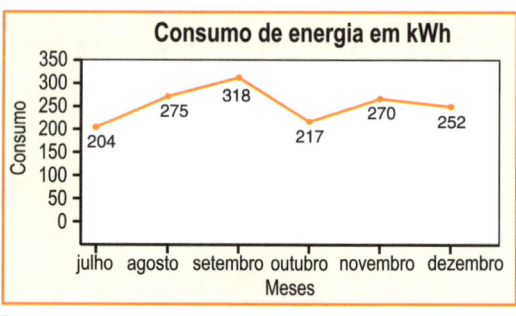

Consumo de energia em kWh
- julho: 204
- agosto: 275
- setembro: 318
- outubro: 217
- novembro: 270
- dezembro: 252

Fonte:

a) Quantos kWh de energia foram consumidos em outubro? _____

b) Em qual mês houve um consumo de 275 kWh?

_____

c) No período de julho a setembro, o consumo aumentou, diminuiu ou ficou estável?

_____

Média aritmética simples

O quadro ao lado mostra quem foram os campeões mundiais de vôlei em 2002 e suas respectivas idades. Qual era a idade média desses jogadores?

Para responder, precisamos calcular:

$$\frac{32 + 24 + 34 + 25 + 23 + 26 + 23 + 28 + 28 + 27 + 26 + 22}{12} =$$

$$= \frac{318}{12} = 26,5$$

A idade média dos jogadores na equipe era 26,5 anos.

Observe os dados do quadro: nenhum dos jogadores da equipe, em 2002, tinha a idade de 26,5 anos, mas essa média nos dá uma ideia geral da idade do conjunto dos jogadores e nos permite verificar, por exemplo, que Giovane tinha idade maior que a idade média da equipe e que Dante tinha idade menor. Com isso, posicionamos as duas idades em relação à idade média encontrada.

EQUIPE CAMPEÃ MUNDIAL DE VÔLEI (2002)	
Nome	Idade (anos)
Giovane	32
Henrique	24
Maurício	34
Giba	25
André Nascimento	23
Escadinha	26
Rodrigão	23
Anderson	28
Nalbert	28
Gustavo	27
Ricardinho	26
Dante	22

> Para calcular a **média aritmética** de um conjunto de dados, devemos adicionar todos os elementos e dividir a soma pelo número de elementos adicionados.

ATIVIDADES

6 Este gráfico mostra a temperatura em certa região do país durante uma semana.

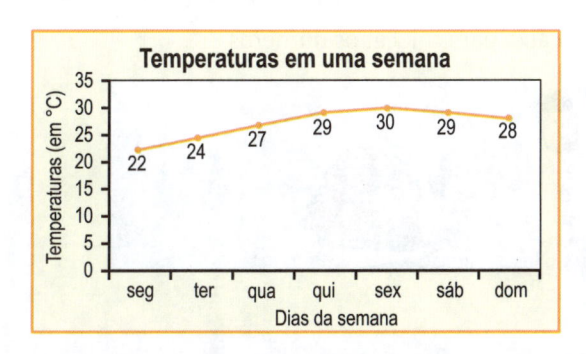

Temperaturas em uma semana

Dia	seg	ter	qua	qui	sex	sáb	dom
Temperatura (°C)	22	24	27	29	30	29	28

- Qual foi a temperatura média nessa semana?

7 Sabendo que Alberto obteve as notas 7,0; 7,5; 9,0 e 8,5 nas avaliações de Matemática do 1º trimestre, calcule a sua nota média.

8 Em um posto de gasolina, os frentistas repartem igualmente entre si todas as gorjetas recebidas durante o dia. Num domingo os 4 frentistas desse posto receberam gorjetas de R$ 50,00; R$ 75,00; R$ 35,00 e R$ 20,00. Que quantia coube a cada um?

9 Luísa anotou quantos copos de leite tomou durante 5 dias de uma determinada semana num quadro.

Dia da semana	2ª feira	3ª feira	4ª feira	5ª feira	6ª feira
Número de copos de leite	2	1	2	1	2

- Quantos copos de leite Luísa tomou, por dia, em média, durante essa semana?

10 Num campeonato de futebol, o Timão F. C. disputou 8 jogos. Em cada jogo, marcou respectivamente, 7, 1, 3, 4, 2, 3, 2 e 4 gols. Qual é a média de gols por jogo desse time?

11 Uma fábrica tem 8 funcionários. Seus salários estão representados no quadro.

Funcionário	Salário (R$)
Felipe	1 238,00
Daniel	1 000,00
Gustavo	1 750,00
Fábio	2 500,00
Daniela	828,00
Geovana	950,00
Gláucia	1 252,00
Isabel	680,00

- Qual é o salário médio dos funcionários dessa fábrica?

12 No município de Céu Verde, cada mulher tem, em média, 1,5 filho. Explique o significado dessa média.

EXPERIMENTOS, JOGOS E DESAFIOS

Jogando com a média aritmética

Número de participantes: 3

Material necessário:

- 60 retângulos numerados de 1 a 60.
- 1 caixa para colocar os números.

Procedimento

1. Cada jogador, na sua vez, retira 5 números da caixa e calcula a média aritmética desses números. Em seguida, devolve os números à caixa.
2. Em cada rodada, vence o jogador que acertar o cálculo da média. Em caso de empate, vence quem obtiver a maior média.
3. O jogo termina na quarta rodada.

   Vence o jogador que ganhar o maior número de rodadas.

   Se houver empate, vence quem obtiver a maior média.

Capítulo 3

MEDIDAS DE SUPERFÍCIE

▶ Área de uma superfície plana

A superfície da água de uma piscina, do tampo de uma mesa ou da parede de uma cozinha dão ideia de **superfície plana**.

Para medir uma superfície, adotamos outra superfície como unidade de medida. O resultado obtido com essa medida é a **área** dessa superfície.

Observe como obtemos a área de uma figura.

a) Observe que ▭ u cabe 13 vezes na superfície dessa figura. Portanto, a área da figura é 13 u.

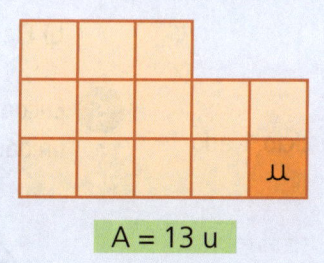

A = 13 u

b) Adotando ◿ v como unidade de medida.

Observe que ◿ v cabe 26 vezes na superfície da figura. Portanto, a área dessa figura é 26 v.

A = 26 v

193

ATIVIDADES

1 Adotando ⬛ como unidade de medida, determine a área destas figuras.

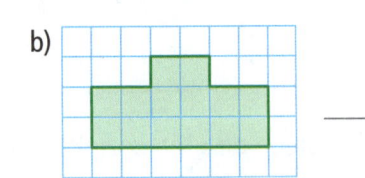

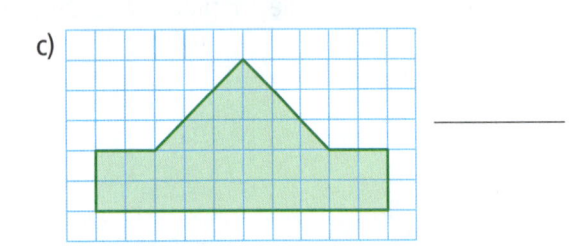

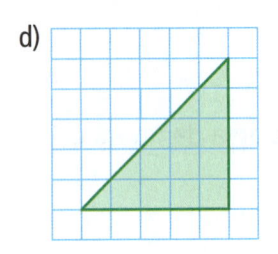

a) _____

b) _____

c) _____

d) _____

2 Determine a área das figuras do exercício 1 adotando △ como unidade de medida.

a) _____
b) _____
c) _____
d) _____

3 Calcule a área desta figura adotando △ como unidade de medida.

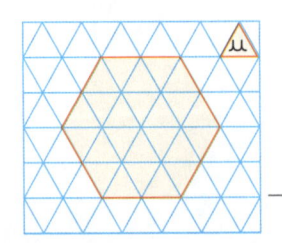

_____

4 Considere o segmento t̄ como unidade de medida de comprimento e o quadradinho υ como unidade de medida de área. Determine o perímetro e a área de cada figura.

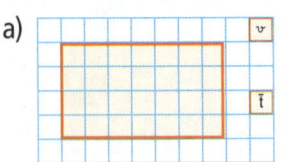

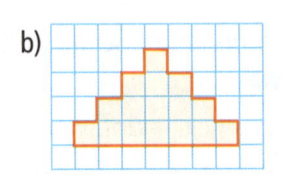

a)

b)

5 Observe as figuras.

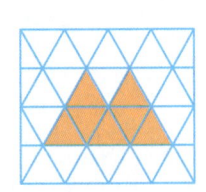

a) Elas têm a mesma área? _____
b) Elas têm o mesmo perímetro? _____

6 Encontre a área desta figura adotando diferentes unidades de medida:

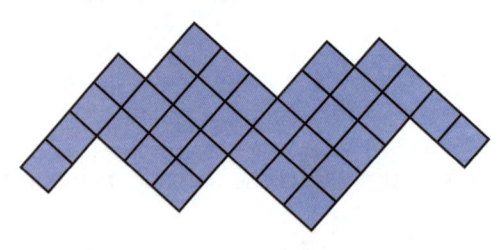

a) ⬜ u _____
b) ⬜⬜ v _____
c) ⬜⬜/⬜⬜ t _____

d) Que relação existe entre as áreas obtidas nos itens a e b?

_____

_____

194

▶ O metro quadrado

Para medir superfícies, é preciso utilizar uma unidade-padrão.

No sistema métrico decimal, a unidade-padrão para medidas de área é o **metro quadrado**, indicado por **m²**.

O metro quadrado corresponde à área da superfície de um quadrado com 1 m de lado.

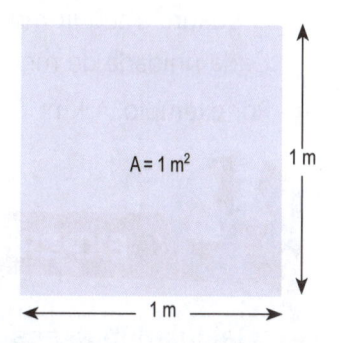

Múltiplos e submúltiplos do metro quadrado

Para medir pequenas superfícies, utilizamos os submúltiplos do metro quadrado: o **decímetro quadrado** (dm²), o **centímetro quadrado** (cm²) e o **milímetro quadrado** (mm²).

O maior dos quadrados abaixo representa 1 dm².

Observe as outras figuras que representam 1 cm² e 1 mm² e a relação existente entre elas:

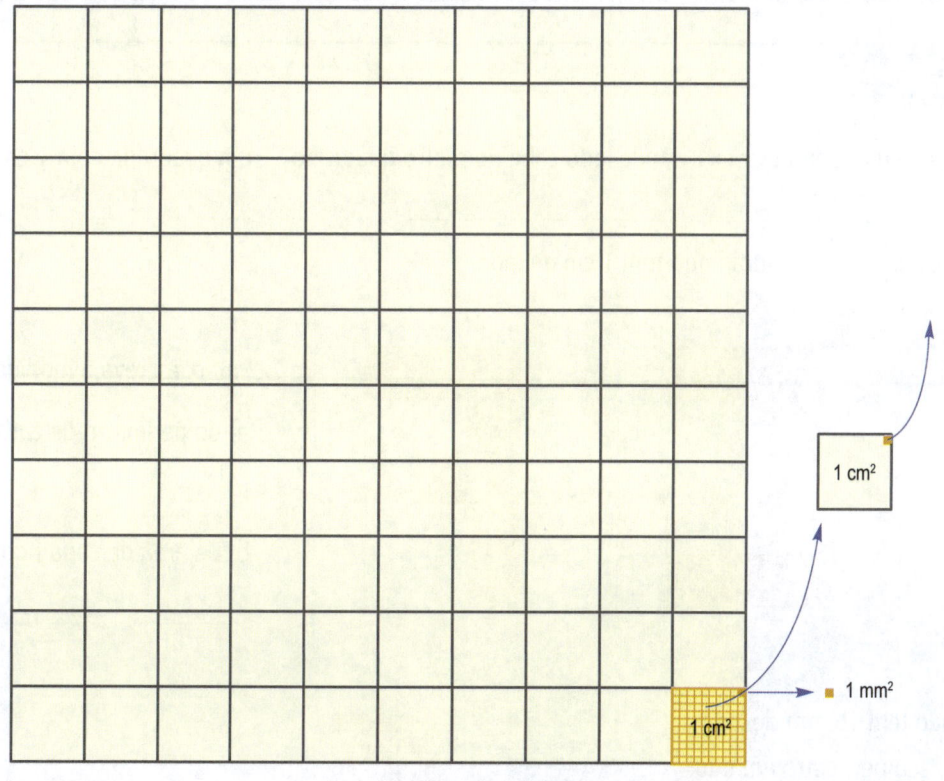

1 dm² = 100 cm²
1 cm² = 100 mm²

Para medir grandes superfícies utilizamos os múltiplos do metro quadrado: o **decâmetro quadrado** (dam²), o **hectômetro quadrado** (hm²) e o **quilômetro quadrado** (km²).

MÚLTIPLOS DO METRO QUADRADO				SUBMÚLTIPLOS DO METRO QUADRADO		
quilômetro quadrado (km²)	hectômetro quadrado (hm²)	decâmetro quadrado (dam²)	metro quadrado	decímetro quadrado (dm²)	centímetro quadrado (cm²)	milímetro quadrado (mm²)
1 000 000 m²	10 000 m²	100 m²	m²	0,01 m²	0,0001 m²	0,000001 m²

O quadro a seguir mostra o valor das unidades de área derivadas do metro quadrado.
Cada unidade de medida é 100 vezes maior que a anterior (à sua direita).
Por exemplo, 1 km² é 100 vezes maior que 1 hm².

EXPERIMENTOS, JOGOS E DESAFIOS

Calculando áreas

- Usando uma régua e folhas de jornal, construa um quadrado com 1 m de lado. Para unir as folhas, use fita adesiva.
- Utilize o quadrado que você construiu como unidade de medida para obter a área aproximada:

  a) do seu quarto
  b) da sala da sua casa
  c) da cozinha da casa

ATIVIDADES

7 Quantas vezes um quadrado com 1 dm de lado cabe no metro quadrado? E um quadrado com 1 cm de lado?

8 Nas figuras abaixo cada quadradinho tem 1 cm de lado.

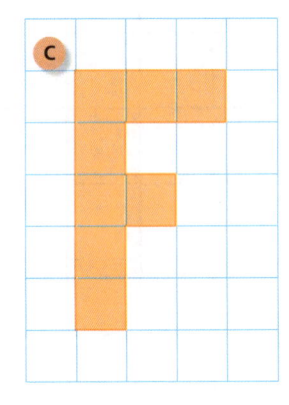

A   B   C

Então, escreva a medida:

a) do perímetro de cada figura

b) da área de cada figura

9 Este quadrado tem 15 mm de lado.

a) Escreva o seu perímetro em mm. _____

b) Escreva a sua área em mm². _____

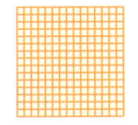

Transformação de unidades de medida de superfície

Em certas ocasiões, precisamos transformar uma unidade de medida em outra. Por exemplo:

- Um terreno de 1,2 km² é maior do que um terreno de 1 250 000 m²?

Solução

No sistema métrico decimal, cada unidade de medida de superfície é 100 vezes maior que a unidade de medida inferior, à sua direita.

Podemos fazer a transformação de unidades seguindo este quadro:

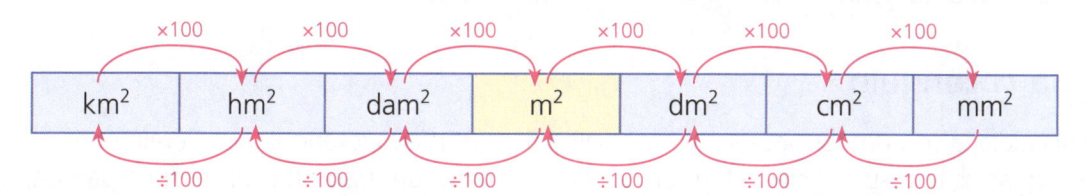

×100	×100	×100	×100	×100	×100
km²	hm²	dam²	m²	dm²	cm²	mm²
÷100	÷100	÷100	÷100	÷100	÷100

Vamos transformar 1,2 km² em m².
Devemos multiplicar 1,2 por **100 × 100 × 100** ou por **1 000 000**.

$$1,2 \text{ km}^2 = 1\,200\,000 \text{ m}^2$$

Agora, com as áreas de cada terreno na mesma unidade, podemos comparar os terrenos.

Como 1 250 000 é maior que 1 200 000, então o terreno que mede 1 250 000 m² é maior que o terreno que mede 1,2 km².

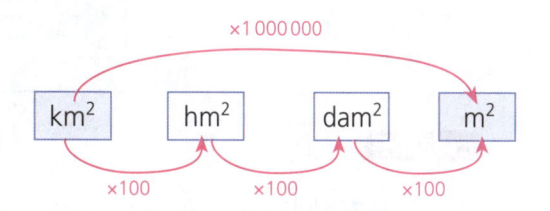

ATIVIDADES

10) Observe esta figura.

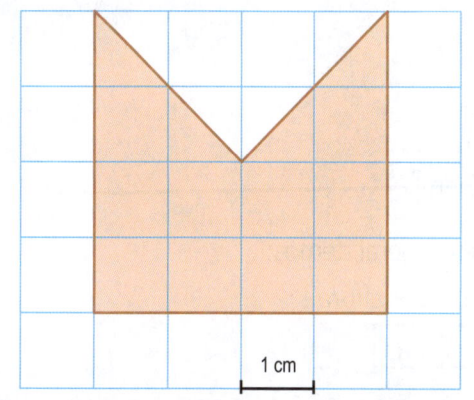

1 cm

a) Qual é a área da figura em centímetros quadrados?

_____

b) Qual é a área em milímetros quadrados?

_____

11) Uma folha de papel tem área de 629,64 cm². Qual seria essa área se a unidade de medida fosse o metro quadrado?

_____

_____

12) Leia o anúncio de venda de um apartamento e responda:

> **OPORTUNIDADE**
> Vende-se
> apartamento
> por apenas
> R$ 750,00 o m².

Se o apartamento tiver 10 800 dm², quanto vai custar?

_____

_____

_____

_____

13) Um piso de 125 m² será recoberto com ladrilhos de 400 cm². Quantos ladrilhos serão necessários?

_____

_____

_____

▶ Área de algumas figuras planas

Área do retângulo

No dia a dia, é comum termos de calcular a área de superfícies retangulares. Geralmente, as paredes de salas e quartos têm superfícies retangulares. Para ladrilhar um piso ou azulejar uma parede, precisamos conhecer sua área e, assim, calcular a quantidade de material necessário.

Vamos calcular a área deste retângulo.

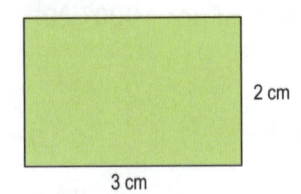

2 cm
3 cm

MODO 1

Podemos dividi-lo em quadrados com 1 cm de lado e contá-los.

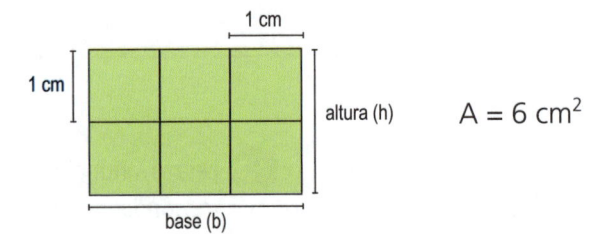

1 cm
1 cm
altura (h)
base (b)

$A = 6$ cm^2

MODO 2

Podemos multiplicar a medida da base pela medida da altura.

$A = 3$ cm $\times 2$ cm
— medida da altura
— medida da base

$A = 6$ cm^2

De modo geral, temos:

$A_\square =$ base $\times$ altura

$\boxed{A_\square = b \cdot h}$

Área do quadrado

Calculamos a área de um quadrado do mesmo modo que fizemos com o retângulo.

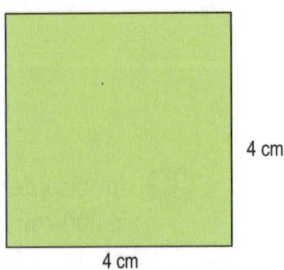

4 cm
4 cm

Multiplicamos as medidas de dois de seus lados.

$A = 4$ cm $\times 4$ cm $= 16$ cm^2
— medida do lado
— medida do lado

$A_\square =$ lado $\times$ lado

$\boxed{A_\square = a \times a}$

Essa fórmula permite calcular a área de qualquer quadrado.

ATIVIDADES

14 Calcule a área de cada figura:

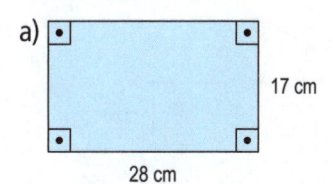

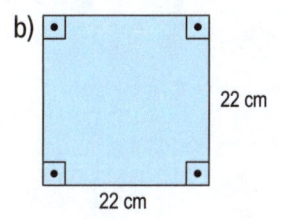

a) 17 cm × 28 cm

b) 22 cm × 22 cm

15 Determine a área de um:

a) retângulo de base 45 cm e altura 81 cm

b) quadrado de lado 37 cm.

16 As dimensões de uma quadra de basquete estão indicadas na figura.

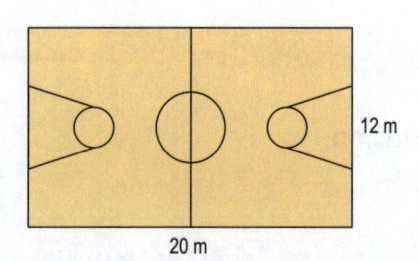

12 m × 20 m

Qual é a área dessa quadra?

17 Um retângulo tem 246 cm² de área e 12 cm de comprimento. Qual é a medida da largura desse retângulo?

18 Mariana pretende ladrilhar o piso retangular de sua cozinha com ladrilhos quadrados de 15 cm de lado.

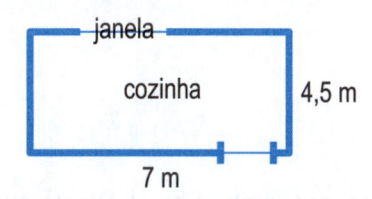

cozinha: 7 m × 4,5 m (com janela)

a) Qual é a área de cada ladrilho?

b) Qual é a área de sua cozinha em centímetros quadrados?

c) De quantos ladrilhos vai precisar?

199

19 Observe a planta de um pequeno apartamento:

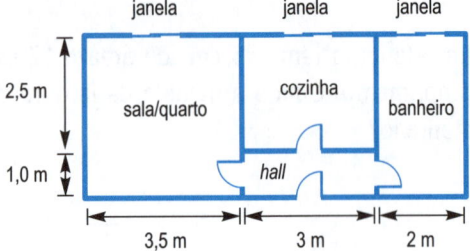

```
        janela      janela      janela
     ┌─────────┬─────────┬─────────┐
2,5 m│sala/    │ cozinha │         │
     │quarto   │         │ banheiro│
1,0 m│         │  hall   │         │
     └─────────┴─────────┴─────────┘
        3,5 m      3 m       2 m
```

a) Qual é a área de cada dependência?

21 Esta figura representa a planificação de uma embalagem cúbica. Para montar a embalagem, quantos metros quadrados de papelão serão necessários?

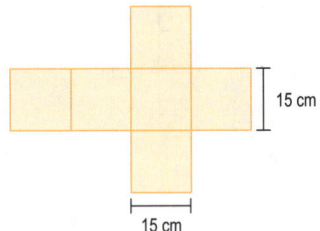

15 cm

15 cm

20 Sabendo que uma folha de papel sulfite tem 21,2 cm de base e 29,7 cm de altura, calcule a área dessa folha, em centímetros quadrados

---

EXPERIMENTOS, JOGOS E DESAFIOS

Quebra-cabeça matemático

Desenhe a figura ao lado em uma folha quadriculada.

Recorte-a nas linhas tracejadas e obtenha cinco polígonos.

Use esses polígonos e monte um quadrado com a mesma área da figura.

Não desista! Caso sinta dificuldade, peça ajuda a seu professor.

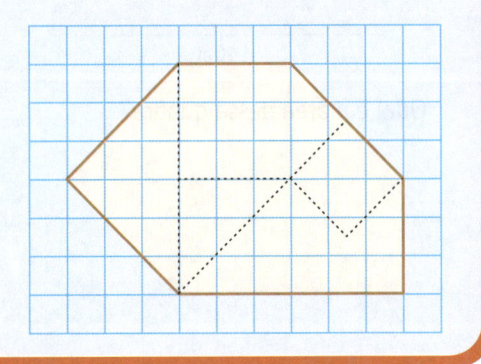

Capítulo 4
MEDIDAS DE VOLUME, DE CAPACIDADE E DE MASSA

▶ Volume de um sólido

Observe os objetos nas fotos. Eles têm a forma de sólidos geométricos.

O **volume de um sólido** é a quantidade de espaço ocupada por ele.

Para medir o volume de um sólido geométrico, devemos compará-lo com o volume de outro, que será adotado como unidade de medida.

Vamos adotar o ▫ como unidade de medida e obter o volume destes sólidos.

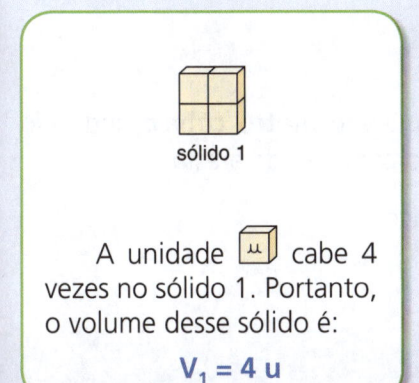

sólido 1

A unidade ▫ cabe 4 vezes no sólido 1. Portanto, o volume desse sólido é:

$V_1 = 4\ u$

sólido 2

A unidade ▫ cabe 18 vezes no sólido 2. Portanto, o volume desse sólido é:

$V_2 = 18\ u$

sólido 3

A unidade ▫ cabe 20 vezes no sólido 3. Portanto, o volume desse sólido é:

$V_3 = 20\ u$

ATIVIDADES

1 Nos supermercados, alguns produtos são empilhados. Observe estas pilhas de caixas e responda:

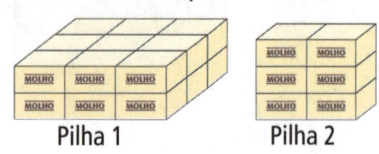

Pilha 1   Pilha 2

a) Quantas caixas há em cada pilha?

_____

b) Adotando uma caixa como unidade de medida, encontre o volume de cada pilha.

_____

c) Qual das pilhas tem maior volume?

_____

2 Adotando ▫ como unidade de medida, encontre o volume destes sólidos.

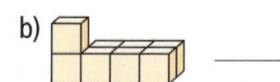

a) _____

b) _____

3 Considerando o sólido ▫ como unidade de medida, calcule o volume dos sólidos do exercício anterior.

a) _____

b) _____

4 Qual é o volume de cada sólido?

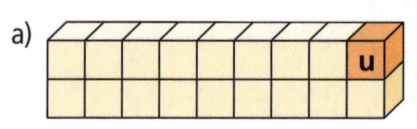

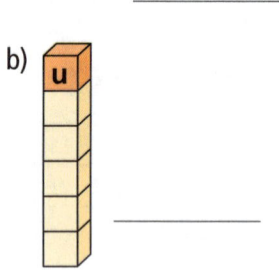

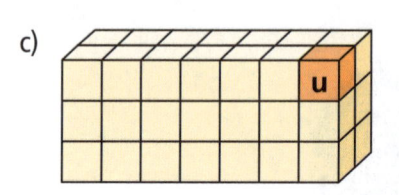

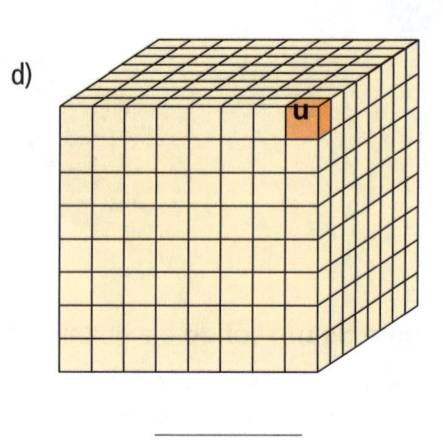

a) _____

b) _____

c) _____

d) _____

Metro cúbico, múltiplos e submúltiplos

No sistema métrico decimal, a unidade-padrão para medir volume é o **metro cúbico**, indicado assim: m³. Essa medida de volume corresponde ao volume de um cubo com 1 m de aresta.

Para medir pequenos volumes usamos submúltiplos do metro cúbico:

- decímetro cúbico: dm³
- centímetro cúbico: cm³
- milímetro cúbico: mm³

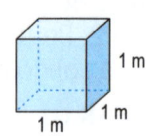

Os múltiplos do metro cúbico são:

- quilômetro cúbico: km³
- hectômetro cúbico: hm³
- decâmetro cúbico: dam³

Na prática, eles são pouco utilizados.

O quadro mostra as unidades de medida derivadas do metro cúbico.

MÚLTIPLOS DO METRO CÚBICO				SUBMÚLTIPLOS DO METRO CÚBICO		
quilômetro cúbico (km³)	hectômetro cúbico (hm³)	decâmetro cúbico (dam³)	metro cúbico	decímetro cúbico (dm³)	centímetro cúbico (cm³)	milímetro cúbico (mm³)
1 000 000 000 m³	1 000 000 m³	1 000 m³	1 m³	0,001 m³	0,000 001 m³	0,000 000 001 m³

Transformação de unidades de medida de volume

Vamos fazer transformações de uma unidade de volume para outra usando este quadro.

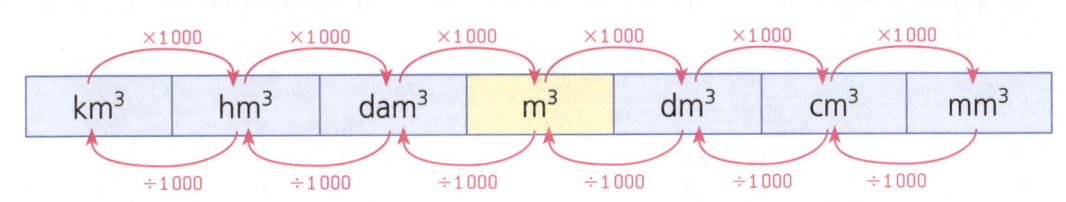

km³ — hm³ — dam³ — m³ — dm³ — cm³ — mm³ (×1 000 / ÷1 000)

a) Transformar 1,5 m³ em cm³.

$1,5 \text{ m}^3 = \boxed{?} \text{ cm}^3$

$1,5 \text{ m}^3 = (1,5 \times 1\,000 \times 1\,000) \text{ cm}^3$

ou

$1,5 \text{ m}^3 = (1,5 \times 1\,000\,000) \text{ cm}^3$

$1,5 \text{ m}^3 = 1\,500\,000 \text{ cm}^3$

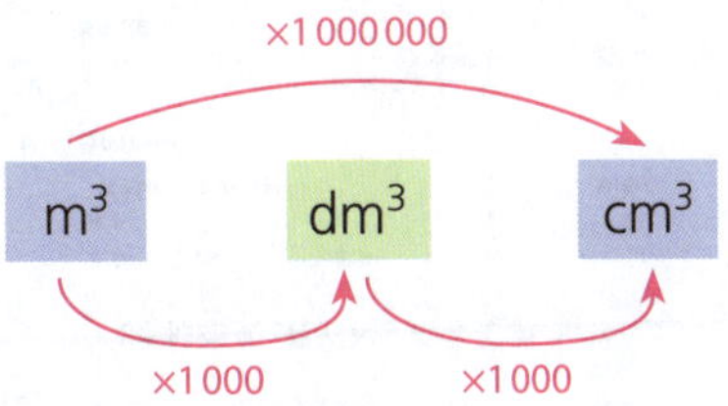

> Na prática, para multiplicar por 1 000 000, desloca-se a vírgula seis casas para a direita.

b) Transformar 500 dm³ em m³.

$500 \text{ dm}^3 = \boxed{?} \text{ m}^3$

$500 \text{ dm}^3 = (500 \div 1\,000) \text{ m}^3$

$500 \text{ dm}^3 = 0,5 \text{ m}^3$

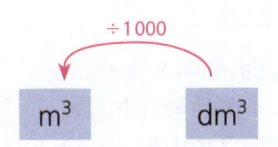

> Na prática, para dividir por 1 000, desloca-se a vírgula três casas para a esquerda.

Cálculo do volume do bloco retangular

Veja na figura as dimensões de um bloco retangular: 4 cm de comprimento, 3 cm de largura e 2 cm de altura. Para calcular seu volume, não é necessário contar os cubinhos, um a um; basta multiplicar a medida do comprimento pela medida da largura, e multiplicar o resultado pela medida da altura.

Volume = comprimento × largura × altura

V = 4 cm × 3 cm × 2 cm

V = 24 cm³

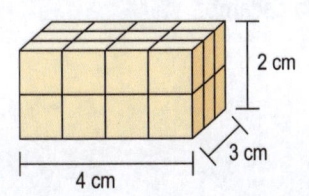

ATIVIDADES

5 Calcule o volume dos blocos retangulares:

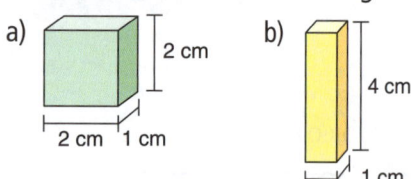

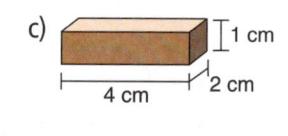

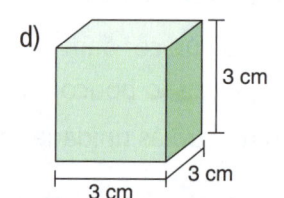

a) 2 cm × 1 cm × 2 cm

b) 1 cm × 1 cm × 4 cm

c) 4 cm × 2 cm × 1 cm

d) 3 cm × 3 cm × 3 cm

6 Nas contas residenciais de água, o volume de água consumida é medido em metros cúbicos. Por exemplo, com 75 m³ de água gastos por uma família, poderíamos encher 75 cubos com 1m³ de volume cada um. Esse volume é muito grande.

Observe a conta de água de sua residência.

- Compare o consumo dos últimos meses e verifique se ele vem aumentando ou diminuindo.
- Verifique o consumo no próximo mês e compare com o consumo do mês anterior.

7 A areia pode ser comprada em saquinhos com alguns quilogramas ou metros cúbicos.

Para entregar a areia comprada em metros cúbicos, os depósitos de material para construção normalmente utilizam um caminhão basculante como este:

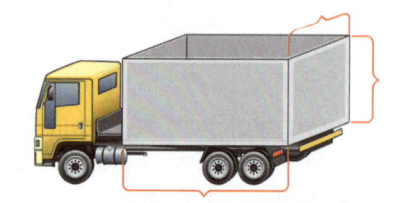

Observe as dimensões da caçamba.

a) Quantos metros cúbicos de areia, no máximo, o caminhão pode transportar?

_____ _____

b) Se tiver de transportar 125 m³ de areia e viajar com o volume máximo, quantas viagens deverá fazer?

8 Qual é o volume, em m³, de um bloco retangular com 15 cm de comprimento, 18 cm de largura e 7 cm de altura?

9 Qual é o volume de um cubo com 0,5 m de aresta?

_____

10 O tijolinho pode ser comprado por unidade ou por milheiro.

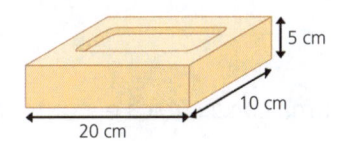

Observe as dimensões desse tijolinho e responda.

a) Qual é o volume de um tijolinho, em metros cúbicos? E em decímetros cúbicos?

_____

b) Empilhando um milheiro desses tijolos, qual será o volume ocupado pela pilha, em centímetros cúbicos?

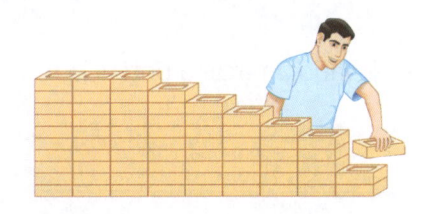

_____

c) Se colocarmos mil tijolos, um ao lado do outro, qual será o volume total ocupado por eles, em centímetros cúbicos?

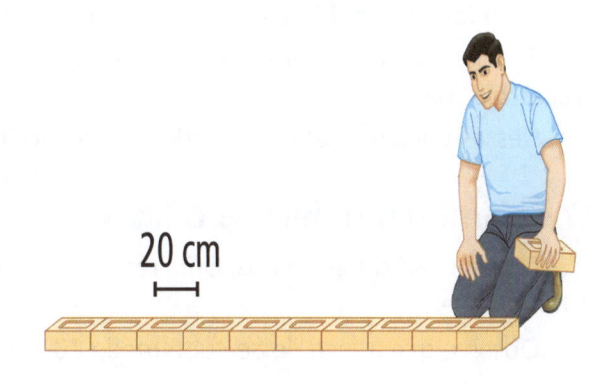

_____

E qual será o comprimento dessa fila em metros?

▶ Medidas de capacidade

Utilizamos vários tipos de recipientes: copos, jarras, panelas, caixas-d'água, bujões, garrafas etc.

Cada recipiente tem um volume interno. Dizemos que eles têm diferentes capacidades.

O **volume interno** de um recipiente é a capacidade desse recipiente.

Litro, múltiplos e submúltiplos

A unidade-padrão de medida de capacidade é o **litro** (L).

Para medir a capacidade de pequenos recipientes, podemos usar os submúltiplos do litro: o **decilitro** (dL), o **centilitro** (cL) ou o **mililitro** (mL).

Para grandes capacidades usamos os múltiplos do litro: o **quilolitro** (kL), o **hectolitro** (hL) e o **decalitro** (daL).

Dessas unidades, as mais usadas são o litro (L) e o mililitro (mL).

O decímetro cúbico e o litro

Observe as figuras abaixo. Uma representa a planificação de uma caixa cúbica e a outra a caixa com a tampa aberta.

Observe que a face desse cubo mede 10 cm × 10 cm.

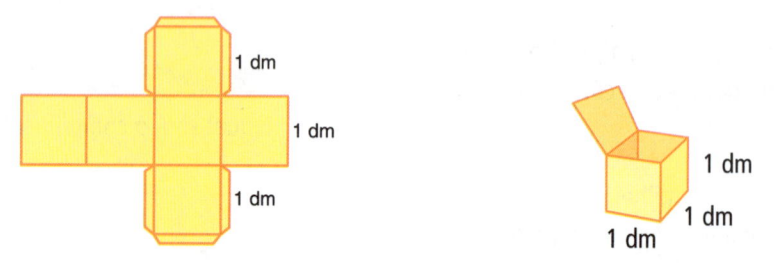

Se despejarmos na caixa com essas dimensões um litro de água, percebemos que a caixa ficará completamente cheia e não vai transbordar.

Sabemos que o volume de um cubo é o valor de sua aresta elevado à terceira potência, ou seja:

$V = a^3$

$V = 1^3$

$V = 1 \text{ dm}^3$

Como a capacidade da caixa é 1 litro, podemos concluir que:

$$1 \text{ dm}^3 = 1 \text{ L}$$

Transformação de unidades de medida de capacidade

No sistema métrico decimal cada unidade de medida de capacidade é 10 vezes maior que a unidade imediatamente inferior. Podemos fazer transformações de uma unidade de medida para outra usando este quadro.

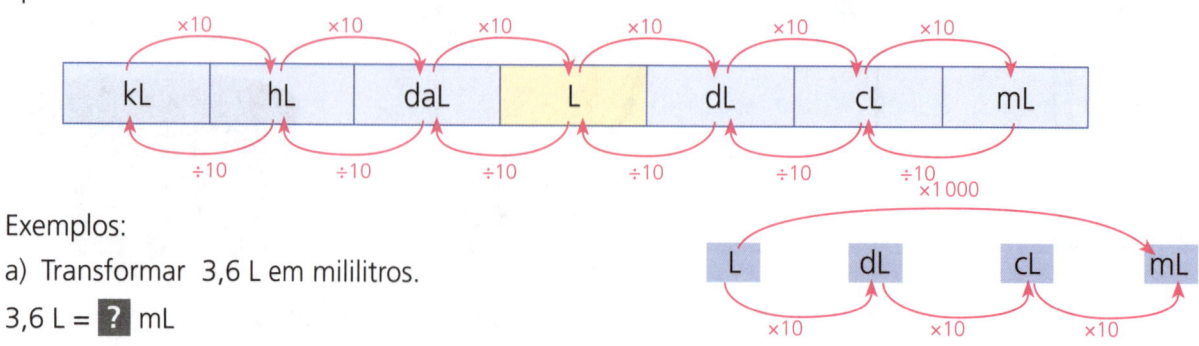

kL	hL	daL	L	dL	cL	mL

(×10 da esquerda para a direita; ÷10 da direita para a esquerda)

Exemplos:

a) Transformar 3,6 L em mililitros.

3,6 L = ? mL

Temos de multiplicar 3,6 por **10 × 10 × 10** ou **3,6 × 1 000**

Assim, temos: 3,6 L = 3 600 mL.

b) Transformar 25 m³ em litros.

Inicialmente, transformamos 25 m³ em decímetros cúbicos:

$$m^3 \xrightarrow{\times 1\,000} dm^3$$

$$25\ m^3 = 25\,000\ dm^3$$

Depois, transformamos 25 000 dm³ em litros (L).

25 000 dm³ = ? L

Depois, transformamos 25 m³ = 25 000 L

$$\times 25\,000 \begin{pmatrix} 1\ dm^3 = 1\ L \\ 25\,000\ dm^3 = 25\,000\ L \end{pmatrix} \times 25\,000$$

ATIVIDADES

11 Escolha, entre o litro e o mililitro, a unidade de medida mais adequada para medir a capacidade de:

a) caixa-d'água de uma residência _____

b) seringa de injeção _____

c) garrafa de água _____

12 Uma caixa-d'água tem 5 m³ de volume. Qual é a sua capacidade em litros? _____

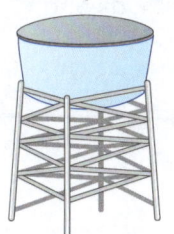

13 Veja, na figura, as dimensões de uma piscina.

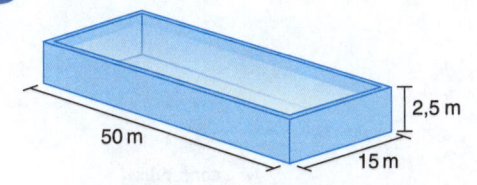

(50 m × 15 m × 2,5 m)

a) Que volume de água cabe na piscina? Dê a resposta em metros cúbicos.

_____

b) Quantos litros de água são necessários para enchê-la?

_____

14 Uma lata de refrigerante tem capacidade de 350 mL. Dê é a capacidade dessa lata em litros.

_____

15 Quantos litros de água cabem num aquário com as dimensões mostradas na figura?

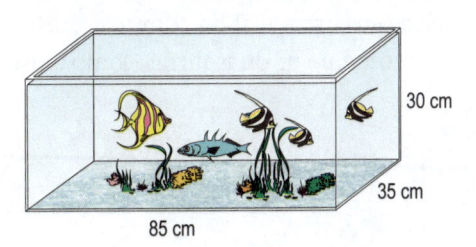

(85 cm × 35 cm × 30 cm)

16 Valéria foi ao supermercado para comprar refrigerante. A garrafa do refrigerante A tinha capacidade de 1,5 L e custava R$ 2,00 e a garrafa do refrigerante B, de 2,5 L, custava R$ 2,35.

a) Qual é o preço que Valéria deveria pagar por um litro de refrigerante, em cada caso?

_____

b) Qual das duas garrafas tem maior capacidade?

_____

c) Qual dos refrigerantes tem o melhor preço por litro?

_____

17 Uma torneira goteja 21 vezes por minuto. Supondo que o volume de uma gota seja de 0,15 cm³, quantos litros de água serão desperdiçados em uma hora? Lembre-se de que 1 hora tem 60 minutos.

18 De uma caixa que contém 1 litro de leite, Cláudia tomou 250 mL. Quantos mililitros de leite restaram na caixa?

19 Observe qual é a capacidade do tanque deste caminhão. Escreva o volume de líquido que ele pode transportar, em metros cúbicos.

25 500 L

EXPERIMENTOS, JOGOS E DESAFIOS

Quebrando a cabeça

Celso tem uma vasilha com 10 L de suco e duas jarras. A capacidade de uma é de 5 L e da outra, 3 L. Usando somente as duas jarras, como Celso poderá medir um litro de suco?

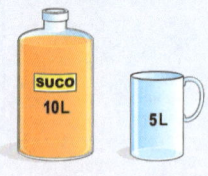

▶ Medidas da massa de um corpo

Observe estas situações:

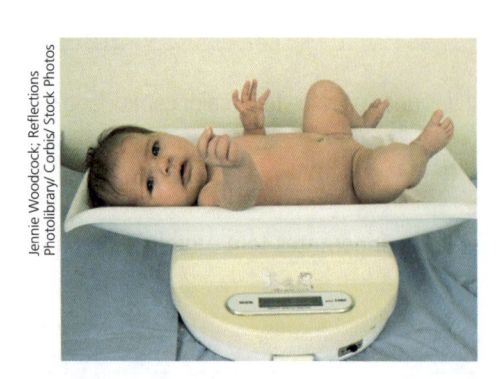

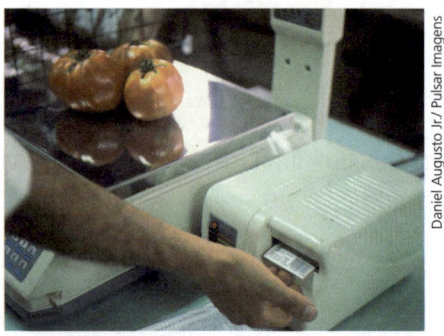

Não confundir massa com peso.

Utilizam-se instrumentos chamados balanças para medir a massa de um corpo. A **massa** é a quantidade de matéria de um corpo.

Grama, múltiplos e submúltiplos

No sistema métrico decimal, a unidade-padrão de medida de massa é o **quilograma** (kg).

O **grama** (g) é um submúltiplo do quilograma: é a milésima parte do quilograma.

$$1 \text{ kg} = 1\,000 \text{ g} \text{ ou } 1 \text{ g} = \frac{1}{1\,000} \text{ kg}$$

> Um quilograma é a massa de 1 dm^3 de água destilada, a uma temperatura de 4 °C.

Para medir pequenas massas usam-se os submúltiplos do grama: o **decigrama** (dg), o **centigrama** (cg) e o **miligrama** (mg).

Para medir grandes massas usa-se a **tonelada** ou os múltiplos do grama: o **decagrama** (dag), o **hectograma** (hg) e o **quilograma** (kg).

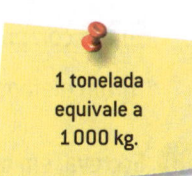

$$1 \text{ t} = 1\,000 \text{ kg}$$

> 1 tonelada equivale a 1 000 kg.

Veja, no quadro, os valores das unidades de medida de massa derivadas do kg.

MÚLTIPLOS DO GRAMA				SUBMÚLTIPLOS DO GRAMA		
quilograma (kg)	hectograma (hg)	decagrama (dag)	grama	decigrama (dg)	centigrama (cg)	miligrama (mg)
1 000 g	100 g	10 g	1 g	0,1 g	0,01 g	0,001 g

Transformação de unidades de medida de massa

Cada unidade de medida de massa é 10 vezes maior que a unidade de medida imediatamente inferior. Podemos fazer transformações de uma unidade em outra usando este quadro:

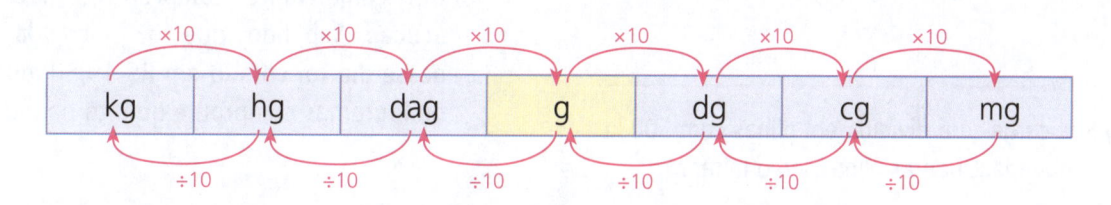

| kg | hg | dag | g | dg | cg | mg |

(×10 da esquerda para a direita; ÷10 da direita para a esquerda)

Veja um exemplo de transformação de unidade.

• Transformar 0,5 g em miligramas.

0,5 g = ? mg

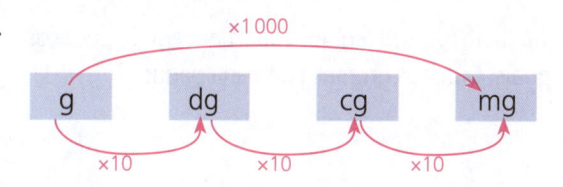

(g → dg → cg → mg, ×10 cada, total ×1 000)

Multiplicando 0,5 por 10 × 10 × 10 ou 0,5 × 1 000, temos:

$$0,5 \text{ g} = 500 \text{ mg}$$

ATIVIDADES

20 Escolha, entre o quilograma, o grama, o miligrama e a tonelada, qual é a unidade de medida mais adequada para medir a massa de.

a) uma pessoa _____

b) uma bolinha de gude _____

c) uma pera _____

d) um submarino _____

e) um comprimido _____

f) um elefante _____

21 Escreva, em gramas, a massa equivalente a:

a) 1,5 kg _____

b) 3 000 mg _____

c) 4,58 kg _____

d) 58 mg _____

22 Um caminhão, quando vazio, tem massa de 2,5 t. No momento, carrega uma carga de 18 t.

a) Qual é, em kg, a massa total desse caminhão?

_____

b) Sua carga será dividida em pilhas com 500 kg cada uma. Quantas pilhas serão feitas?

23 Um bolo de 1,8 kg foi repartido em 8 pedaços iguais. Quantos gramas tem cada pedaço?

24 Um comprimido contém 0,5 mg de determinada substância. Se uma pessoa precisar ingerir 0,01 g dessa substância, quantos comprimidos deverá tomar?

25 No comércio atacadista, para medir a massa de bovinos e suínos, costuma-se usar uma unidade de medida de massa chamada arroba, que corresponde a 15 kg.

a) Qual é a massa em quilogramas de um boi com 16 arrobas?

b) Se, em determinado dia, o preço da arroba do boi gordo era R$ 34,00, quanto foi pago por um boi de 270 kg nesse dia?

26 No comércio atacadista, o milho é vendido em sacas de 60 kg e o açúcar em sacas de 50 kg.

a) Se o preço da saca de milho em determinado dia é R$ 7,20, quanto vai custar 1,26 t de milho?

b) Um comerciante comprou 19 sacas de açúcar. Sabendo que o preço da saca nesse dia foi cotado em R$ 19,50, quantos quilogramas comprou e quanto pagou?

ATIVIDADES COMPLEMENTARES

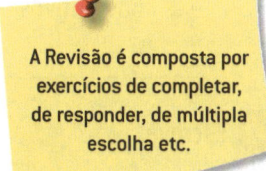

A Revisão é composta por exercícios de completar, de responder, de múltipla escolha etc.

▶ Capítulo 1 – Os números à nossa volta

1 Descreva uma situação do dia a dia em que os números sejam utilizados:

a) para contar _____

b) para ordenar _____

c) para medir _____

d) para codificar _____

2 Os números que aparecem nas camisas estão sendo usados para:

a) ordenar

b) codificar

c) contar

d) medir

3 Em qual das frases o número está sendo usado para ordenar?

a) "Peso" 32 quilogramas.

b) Ele foi o 1º colocado na competição de que participei.

c) Tenho 14 figurinhas.

d) Meu telefone é (81) 222-2222.

4 Paulo, Douglas e José fizeram o mesmo tipo de registro para mostrar quantos lápis de cor possuem:

Paulo: ☐☐☐☐ ||

Douglas: ☐ | José: ☐☐☐ |||

Quantos lápis cada um possui?

5 Num jogo, Juliana representou os pontos obtidos por um dos competidores desta forma:

☒☒☒☒ ☐

Quantos pontos esse competidor obteve? _____

6 Experiências realizadas nos mostram que os rouxinóis são capazes de reconhecer quantidades de objetos menores que quatro. A partir dessa afirmação, você pode dizer que os rouxinóis sabem contar? Justifique sua resposta.

_____

_____

7 Quais destes pares de números não são consecutivos?

a) 11 e 12

b) 23 e 24

c) 24 e 26

d) 29 e 30

8 Qual é o único número natural que não tem antecessor? Justifique.

_____

_____

9 Indique o sucessor e o antecessor dos seguintes números naturais:

a) _____ 5 _____

b) _____ 10 000 _____

10 Qual é o sucessor de 9 999?

_____

211

11 Responda às questões.

a) Qual é o sucessor do número 1 099? _____

b) Qual é o antecessor do número 20 100? _____

c) Escreva uma sequência de quatro números pares consecutivos.

_____

12 Escreva:

a) o conjunto dos números naturais ímpares compreendidos entre 4 e 20

_____

b) o conjunto dos números naturais pares, maiores que 7 e menores que 17

_____

_____

13 Qual dos números é o que está faltando na reta numérica? _____

0   6   12   18   ▢   30

Capítulo 2 – Sistema de numeração indo-arábico

1 Escreva uma característica do sistema de numeração que utilizamos no Brasil.

_____

2 Represente os seguintes números no ábaco.

a) 209

b) 3 640

3 Em qual dos itens o número 2 104 está decomposto corretamente?

a) 2 000 + 100 + 4   c) 2 000 + 4

b) 2 000 + 100 + 40   d) 200 + 100 + 4

4 No número 75 704, diga que algarismo ocupa a ordem:

a) das unidades simples _____

b) das centenas simples _____

c) das dezenas de milhar _____

5 Qual é o valor posicional do algarismo 4 nos números a seguir?

a) 4 005 _____

b) 858 649 999 _____

c) 30 407 _____

d) 8 583 340 056 098 _____

6 Considerando o sistema de numeração indo-arábico, escreva:

a) o menor número de 3 algarismos _____

b) o menor número de 3 algarismos distintos (diferentes) _____

c) o maior número formado por 4 algarismos _____

d) o maior número formado por 4 algarismos distintos _____

7 Usando apenas os algarismos 2, 6, 9 e 7, sem repeti-los, escreva:

a) o menor número _____

b) o maior número _____

c) o menor número par _____

d) o maior número que tem o 6 como algarismo das unidades de milhar _____

8 Entre os números abaixo, o menor com 4 algarismos distintos é:

a) 9 999   c) 1 234   e) 1 023

b) 9 876   d) 1 000

9 Segundo o Censo 2010, a área do Mato Grosso do Sul é de aproximadamente 357145 km². O valor desse número, quando arredondado para a dezena de milhar mais próxima, é:
a) 35 000
b) 360 000
c) 400 000
d) 300 000
e) 350 000

10 O quadro mostra a área em quilômetros quadrados das maiores ilhas do mundo e a que países pertencem.

MAIORES ILHAS DO MUNDO

Nome	País a que pertence	Área (km²)
Groenlândia	Dinamarca	2 175 000
Nova Guiné	Papua Nova Guiné, Indonésia	785 000
Bornéu	Indonésia, Malásia, Brunei	736 000
Madagáscar	Madagáscar	587 041
Baffin	Canadá	476 065
Sumatra	Indonésia	420 000
Grã-Bretanha	Reino Unido	229 885
Honshu	Japão	227 414
Vitória	Canadá	212 199

Fonte: *Atlante di Agostini*.

a) Arredonde a área da Groenlândia, de Nova Guiné e de Bornéu para a centena de milhar mais próxima.

b) Arredonde as áreas da Ilha de Madagáscar e de Baffin para a dezena de milhar mais próxima.

c) Arredonde a área da Grã-Bretanha, de Honshu e de Vitória para a unidade de milhar mais próxima.

Capítulo 3 – Antigos sistemas de numeração

1 Escreva os números no sistema de numeração indo-arábico:

a) _____

b) _____

c) _____

d) _____

2 Na República Árabe do Egito, o árabe é o idioma oficial. Ela se localiza no nordeste da África e tem uma área de ⌇⌇⌇⌇⌇ quilômetros quadrados.
Represente esse número no sistema de numeração indo-arábico. _____

3 O número ⌇⌇⌇⌇⌇ está representado no sistema egípcio. Em nosso sistema de numeração esse número é representado por:
a) 1 352
b) 1 532
c) 1 325
d) 1 523

4 O rio mais importante do Egito é o Nilo. Ele tem mais de 6 000 quilômetros de comprimento.
Represente esse número no sistema de numeração egípcio.

5 O maior número que se pode escrever no sistema egípcio usando-se somente os símbolos | e ∩ é:
a) 9
b) 99
c) 999
d) 9 999

6 Represente os números abaixo no sistema de numeração romano:
a) 275 _____
b) 1 058 _____
c) 3 649 _____
d) 10 360 _____

213

7 O brasileiro Santos Dumont, inventor do avião, nasceu em 1873 e morreu em 1932.

Represente no sistema de numeração romano:

a) o século ao qual pertence o ano de nascimento de Santos Dumont _____

b) o século ao qual pertence o ano de seu falecimento _____

8 No sistema de numeração decimal, CDXXVI é representado por:

a) 424   c) 624

b) 426   d) 626

9 A cidade de Santos, em São Paulo, tem mais de 418 000 habitantes. Esse número, na numeração romana, é representado por:

a) CDXVIII   b) CDVXIII   c) $\overline{\text{CDXVIII}}$ d) $\overline{\text{CDVXIII}}$

10 O menor número que se pode escrever no sistema romano, usando-se somente os símbolos C e X, é:

a) 410   b) 100   c) 110   d) 90

11 Responda e justifique: qual das representações está correta quando escrevemos o número 499 no sistema de numeração romano?

a) ID   b) CDXCIX

_____

▶ Capítulo 4 – Estudos iniciais de Geometria

1 É possível traçar mais retas pelo ponto P? Quantas?

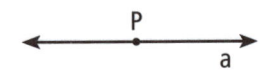

_____
_____

2 Observe a figura. Quantas semirretas podemos traçar com origem nos pontos A, B ou C?

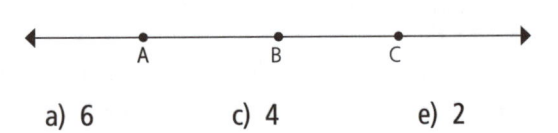

a) 6   c) 4   e) 2

b) 5   d) 3

3 Sabendo que os segmentos $\overline{AB}$, $\overline{BC}$, $\overline{CD}$, $\overline{DA}$, $\overline{EF}$, $\overline{FG}$, $\overline{GH}$, $\overline{HE}$, $\overline{AE}$, $\overline{BF}$, $\overline{CG}$ e $\overline{DH}$ são as arestas deste bloco retangular:

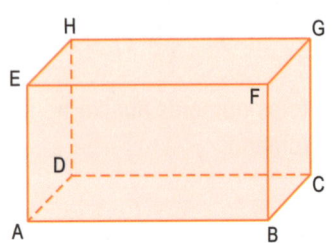

a) Os segmentos $\overline{AB}$ e $\overline{CG}$ são consecutivos?

_____

b) Os segmentos $\overline{AB}$ e $\overline{BC}$ são consecutivos?

_____

c) Eles são colineares? _____

d) Existem nesse bloco retangular dois segmentos colineares? _____

4 Nesta figura, temos:

AB = 2 · AC e AC = 2 · BD

Se A corresponde ao número zero e $\overline{BD}$ mede três centímetros:

a) Que número natural corresponde ao ponto C?

_____

b) Qual é a medida do segmento $\overline{CD}$? _____

> É fácil! Pense em como os números estão colocados numa régua.

214

5 Usando ⊢—⊣ (u) como unidade de medida, os lados BC e CD do retângulo ABCD medem, respectivamente:

a) 1 u e 2 u   c) 3 u e 4 u   e) 3 u e 5 u
b) 2 u e 3 u   d) 2 u e 4 u

6 O ângulo assinalado nesta figura mede:

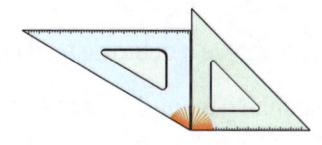

a) 120°   b) 130°   c) 140°   d) 150°

7 Use o transferidor ou o esquadro para determinar a medida do ângulo assinalado neste triângulo.

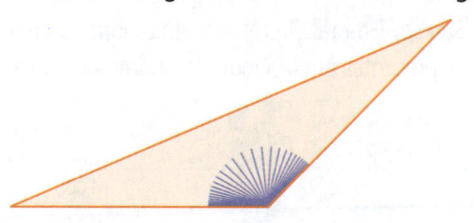

8 Nesta figura todos os ângulos têm a mesma medida.

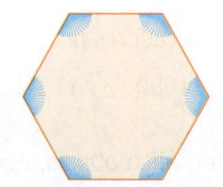

Quanto mede cada um?

a) 60°   b) 120°   c) 150°   d) 145°

9 Os três ângulos assinalados na figura têm a mesma medida. Essa medida é representada pela letra x. Qual é o valor de x? _____

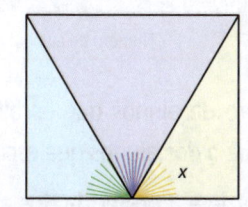

10 Nesta figura há dois ângulos retos. Quais são eles?

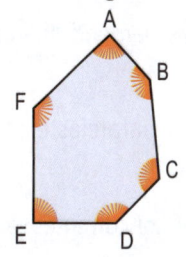

a) Â e B̂   b) Ĉ e D̂   c) Â e Ê   d) F̂ e D̂

11 Quanto mede cada ângulo formado por duas retas perpendiculares? _____

12 A figura representa esquematicamente a rampa que dá acesso à entrada de uma escola. Nela estão assinalados três ângulos. Classifique-os como agudo, reto ou obtuso.

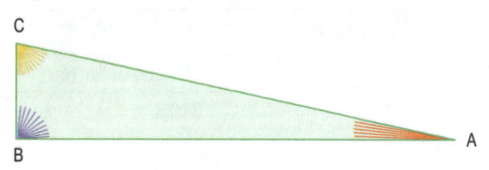

13 Observe a figura.

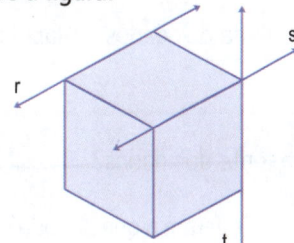

Diga se estes pares de retas são paralelas ou perpendiculares.

a) r e s _____
b) s e t _____

14 Observe a ilustração e escolha a alternativa correta:

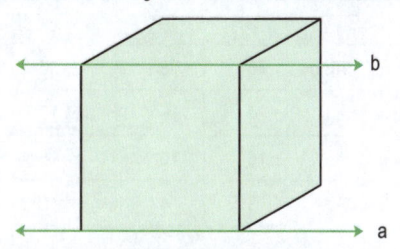

a) a e b não estão no mesmo plano.
b) a e b são retas paralelas.
c) a e b são retas concorrentes.
d) a e b são retas perpendiculares.

215

15 Qual das alternativas é a incorreta?

a) Duas retas perpendiculares são sempre concorrentes.

b) Duas retas paralelas estão sempre no mesmo plano.

c) Duas retas concorrentes são sempre perpendiculares.

d) Duas retas concorrentes podem ser oblíquas.

16 Classifique como verdadeira (V) ou falsa (F) cada sentença.

(   ) Dois segmentos que não têm ponto em comum são paralelos.

(   ) Duas retas que não têm ponto em comum são paralelas.

(   ) Duas retas num mesmo plano que não têm ponto em comum são paralelas.

(   ) Duas retas que não estão num mesmo plano podem ser concorrentes.

Capítulo 5 – Estatística

1 Observe os dados da tabela:

LÍDERES EM DESMATAMENTO (2000 – 2005)	
Países	Área desmatada anualmente (em km²)
1º Brasil	31 000
2º Indonésia	18 700
3º Sudão	5 900

Fonte: Banco Mundial.

a) Qual é o tema dos dados da tabela?
_____

b) Qual é a fonte dos dados? _____

c) Os dados se referem a que período? _____

d) Qual é o país líder em desmatamento nesse período? _____

2 (Saresp, modificado) A tabela abaixo indica o número de medalhas de alguns países na Olimpíada de 2008.

PAÍSES	OURO	PRATA	BRONZE	TOTAL
Estados Unidos	36	38	36	110
França	7	16	17	40
Alemanha	16	10	15	41
Brasil	3	4	8	15

Com base nas informações da tabela é correto afirmar que:

a) Os Estados Unidos obtiveram 73 medalhas a mais que a França.

b) A França obteve o dobro de medalhas do Brasil.

c) A Alemanha ganhou 26 medalhas a mais que o Brasil.

d) O Brasil obteve 12 medalhas a menos que a França.

3 (Saresp) Esta tabela representa o número de torcedores presentes em um jogo de Corinthians × Palmeiras.

NÚMERO DE TORCEDORES	CORINTHIANS	PALMEIRAS
Homens	1 200	1 000
Mulheres	800	700
Crianças	150	250

O número de torcedores nesse jogo foi:

a) 4 100   b) 4 000   c) 2 150   d) 1 950

4 Com base no gráfico abaixo, podemos dizer que, na escola pesquisada:

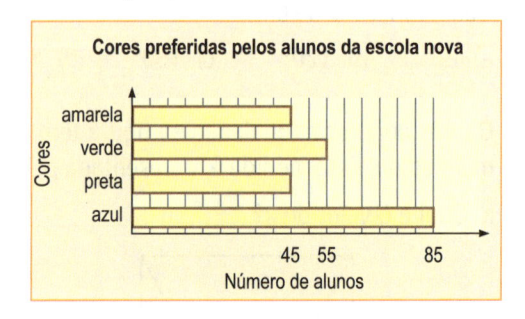

Cores preferidas pelos alunos da escola nova

a) O número de alunos que escolheram o verde é maior que o dos alunos que escolheram o azul.

b) A cor verde é a preferida dos alunos.

216

c) Participaram da votação 185 alunos.

d) A mesma quantidade de alunos escolheu a cor amarela e a cor preta.

5 (Saresp, modificado) O professor fez uma figura na lousa, dividiu-a em várias partes iguais e pediu que quatro alunos as colorissem de quatro maneiras diferentes. Ao final, a figura ficou assim:

Depois, pediu que representassem, em um gráfico, o número de partes de cada cor. Qual destes gráficos foi feito corretamente?

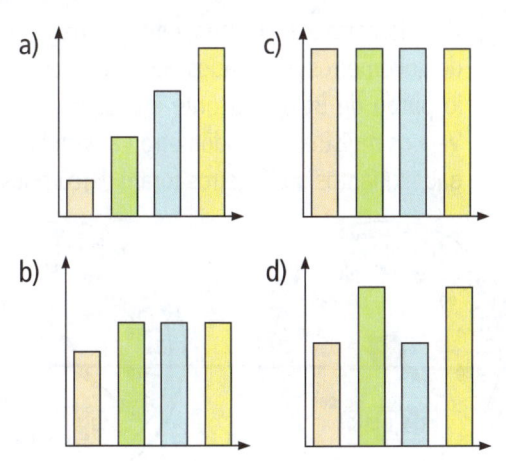

a)   c)

b)   d)

6 (Saresp) O professor de Educação Física perguntou aos alunos da 3ª série qual era o seu esporte preferido. Todos os alunos responderam indicando um esporte apenas. O resultado dessa consulta pode ser visto neste gráfico:

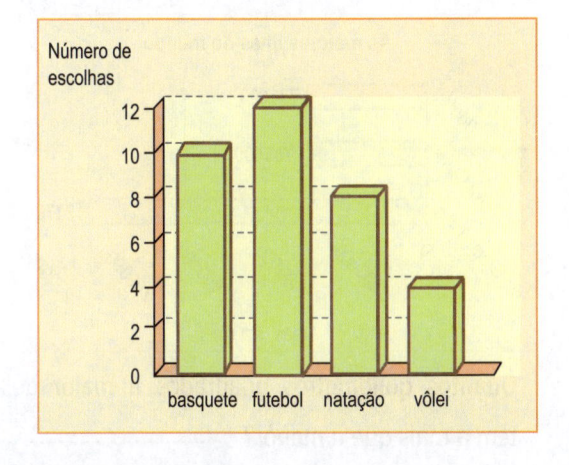

Com base no gráfico é correto afirmar que:

a) Doze alunos escolheram basquete.

b) Dez alunos escolheram natação.

c) A metade da classe indicou futebol.

d) Nessa classe há 34 alunos.

7 Os alunos do 6º ano resolveram fazer uma pesquisa estatística sobre as cores dos carros dos professores. Após o levantamento de dados, fizeram um gráfico de colunas.

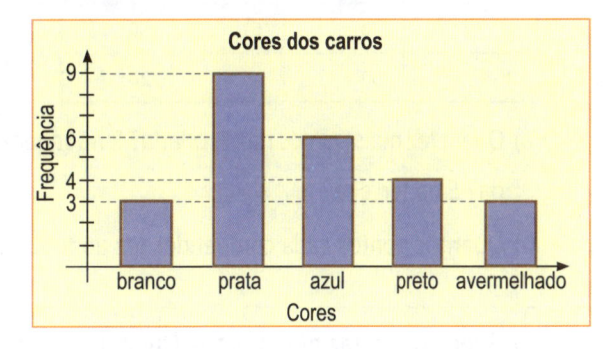

a) Quantos carros foram pesquisados pelos alunos? _____

b) Qual foi a cor de carro mais frequente?

_____

E a menos frequente?

_____

8 A tabela mostra o número de municípios de quatro estados brasileiros, em 2010:

ESTADOS	ACRE	AMAPÁ	RORAIMA	SERGIPE
nº de municípios	22	16	15	75

Utilize um papel quadriculado para representar esses dados em um gráfico de colunas.

217

Capítulo 6 – Operações com números naturais

1 Numa fábrica, 435 pessoas trabalham no período matutino e 380 no noturno. Quantas pessoas trabalham nessa fábrica?

2 Os participantes de um jogo anotaram os pontos na tabela abaixo:

	PONTOS POR JOGADOR		
Rodadas	Cláudia	Felipe	Diego
1ª	35	84	115
2ª	78	61	50
3ª	30	45	28

a) Quem fez mais pontos na 1ª rodada? E na segunda? E na terceira? _____

b) Quantos pontos cada competidor fez ao todo? _____

c) Ganha quem faz mais pontos. Quem foi o vencedor? _____

d) Quantos pontos o primeiro colocado fez a mais que o segundo colocado? _____

3 Marcos fez um muro de 300 metros de comprimento. No primeiro dia fez 50 metros e a partir do segundo dia fez sempre 5 metros a mais que no dia anterior. Quantos dias levou para fazer esse muro?

a) 4   c) 6   e) 8
b) 5   d) 7

4 A soma do maior com o menor número de três algarismos distintos é:

a) 1 085   c) 1 087   e) 1 088
b) 1 086   d) 1 089

5 A soma do antecessor de 1 000 ao sucessor de 10 000 é igual a _____

6 Em qual dos itens é usada a propriedade associativa da adição?

a) 2 + 3 = 3 + 2
b) 31 + 0 = 31
c) (1 + 2) + 3 = 1 + (2 + 3)
d) 3 + 4 = 4 + 3

7 Encontre os números desconhecidos.

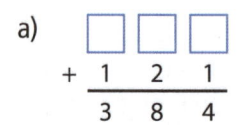

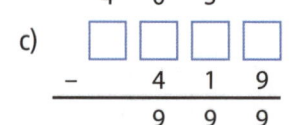

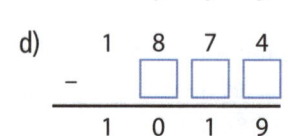

a)
```
    □ □ □
  + 1 2 1
  -------
    3 8 4
```

b)
```
    3 9 7
  +     □
  -------
    4 0 5
```

c)
```
  □ □ □ □
  -   4 1 9
  ---------
      9 9 9
```

d)
```
    1 8 7 4
  -     □ □ □
  -----------
      1 0 1 9
```

8 O hodômetro é um instrumento que marca o número de quilômetros percorridos pelos veículos. Um veículo partiu de Belo Horizonte e chegou a São Paulo. Veja os registros do hodômetro na partida e na chegada: quantos quilômetros foram percorridos?

Partida: 35898   Chegada: 36479

_____

9 O gráfico mostra as três maiores ilhas do mundo.

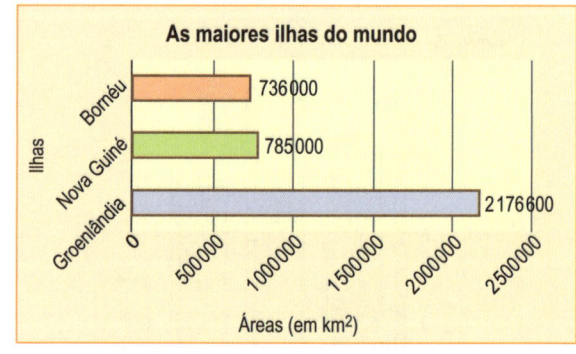

As maiores ilhas do mundo

- Bornéu: 736 000
- Nova Guiné: 785 000
- Groenlândia: 2 176 600

Áreas (em km²)

Quantos quilômetros quadrados a maior delas tem a mais que a menor? _____

10 Qual sentença é correta?

a) A subtração, no conjunto dos números naturais, é comutativa.

b) No conjunto dos números naturais, a subtração é associativa.

c) No conjunto dos números naturais, a subtração só pode ser realizada quando o minuendo for maior que o subtraendo.

d) O elemento neutro da subtração é um.

11 (Saresp) Juliana tem três pares de tênis e quatro pares de meias. De quantas maneiras diferentes ela pode calçar seus pés com um par de meias e um de tênis?

a) 12   b) 7   c) 8   d) 14

12 Uma empresa fabrica três modelos de bicicletas, que podem ser pintadas nas cores branca, verde, preta ou azul. Escolhendo um modelo e uma cor, quantos tipos de bicicletas podem ser fabricados?

_____

13 Um pacote de açúcar "pesa" 5 kg. Calcule mentalmente quanto "pesam":

a) 10 pacotes _____

b) 100 pacotes _____

c) 1 000 pacotes _____

14 Calcule mentalmente:

a) 184 × 74 × 36 × 0 _____

b) 785 × 10 000 _____

c) 2 × 138 × 5 _____

d) 1 000 × 1 × 14 _____

e) 47 × 200 × 5 _____

f) 2 × 31 × 50 _____

15 Calcule estes produtos:

a) 20 × 31   d) 2 × 68

b) 30 × 62   e) 28 × 3

c) 10 × 81   f) 47 × 6

16 Uma torneira com goteira desperdiça, aproximadamente, 46 litros de água por dia. Calcule quantos litros serão desperdiçados em um mês.

Considere um mês de 30 dias.

17 (Saeb) Um refeitório de uma escola agrícola precisa de mesas novas, cada uma com 4 cadeiras. Essas mesas serão distribuídas nas 3 partes do refeitório. Em cada parte cabem 7 fileiras e em cada fileira 12 mesas. Quantas mesas e cadeiras serão necessárias para ocupar todo o refeitório?

a) 84 e 336

b) 120 e 480

c) 252 e 1 008

d) 336 e 1 344

18 Sabendo que 1 dia tem 24 horas, que 1 hora tem 60 minutos e que 1 minuto tem 60 segundos, quantos segundos têm dois dias? _____

19 (Saeb) As barras de chocolate "Deleite" são entregues pela fábrica em caixas com 12 pacotes, com 10 barras em cada pacote. O senhor Manoel encomendou 8 caixas desse chocolate para vender na cantina da escola.

Ajude o senhor Manoel a conferir a quantidade de barras recebidas.

a) 8 × 12 = 96 barras

b) 12 × 10 = 120 barras

c) 8 × (12 × 10) = 8 × 120 = 960 barras

d) 8 × (12 × 10) = 176 barras

20 A qual operação se refere a frase: a ordem dos fatores não altera o produto? _____

21 Maria quer distribuir 297 livros em 9 caixas. Quantos livros colocará em cada caixa? _____

22 Um carro faz, em média, 17 quilômetros com um litro de combustível. Quantos litros serão necessários para percorrer 2 091 quilômetros?

_____

23 Quais dessas divisões não são exatas?

a) 1 335 ÷ 7   c) 3 570 ÷ 13

b) 2 358 ÷ 9   d) 8 759 ÷ 19

24 É preciso colocar 237 garrafas em engradados que comportam 12 garrafas cada um.

a) Quantos engradados são necessários?

b) Quantas garrafas são colocadas no engradado incompleto?

25 (Saeb) Uma doceira vende suas cocadas em embalagens de 24 unidades. Para vender 2 448 cocadas, quantas embalagens são necessárias?

a) 12   b) 48   c) 102   d) 120

26 Calcule mentalmente estes quocientes:

a) 540 ÷ 9   c) 428 ÷ 4

b) 210 ÷ 10   d) 305 ÷ 5

27 Qual sentença é incorreta?

a) O dobro de 23 é 46.

b) O triplo de 121 é 363.

c) A metade de 2 800 é 1 400.

d) A metade de 3 240 é 1 620.

e) A terça parte de 360 é 110.

28 Pensei em um número. Multipliquei esse número por 12. Adicionei 8 ao resultado e obtive 176. Em que número pensei?

$$\boxed{?} \times 12 + 8 = 176$$

a) 12   c) 14   e) 16

b) 13   d) 15

29 Pensei em um número, subtraí 11 e obtive 2 069. Em que número pensei?

30 Pensei em um número, adicionei 135 e obtive 807. Em que número pensei?

31 Numa divisão exata, o divisor é 73 e o quociente 81. Qual é o dividendo?

32 Arredonde os dados deste quadro para a centena mais próxima. Qual foi o consumo aproximado de energia elétrica no período?

MÊS	Consumo (em kWh)	Arredondando
JAN.	138	
FEV.	215	
MAR.	251	
ABR.	285	
MAIO	205	
JUN.	259	

33 Daniela tinha R$ 530,00 em sua conta bancária. Fez uma retirada de R$ 190,00 e dois depósitos de R$ 159,00 cada um. Qual é o saldo bancário após essas movimentações? _____

34 Qual das sentenças é incorreta?

a) $(20 + 2) \div 2 = 11$

b) $2 \times (8 + 4 - 1) = 22$

c) $14 \div 2 - 1 = 14$

d) $14 \div (2 - 1) = 14$

35 Carlos comprou um *notebook*, uma impressora multifuncional e uma câmera digital, pagando em quatro vezes sem juros. Qual foi o valor de cada prestação? _____

multifuncional R$ 290,00

câmera digital R$ 790,00

notebook R$ 999,00

36 A quantia de R$ 348,00 será distribuída entre três irmãos. O mais velho receberá o mesmo valor que o do meio e o caçula juntos. O do meio receberá o dobro do caçula.

Sabendo que o caçula receberá R$ 58,00, o filho do meio e o mais velho receberão, respectivamente:

a) R$ 116,00 e R$ 58,00

b) R$ 174,00 e R$ 116,00

c) R$ 116,00 e R$ 174,00

d) R$ 58,00 e R$ 116,00

37 Sabendo que $3^4 = 81$, quanto vale 3^3? E 3^5?

_____

_____

38 Qual é o próximo número da sequência 4, 9, 16,...?

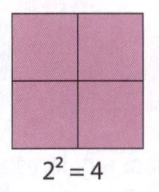

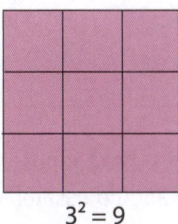

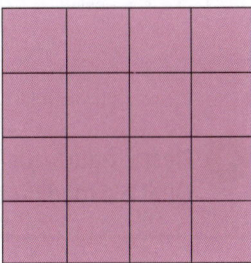

$2^2 = 4$

$3^2 = 9$

$4^2 = 16$

a) 25   c) 36   e) 81

b) 49   d) 54

39 Calcule:

a) 2^5 _____

b) 13^2 _____

c) 17^3 _____

d) 3^6 _____

e) $1^{1\,000}$ _____

f) 0^{205} _____

g) $1\,057^0$ _____

40 O cubo de $\boxed{2}$ e a raiz quadrada de $\boxed{9}$ são, respectivamente _____

41 Determine o valor da expressão:

$\sqrt{225} - \sqrt{49} + \sqrt{25}$

42 O valor de $\sqrt{16} + 3^2$ é: _____

43 Ao multiplicar $\sqrt{121}$ pelo resultado da expressão $25 \times (\sqrt{4} + 3^2)$, obtemos como produto o número:

a) 3 872

b) 4 577

c) 4 578

d) 4 579

e) 4 580

44 O resultado da expressão $3^2 + 4^2 \times [2 - (\sqrt{81} - 2^3)]$ é:

a) 22

b) 23

c) 24

d) 25

e) 26

45 Determine o valor destas expressões:

a) $(3 \times 13 - 7) - [15 + 1 \times (\sqrt{16} \times 2 + 4) - 2 \times 3^2]$

_____

_____

b) $2^5 - (2^2 \times \sqrt{4} + 1) \div 3 - \{[(\sqrt{9} - 20^0) + 4^2] \div 6^1\}$

_____

_____

c) $800 - 20^2 + [(40 - 32 + 1) \times 2] \div (4^0 + \sqrt{4})$

_____

_____

d) $[(3^4 \times 6 + 1000^0) \div (486^1 + 486^0)] \times 486$

_____

Capítulo 7 – Ampliando o estudo da Geometria

1 Classifique cada figura como plana ou espacial:

a)    c)

b)    d)

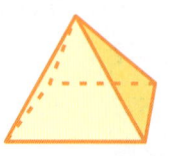

2 Classifique estes polígonos em convexo ou não convexo.

a)    c)

b)    d)

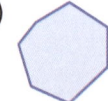

3 (Saresp) Nesta figura tem-se representado um canteiro de flores que foi construído com a forma de quadrilátero de lados iguais e, dois a dois, paralelos. Sua forma é a de um:

a) trapézio   c) losango
b) retângulo   d) quadrado

4 Na figura abaixo, r é paralela a s; b é paralela a c e as retas m e n são concorrentes.

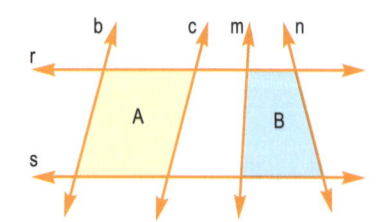

Que nome se dá ao quadrilátero A? E ao quadrilátero B? _____

5 Entre os triângulos há um tipo que é regular. Qual é o nome desse triângulo?

_____

6 Entre os quadriláteros, apenas um é regular. Qual é o nome desse quadrilátero? _____

7 Este polígono é regular? Justifique sua resposta.

_____
_____

8 Os triângulos desta figura são equiláteros. Qual é a medida dos ângulos x e y?

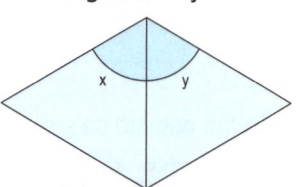

_____

9 Nesta figura, os três hexágonos são regulares. Qual é a medida do ângulo assinalado?

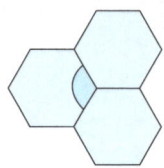

10 Esta caixa tem a forma de um bloco retangular:

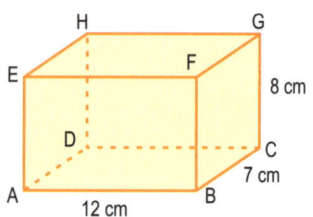

a) Quais são as arestas que medem 12 cm?
_____

b) Quais são as arestas que medem 7 cm?
_____

c) Quais são as arestas que medem 8 cm?
_____

11 Neste bloco retangular, $\overline{AB}$ mede 12 cm e $\overline{FG}$ mede 7 cm. Então, é possível afirmar que:

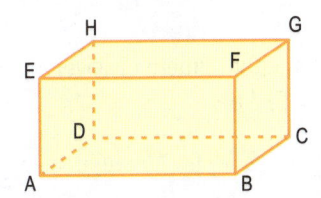

a) $\overline{DH}$ mede 7 cm   c) $\overline{BC}$ mede 12 cm

b) $\overline{DA}$ mede 7 cm   d) $\overline{AE}$ mede 12 cm

12 Para montar esta figura é preciso desenhar a planificação numa cartolina, recortar, dobrar e montar.

Para isso, qual dos desenhos deve ser feito na cartolina?

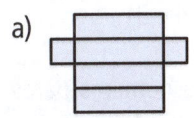

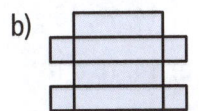

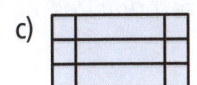

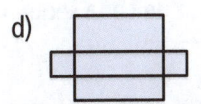

a)

b)

c)

d)

13 A soma de todas as medidas das arestas de um cubo é 120 cm. Colocando-se 10 desses cubos em fila, um ao lado do outro, forma-se um paralelepípedo. Qual é a soma de todas as medidas das arestas desse paralelepípedo?

14 Qual destas figuras é a planificação de um cubo?

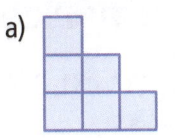

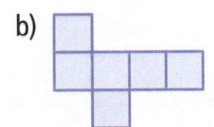

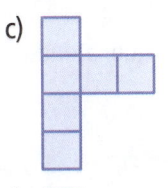

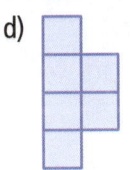

a)

b)

c)

d)

15 Qual cubo pode ser construído desta planificação?

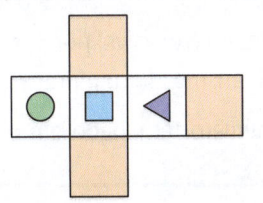

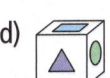

a)   b)   c)   d)

16 (Saresp) Juliana foi comprar cristais e o vendedor lhe mostrou alguns de formas diferentes:

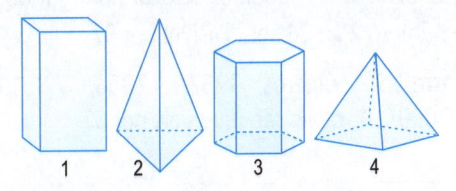

Ela se decidiu por duas pirâmides.
Os cristais escolhidos foram:

a) 1 e 2   b) 2 e 3   c) 2 e 4   d) 3 e 4

Capítulo 8 – Divisibilidade, múltiplos, divisores e sequências numéricas

1. Considere os números 54, 68, 137, 431, 382 e 490. Escreva quais desses números são:

   a) divisíveis por 2 _____

   b) divisíveis por 3 _____

   c) divisíveis por 4 _____

   d) divisíveis por 5 _____

2. Encontre o número natural que atenda a estas condições:
   - é menor que 435
   - é maior que 410
   - é divisível por 15

3. Qual sentença está incorreta?

   a) Todo número par é divisível por 2.

   b) Um número é divisível por 3 quando a soma de seus algarismos for um número divisível por 3.

   c) Todo número terminado em 0 ou 5 é divisível por 5.

   d) Todo número divisível por 2 e 3, ao mesmo tempo, é divisível por 6.

   e) Um número é divisível por 8 quando a soma dos três últimos algarismos for divisível por 8.

4. Que algarismos podemos colocar no lugar do ■ para o número 2■364 ser divisível por 3?

5. Entre os números 3257, 12354, 7351110 e 10000001, quais são divisíveis por 6?

6. O número 811■ possui quatro algarismos e é divisível por 6. Então, o valor do algarismo ■ pode ser:

   a) 1   b) 2   c) 3   d) 4   e) 5

7. Um número é divisível por 2, 3 e 5 ao mesmo tempo. Esse número é:

   a) 100   c) 120   e) 140

   b) 110   d) 130

8. Escreva o menor número divisível ao mesmo tempo por 2, 3, 4, 5, 7 e 9.

9. Responda.

   a) A sequência dos números ímpares é finita ou infinita? _____

   b) Quanto devemos adicionar a um número qualquer dessa sequência para obter o próximo número? _____

10. (Saresp) Ana está escrevendo uma sequência de sete números: 4, 6, 9, 13, 18, ■, ■.
    Os números que ela ainda deverá escrever são:

    a) 20 e 31   c) 24 e 30

    b) 22 e 33   d) 24 e 31

11. Qual sequência representa números pares maiores que 12 e menores que 20?

    a) 12, 14, 16, 18 e 20   c) 14, 16, 18 e 20

    b) 12, 14, 16 e 18   d) 14, 16 e 18

12. Calcule a soma dos nove primeiros números ímpares.

13. Determine o próximo termo de cada sequência:

    a) 2, 5, 3, 5, 4, 5, 5, ...

    b) 2, 8, 32, 128, ...

14. O quinto número da sequência 8, 24, 72, 216... é:

    a) 648   b) 647   c) 646   d) 645

15. O número 13 é múltiplo de 2? Por quê?

16. Pode existir um número que seja o maior múltiplo de 5? Por quê?

17 Responda:

a) Ao adicionar um múltiplo de 7 a outro múltiplo de 7, sempre teremos como resultado outro múltiplo de 7? _____

b) Ao multiplicar um múltiplo de 5 por outro múltiplo de 5, sempre teremos como resultado outro múltiplo de 5? _____

c) Ao dividir um múltiplo de 10 por outro múltiplo de 10, sempre teremos como resultado outro múltiplo de 10? _____

18 Qual é o menor múltiplo de 17, maior que 323?
a) 370   b) 360   c) 350   d) 340

19 Sabe-se que um número atende a estas condições:
- é divisível por 4
- é múltiplo de 3
- não é múltiplo de 5
- está entre 100 e 130

Encontre esse número. _____

20 Identifique o conjunto dos divisores de 48.
a) A = {1, 2, 4, 6, 8, 12, 24, 48}
b) B = {1, 2, 3, 6, 8, 16, 24, 48}
c) C = {1, 2, 3, 4, 12, 16, 24, 48}
d) D = {1, 2, 3, 4, 6, 8, 12, 16, 24, 48}

21 Responda:

a) Existe um número natural que é divisor de todos os números naturais? Em caso afirmativo, identifique-o. _____

b) Existe um número natural que é múltiplo de todos os números naturais? Em caso afirmativo, identifique-o. _____

22 Determine a sentença falsa:
a) 1 122 é divisível por 11.
b) O menor múltiplo de 11 maior que 165 é 176.
c) 17 é divisor de 459.
d) 222 é divisível por 4.

23 (Saresp) Paulo deseja distribuir 60 bolas de gude de maneira que todos os favorecidos recebam a mesma quantidade, sem sobrar nenhuma bolinha. Para qual dos grupos ele poderá fazer corretamente a distribuição?
a) Seus seis primos.
b) Seus sete sobrinhos.
c) Seus oito vizinhos.
d) Seus onze colegas.

24 Gilson tem dois rolos de corda. Um com 48 m e outro com 52 m. Quer dividi-los em pedaços iguais e do maior tamanho possível. O comprimento de cada pedaço será de:
a) 1 metro   c) 3 metros   e) 5 metros
b) 2 metros   d) 4 metros

25 Verifique se os números 137, 231 e 583 são primos.
_____

26 Qual das alternativas é a falsa?
a) 5 é número primo.
b) Existem infinitos números primos terminados com o algarismo 2.
c) 10 102 não é número primo.
d) Existe um único número primo terminado com o algarismo 2.
e) A soma de dois números primos ímpares é sempre par.

27 Os fatores primos do número 17 640 são:
a) 2, 5, 11
b) 2, 3, 5
c) 2, 3, 5, 7
d) 2, 3, 7, 11
e) 2, 3, 5, 7, 11

28 Escreva os cinco primeiros múltiplos de 15.

a) Quais deles também são múltiplos de 2?
_____

b) Qual é o mmc (2, 15)? _____

29 Calcule mentalmente:

a) mmc (2, 5) _____

b) mmc (6, 9) _____

c) mmc (3, 4, 5) _____

30 Calcule:

Os números 101 e 347 são primos entre si.

a) mmc (123, 246) _____

b) mmc (101, 347) _____

31 Numa cidade, o prefeito é eleito de 4 em 4 anos e os vereadores de 6 em 6 anos. Em 2008 houve eleição para prefeito e também para vereadores. Qual será o próximo ano em que ocorrerá eleição simultânea para prefeito e vereadores nessa cidade?

_____

32 (TTN) Numa corrida de automóveis, o primeiro corredor dá a volta completa na pista em 10 segundos; o segundo, em 11 segundos; e o terceiro, em 12 segundos. Quantas voltas terá dado cada corredor, respectivamente, até o momento em que todos os corredores passarem juntos na linha de saída?

a) 66, 60 e 55

b) 62, 58 e 54

c) 60, 55 e 50

d) 50, 45 e 40

e) 40, 36 e 32

▶ Capítulo 9 – Frações

1 Escreva como se lê a fração correspondente à parte colorida destas figuras.

a) 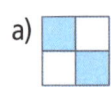 b)

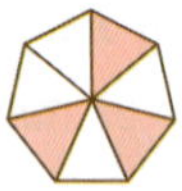

2 Desenhe e pinte $\frac{3}{4}$ desta figura, de duas maneiras diferentes.

3 A figura representa um frasco de vidro com açúcar. Que fração do açúcar já foi consumida?

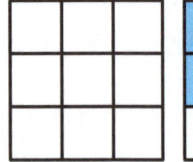

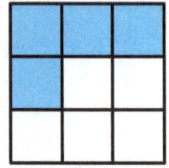

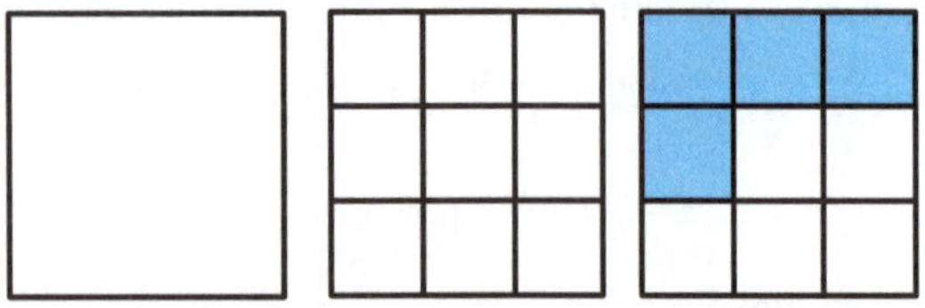

4 (Saresp) Um quadrado foi dividido em quadradinhos. Colorindo 4 desses quadradinhos, terei pintado:

a) a metade do quadrado maior

b) a terça parte do quadrado maior

c) $\frac{5}{9}$ de todo o quadrado maior

d) $\frac{4}{9}$ do quadrado maior

5 Este gráfico mostra os pratos preferidos de 150 pessoas.

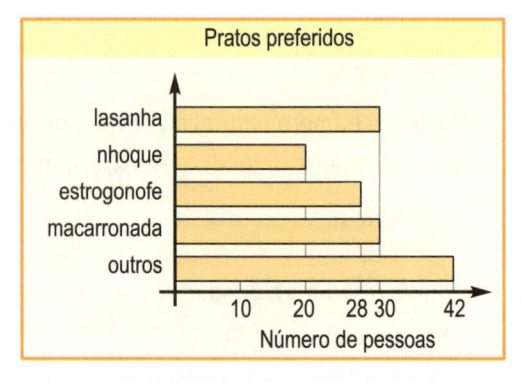

Pratos preferidos

(lasanha, nhoque, estrogonofe, macarronada, outros — Número de pessoas: 10, 20, 28, 30, 42)

a) Quantas pessoas gostam de lasanha?

_____

226

b) Que fração representa o número de pessoas que apreciam nhoque?

_____

c) Que fração representa o número de pessoas que apreciam macarronada?

_____

d) Que fração representa o número de pessoas que apreciam outros pratos?

_____

e) Que fração representa o número de pessoas que apreciam estrogonofe?

_____

6 Um ano tem 12 meses. Que fração do ano representa:

a) um mês? _____

b) um bimestre? _____

c) um trimestre? _____

d) um semestre? _____

7 Numa competição, participam 25 homens e 17 mulheres. Qual fração representa a quantidade de homens em relação ao total de participantes?

a) $\dfrac{25}{17}$ c) $\dfrac{17}{32}$ e) $\dfrac{25}{42}$

b) $\dfrac{17}{25}$ d) $\dfrac{17}{42}$

8 A professora repartiu duas folhas de cartolina igualmente entre 9 crianças. Que fração da folha coube a cada criança?

a) $\dfrac{1}{9}$ c) $\dfrac{3}{9}$ e) $\dfrac{5}{9}$

b) $\dfrac{2}{9}$ d) $\dfrac{4}{9}$

9 Dois queijos foram repartidos igualmente entre três amigos. Que fração de queijo coube a cada um?

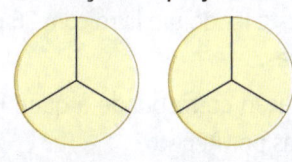

_____

10 Em uma granja há patos e galinhas, num total de 63 animais. Se $\dfrac{2}{3}$ são galinhas, quantos patos há na granja? _____

11 Cleide comprou 36 laranjas. Assim que chegou em sua casa, usou $\dfrac{2}{9}$ dessas laranjas para fazer suco. Quantas laranjas restaram?

a) 8   c) 28   e) 6

b) 18   d) 9

12 O numerador de uma fração é igual à metade de 8 e o denominador é igual ao triplo de 2.

a) Qual é essa fração? _____

b) Essa fração é própria, imprópria ou aparente?

_____

13 Considere as frações:

$\dfrac{12}{16}, \dfrac{150}{225}, \dfrac{25}{20}, \dfrac{30}{60}, \dfrac{48}{32}, \dfrac{20}{30}$

Verifique quais frações são:

a) equivalentes a $\dfrac{3}{4}$ _____

b) equivalentes a $\dfrac{2}{3}$ _____

c) equivalentes a $\dfrac{5}{4}$ _____

14 Qual dessas frações não é equivalente a $\dfrac{3}{2}$?

$\dfrac{72}{48}$ $\dfrac{36}{24}$ $\dfrac{10}{16}$ $\dfrac{33}{22}$ $\dfrac{12}{8}$

15 (Saresp) Quais frações são equivalentes a $\dfrac{1}{2}$?

a) $\dfrac{2}{4}, \dfrac{3}{5}, \dfrac{4}{6}$ c) $\dfrac{3}{6}, \dfrac{5}{10}, \dfrac{6}{12}$

b) $\dfrac{2}{4}, \dfrac{5}{10}, \dfrac{8}{12}$ d) $\dfrac{3}{7}, \dfrac{5}{8}, \dfrac{2}{4}$

16 Qual é a fração equivalente a $\dfrac{3}{7}$, cuja diferença entre o denominador e o numerador é igual a 52?

a) $\dfrac{39}{91}$ c) $\dfrac{25}{91}$ e) $\dfrac{25}{39}$

b) $\dfrac{25}{77}$ d) $\dfrac{39}{77}$

17 Em uma academia de ginástica com 135 alunos, faltaram 27. Qual fração representa o número de alunos ausentes?

a) $\dfrac{1}{11}$ c) $\dfrac{1}{13}$ e) $\dfrac{1}{5}$

b) $\dfrac{1}{12}$ d) $\dfrac{1}{14}$

18 Calcule mentalmente:

a) $1 + \dfrac{1}{2}$

b) $1 + \dfrac{2}{3}$

c) $2 + \dfrac{1}{2}$

d) $1 - \dfrac{1}{2}$

19 Efetue:

a) $\dfrac{2}{9} + \dfrac{5}{9}$

b) $\dfrac{7}{5} - \dfrac{3}{5}$

c) $\dfrac{2}{9} + \dfrac{4}{5}$

d) $\dfrac{1}{3} - \dfrac{1}{6}$

e) $4 + \dfrac{5}{4}$

f) $2 - 1\dfrac{1}{3}$

20 (Fuvest-SP) $\dfrac{9}{7} - \dfrac{7}{9}$ é igual a:

a) 0   b) $\dfrac{2}{23}$ c) 1   d) $\dfrac{32}{63}$

21 Qual é o produto menor nas multiplicações abaixo?

a) $\dfrac{1}{2} \times 56$ c) $\dfrac{2}{5} \times 125$

b) $\dfrac{1}{8} \times 128$ d) $\dfrac{3}{7} \times 343$

22 Se $a = \dfrac{4}{5}$ e $b = \dfrac{1}{3} + \dfrac{2}{7}$, então $a - b$ é igual a:

23 Efetue as operações e simplifique o resultado, quando possível. Efetue primeiro o que estiver dentro dos parênteses.

a) $\left(\dfrac{2}{3} + \dfrac{4}{5}\right) \times \dfrac{1}{2}$

b) $\dfrac{215}{36} \div \left(\dfrac{5}{6} - \dfrac{5}{12}\right)$

c) $\left(\dfrac{8}{9} + \dfrac{1}{9}\right) \times \left(\dfrac{12}{27} - \dfrac{1}{3}\right)$

24 Em uma partida de futsal, Jorge marcou 12 gols, sendo $\dfrac{3}{4}$ deles resultado de chutes dados de dentro da área.

a) Quantos gols ele marcou com chutes de dentro da área?

b) Que fração representa a quantidade de gols que ele marcou com chutes de fora da área?

25 De um pacote de balas, Rita comeu $\dfrac{1}{6}$, Paula comeu $\dfrac{1}{3}$ e Flávia comeu $\dfrac{1}{4}$.

a) Quem comeu mais balas?

b) Que fração das balas que estavam no pacote foi consumida pelas três meninas?

c) Qual fração representa a quantidade de balas que sobraram no pacote?

26 Renato está lendo um livro com 86 páginas. Já leu 32 páginas.

a) Qual fração corresponde à quantidade de páginas lidas por Renato?

b) Que fração do livro falta ser lida por Renato?

27 No campeonato brasileiro de futebol de 2011, o Corinthians foi o campeão, tendo disputado 38 jogos. Venceu $\frac{21}{38}$ e empatou $\frac{4}{19}$.

a) Quantas partidas o Corinthians venceu?

b) Quantas empatou?

c) Quantas perdeu?

d) Sabendo que cada vitória valia 3 pontos e cada empate 1 ponto, quantos pontos o Corinthians fez nesse campeonato?

28 (Saresp) A parte que representa 25% da figura é:

a) ▢   b) ▢   c) ▢   d) ▢

29 (Saresp) Esta figura está dividida em 5 partes iguais.

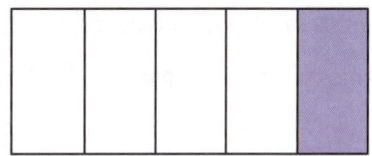

A parte pintada representa:

a) 10%   b) 12%   c) 20%   d) 25%

30 As figuras foram divididas em partes iguais. Que porcentagem de cada figura está colorida?

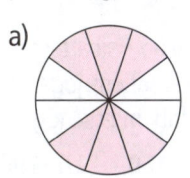

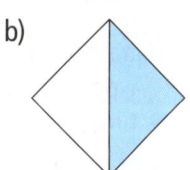

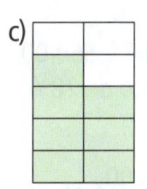

a)

b)

c)

31 Represente as porcentagens na forma de fração com denominador 100:

a) 2% _____

b) 20% _____

c) 200% _____

32 Represente as frações na forma de porcentagem:

a) $\frac{4}{100}$ _____

b) $\frac{40}{100}$ _____

c) $\frac{45}{100}$ _____

33 Esta tabela refere-se à distribuição, por idade, dos alunos de um colégio.

Número total de alunos: 600		
menos de 11 anos	entre 11 e 18 anos	maiores de 18 anos
50%	40%	10%

229

a) Quantos são 100% dos alunos? _____

b) Quantos são 1% dos alunos? _____

c) Quantos são os alunos menores de 11 anos?

_____

d) Quantos são os alunos maiores de 18 anos?

_____

e) Quantos são os alunos com idade entre 11 e 18 anos?

34 (Saeb) Um professor de Educação Física tem 240 alunos. Ele verifica que 50% deles sabem jogar voleibol. Quantos alunos desse grupo sabem esse jogo?

a) 100   b) 120   c) 160   d) 190

35 (Saresp) Dos 100 alunos de uma escola, 25 são palmeirenses e 35 santistas. A porcentagem de alunos que torcem para outros times é:

a) 60%   b) 40%   c) 35%   d) 25%

36 (Saeb) O salário de Moema era R$ 850,00. Ela foi promovida e ganhou um aumento de 28%. Logo, o novo salário dela é:

a) R$ 1 088,00   c) R$ 935,00

b) R$ 1 020,00   d) R$ 878,00

37 Alessandro comprou um aparelho de TV por R$ 1 500,00, pagando 20% de entrada. O restante será pago pelo seu irmão Rodrigo em 5 prestações iguais. Quanto Rodrigo pagará por mês?

_____

_____

38 Na loja A, uma calça custa R$ 100,00, com 15% de desconto à vista. Na loja B, a mesma calça está sendo oferecida por R$ 80,00. Em qual dessas lojas é mais vantajoso comprar essa calça?

_____

▷ Capítulo 10 – Números decimais

1 Escreva a fração e a representação decimal correspondente à parte pintada de cada figura.

a)

b)

c)

d)

2 Veja quanto vale cada peça.

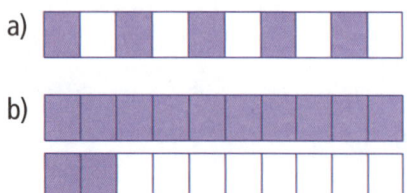

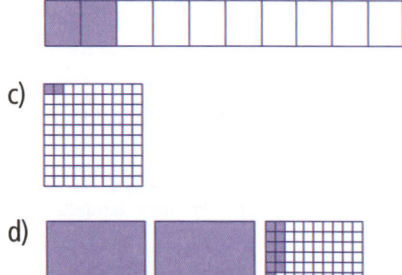

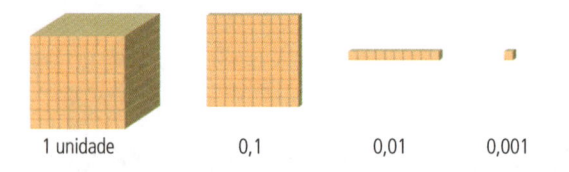

1 unidade   0,1   0,01   0,001

A representação a seguir corresponde ao número decimal:

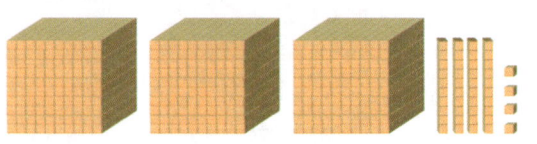

a) 3,404   c) 3,440   e) 3,004

b) 3,044   d) 0,440

230

3 Escreva a leitura dos seguintes números.

a) 12,1 _____

_____

b) 0,31 _____

_____

c) 1,21 _____

_____

d) 11,31 _____

_____

e) 11,001 _____

_____

4 Represente com algarismos:

a) Um pacote de feijão tem massa de quatro quilogramas e meio.

_____

_____

b) O preço da geladeira é um mil, duzentos e oitenta reais e cinquenta centavos.

_____

_____

c) O preço do fogão aumentou dois vírgula seis por cento.

_____

_____

5 (Saresp) Dona Cláudia faz uma mistura de cereais para o café da manhã. Ela prepara uma lata de cada vez, colocando:

> $\frac{2}{5}$ kg de aveia
>
> $\frac{1}{4}$ kg de flocos de milho
>
> 0,25 kg de fibra de trigo
>
> 0,1 kg de coco ralado

O produto que aparece em maior quantidade e o que aparece em maior quantidade nessa mistura são, respectivamente:

a) fibra de trigo e coco ralado

b) aveia e coco ralado

c) fibra de trigo e flocos de milho

d) aveia e flocos de milho

6 Qual destas frações representa o número decimal 0,625?

a) $\frac{1}{8}$ b) $\frac{2}{8}$ c) $\frac{4}{8}$ d) $\frac{5}{8}$

7 Qual é a fração equivalente a $\frac{2}{5}$ cujo denominador é igual a 100?

_____

- Escreva essa fração na forma decimal.

_____

8 Na reta numérica estão identificados os números 2,4 e 3,5.

```
        A              B              C
•••••••••••••••••••••••••••••••••••••••••→
     2,4            3,5
```

Os números que correspondem respectivamente aos pontos A, B e C são:

a) 2,7; 3,9 e 5   d) 2,6; 4 e 5,1

b) 2,7; 3,9 e 5,1   e) 2,5; 4 e 5,5

c) 2,6; 3,9 e 5

9 (Saresp) Das comparações abaixo qual é a verdadeira?

a) 0,40 < 0,31   c) 0,4 > $\frac{4}{10}$

b) 1 < $\frac{1}{2}$ d) 2 > 1,9

10 Classifique as sentenças em verdadeiras (V) ou falsas (F):

( ) 2,5 = 2,500   ( ) 0,6 ≠ 0,60

( ) 3,405 = 3,45   ( ) 0,6 ≠ 0,06

( ) 0,208 = 0,280   ( ) 4,28 = 4,2800

11 Identifique os pares de números que tenham o mesmo valor e pinte os quadros com a mesma cor:

10,80	10,08	10,008
10,0080	10,0800	10,800

12 Este quadro mostra a altura de cinco amigas.

Nome	Altura (em metros)
Tatiana	2,03
Fabiana	1,85
Clarice	1,48
Sandra	1,64
Valéria	1,69

a) Qual das meninas é a mais baixa?

b) Qual é a mais alta?

c) Escreva o nome dessas amigas em ordem decrescente de suas alturas.

d) Qual é a diferença entre as alturas de Tatiana e Valéria?

13 Represente estes números: 1,4; 0,2; 3,6; 4,1; 0,8 e 2,4 na reta numérica.

A seguir, escreva-os em ordem crescente.

14 Calcule mentalmente:

a) 0,2 + 0,2

b) 0,3 – 0,1

c) 0,82 – 0,21

d) 1,43 + 1,07

e) 33,8 – 30,4

f) 124,5 + 0,5

15 (Saresp) A temperatura normal de Carlos é 37 graus. Ele ficou com gripe e observou que estava com 37,8 graus de temperatura. Tomando um analgésico, sua temperatura abaixou 0,5 grau, chegando ao valor de:

a) 37,3 graus   c) 37,5 graus

b) 37,4 graus   d) 37,6 graus

16 Calcule mentalmente o dobro de:

a) 7,5

b) 1,25

c) 0,5

17 (Saresp) No recreio, um aluno comprou três balas a R$ 0,20 cada uma e um lanche de R$ 1,50. Se ele pagou com uma nota de R$ 5,00, recebeu de troco a quantia de:

a) R$ 4,10   b) R$ 3,30

c) R$ 2,90   d) R$ 2,10

18 Ana precisa comprar dois cadernos de R$ 4,70 cada um e uma caixa com 12 lápis de cor de R$ 12,50. Ela tem R$ 20,00. Poderá pagar a compra?

19 O preço de um armário é R$ 1 235,50 à vista. Essa mercadoria pode ser vendida a prazo, com R$ 635,70 de entrada e 4 prestações de R$ 250,75.

a) Quanto custará essa mercadoria a prazo?

b) Qual é a diferença entre o preço à vista e a prazo?

20 Carlos, para chegar à escola, andou 1,75 quilômetro. Daniel andou duas vezes e meia essa distância.

a) Quantos quilômetros Daniel andou?

_____

_____

b) Quantos quilômetros Daniel andou a mais que Carlos?

_____

_____

21 Rosa comprou 3,25 m de tecido. Cada metro custava R$ 12,40, mas pechinchou e acabou pagando R$ 36,00 pelo tecido. Que desconto conseguiu?

_____

_____

22 Um pacote com 12 unidades de detergente custa R$ 25,80. Qual é o preço de cada unidade desse detergente? _____

_____

23 Estime o quociente de 11 por 4, com uma casa decimal. Faça a divisão e verifique se sua estimativa estava próxima do quociente encontrado.

_____

_____

_____

_____

24 Calcule os quocientes com uma casa decimal.

a) 8 ÷ 3 _____

b) 7,4 ÷ 6 _____

c) 9,4 ÷ 2,1 _____

25 Calcule os quocientes com duas casas decimais.

a) 76 ÷ 35 _____

b) 0,58 ÷ 6 _____

c) 0,25 ÷ 0,7 _____

26 (Saresp) Tenho 10 peças de fita com 4,86 m cada uma. Preciso de pedaços dessa fita medindo 0,18 m cada um. Quantos pedaços conseguirei?

a) 260

b) 270

c) 280

d) 290

27 Calcule o valor da expressão: _____
3,5 + [2,4 ÷ (0,5 + 0,7)]

28 Quanto é 20% de 840? _____

29 Este quadro mostra o resultado de uma pesquisa realizada com 450 pessoas sobre preferência musical.

Música preferida	Taxa de porcentagem
Sertaneja	10%
Reggae	12%
Rock	20%
Pop	42%
Forró	10%
Outras	4%

a) Entre as 450 pessoas pesquisadas, quantas pessoas gostam de música sertaneja? _____

b) E de *reggae*? _____

c) Quantas preferem música *rock* ou *pop*?

_____

d) Quantas preferem outros tipos de música?

_____

30 Calcule as porcentagens:

a) 28% de R$ 250,00 _____

b) 12% de R$ 3.200,00 _____

c) 32% de R$ 240,00 _____

d) 54% de R$ 8.350,00 _____

Capítulo 11 – Medidas de comprimento

1 Escolha entre milímetro, metro, quilômetro e centímetro a unidade mais adequada para medir:

a) a espessura do seu livro de Matemática
_____

b) a altura de uma árvore
_____

c) a distância entre Natal e Fortaleza
_____

d) o comprimento de seu lápis
_____

2 Um lápis tem 125 mm de comprimento. Qual é essa medida:

a) em metros? _____

b) em centímetros? _____

3 Quantos centímetros correspondem a uma medida de 4 m?

a) 4   b) 40   c) 400   d) 4 000

4 Veja as medidas indicadas na figura:

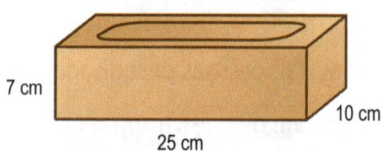

7 cm   10 cm   25 cm

a) Quantos tijolos devem ser empilhados para formar uma pilha com 2,8 m de altura?
_____

b) Quantos tijolos devem ser colocados, lado a lado, para obter uma fileira com 3,75 de comprimento? _____

c) Se empilharmos 35 tijolos, vamos formar uma pilha com quantos metros de altura? _____

d) Quantos metros de comprimento terá uma fileira formada por 76 tijolos colocados um ao lado do outro? _____

5 Qual é a medida do perímetro desta figura quando adotamos o segmento u como unidade de medida?

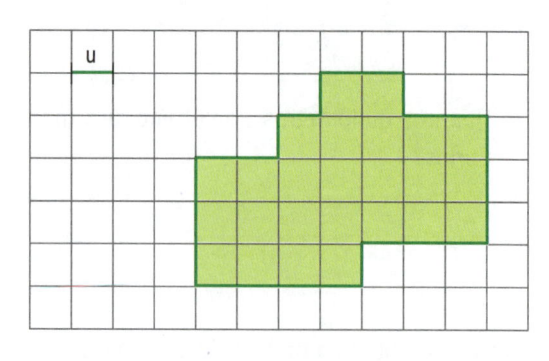

a) 22 u   b) 23 u   c) 24 u   d) 25 u

6 O polígono a seguir é formado por um pentágono regular e um triângulo equilátero. Qual é o perímetro do polígono? _____

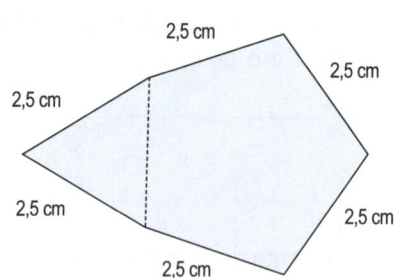

2,5 cm   2,5 cm   2,5 cm   2,5 cm   2,5 cm   2,5 cm

7 Qual é o perímetro deste polígono?

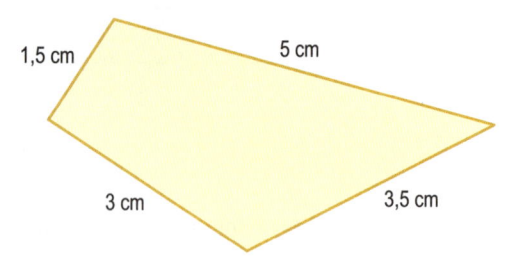

1,5 cm   5 cm   3 cm   3,5 cm

a) 0,13 m   c) 0,15 m   e) 0,17 m
b) 0,14 m   d) 0,16 m

8 O pátio da casa de Murilo é quadrado e tem 15,6 m de lado. O pai dele quer cercá-lo com 6 fios de arame, deixando a frente livre. Quantos metros de fio de arame serão necessários?

a) 374,4 m   c) 243,36 m
b) 280,8 m   d) 187,2 m

9 (Saresp) Uma folha de seda tem 40 cm de perímetro. Ela tem a forma de um retângulo e um de seus lados tem 4 cm de comprimento. Então, os outros lados medem:

a) 6 cm, 6 cm, 4 cm

b) 9 cm, 4 cm, 9 cm

c) 12 cm, 4 cm, 12 cm

d) 16 cm, 4 cm, 16 cm

10 (TTN) Uma tartaruga percorreu, num dia, 6,05 hm. No dia seguinte, percorreu mais 0,72 km e, no terceiro dia, mais 12 500 cm. Podemos dizer que essa tartaruga percorreu, nos três dias, uma distância de:

a) 1 450 m

b) 12 506,77 m

c) 14 500 m

d) 12 506 m

e) 1 250 m

Capítulo 12 – Ampliando o estudo da Estatística

1 Perguntamos a 100 pessoas se elas tinham ou não animal de estimação e, em caso afirmativo, quais eram esses animais.

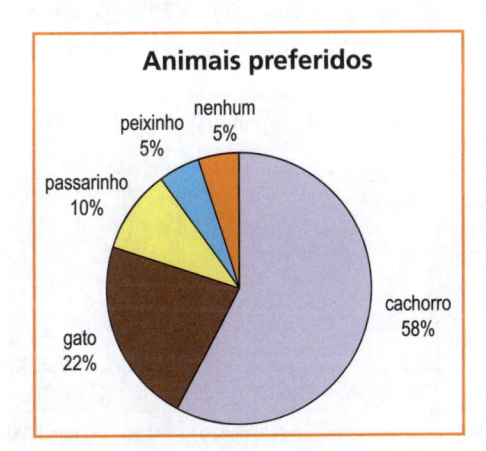

Animais preferidos
- cachorro 58%
- gato 22%
- passarinho 10%
- peixinho 5%
- nenhum 5%

a) Qual animal recebeu mais votos?

b) Quantas pessoas não tinham animal de estimação?

c) Qual animal recebeu mais da metade dos votos?

d) Quantas pessoas, entre aquelas entrevistadas, têm cachorro?

2 O gráfico abaixo mostra a quantidade de lixo reciclado em 2000, no Brasil.

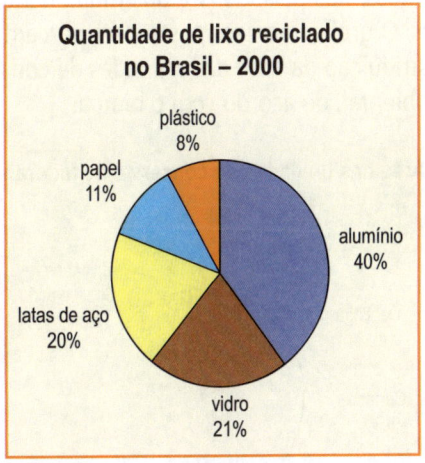

Quantidade de lixo reciclado no Brasil – 2000
- alumínio 40%
- vidro 21%
- latas de aço 20%
- papel 11%
- plástico 8%

Fonte: Cempe.

• Que material foi o mais reciclado nesse ano?

a) latas de alumínio

b) vidro

c) latas de aço

d) papel

e) plástico

235

3 O gráfico apresenta o resultado de uma pesquisa realizada com 100 pessoas sobre a preferência de bebidas.

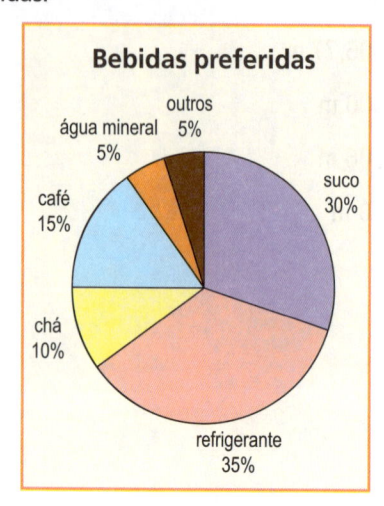

Bebidas preferidas
- suco 30%
- refrigerante 35%
- chá 10%
- café 15%
- água mineral 5%
- outros 5%

Analisando o gráfico, responda:

a) Qual foi a bebida mais citada?

_____

b) Que porcentagem das pessoas entrevistadas prefere refrigerante? _____

c) Quantas das pessoas entrevistadas preferem café ou água mineral? _____

4 No Brasil, existem mais de 300 áreas dedicadas à preservação da fauna, da flora, dos recursos hídricos, das paisagens e dos monumentos naturais. O gráfico abaixo mostra, em porcentagem, a distribuição da área das unidades de conservação ambiental, de acordo com o bioma.

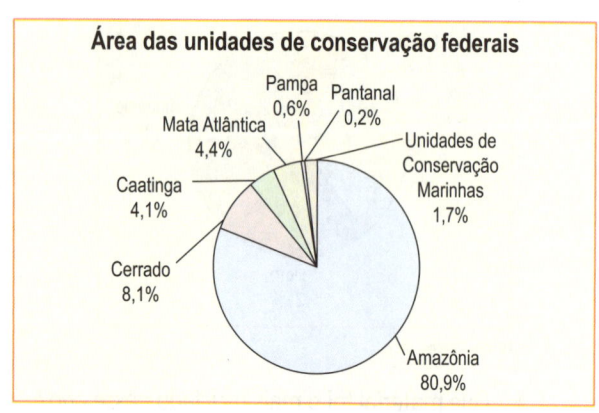

Área das unidades de conservação federais
- Amazônia 80,9%
- Cerrado 8,1%
- Caatinga 4,1%
- Mata Atlântica 4,4%
- Pampa 0,6%
- Pantanal 0,2%
- Unidades de Conservação Marinhas 1,7%

Fonte: Disponível em: <http://www.sidra.ibge.gov.br/bda/tabela/listabl.asp?z=p&o=14&i=P&c=909>. Acesso em: 27 jun. 2012.

Qual é a porcentagem da área de preservação dedicada à Amazônia ou à Caatinga?

a) 4,4%   c) 85%   e) 85,3%
b) 80,9% d) 89%

5 O gráfico abaixo mostra o número de casos notificados de pessoas portadoras de Aids no período de 2000 a 2003.

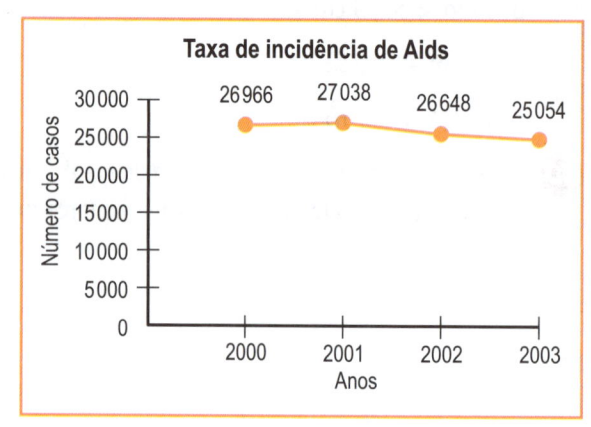

Taxa de incidência de Aids
- 2000: 26 966
- 2001: 27 038
- 2002: 26 648
- 2003: 25 054

Fonte: Ministério da Saúde.

a) Em que ano houve a maior taxa de incidência de Aids? E a menor? _____

b) No período de 2001 a 2003 a quantidade de pessoas com Aids aumentou ou diminuiu, ano a ano? _____

6 O gráfico abaixo mostra a área de desmatamento da Floresta Amazônica de 2007 a 2011. Só entre 2007 e 2008, a floresta perdeu 6 931,4 km² de mata.

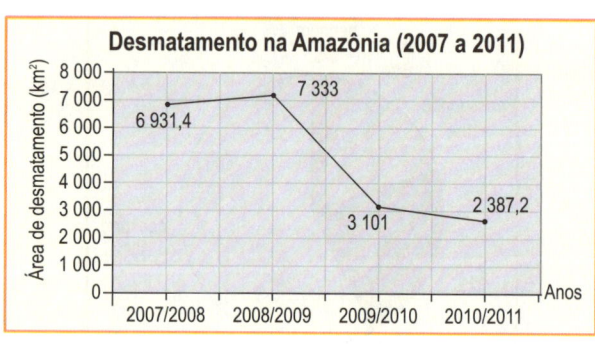

Desmatamento na Amazônia (2007 a 2011)
- 2007/2008: 6 931,4
- 2008/2009: 7 333
- 2009/2010: 3 101
- 2010/2011: 2 387,2

Fonte: Inpe/Deter. Disponível em: <http://g1.globo.com/natureza/noticia/2011/10/desmatamento-na-amazonia-cai-43-em-setembro-segundo-dados-do-inpe.html>. Acesso em: 5 jun. 2012.

Em que período a floresta foi mais desmatada?

a) 2007/2008   c) 2009/2010
b) 2008/2009   d) 2010/2011

7 Recorte de jornais ou revistas um gráfico de setores e um de segmentos. Analise-os e explique o que eles representam.

8 Em cada caso, calcule a média aritmética:

a) 50, 25, 38, 40, 21 _____

b) 18, 27, 38, 135 _____

9 (Saeb) Esta tabela mostra o consumo mensal de água de uma família durante 6 meses.

Meses	Consumo (m³)
janeiro	12
fevereiro	13,8
março	12,5
abril	13
maio	11,6
junho	10,3

A média de consumo mensal de água dessa família, durante 6 meses, foi de:

a) 12,2 m³   c) 11,83 m³

b) 73,2 m³   d) 12,05 m³

10 A tabela abaixo mostra quanto Cristina gastou na cantina do colégio durante uma semana.

Dias	2ª feira	3ª feira	4ª feira	5ª feira	6ª feira
Gasto em R$	2,50	3,50	2,00	3,00	3,50

Qual foi o gasto médio de Cristina nessa semana?

_____

▶ Capítulo 13 – Medidas de superfície

1 Adotando o △ como unidade de medida, podemos dizer que a área desta figura é igual a:

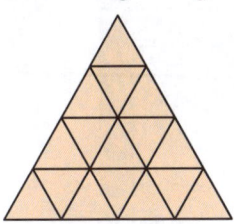

a) 16 u   c) 18 u   e) 20 u

b) 17 u   d) 19 u

2 (Saresp) Veja o desenho que alguém fez no papel quadriculado.

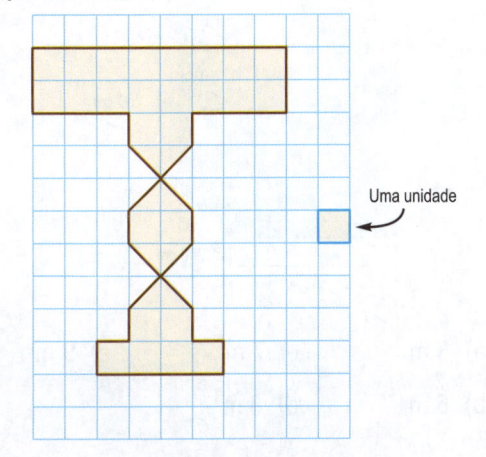

Uma unidade

Qual é a área que essa figura ocupa no papel quadriculado?

a) 26 unidades

b) 28 unidades

c) 30 unidades

d) 32 unidades

3 Paulo desenhou uma figura com 2 500 mm² de área. Quantos centímetros quadrados tem a área dessa figura?

_____

4 Determine a área das figuras, em centímetros quadrados.

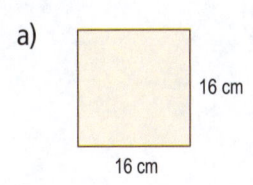

a) 16 cm × 16 cm

b) 2,5 m × 1,2 m

237

5 Um campo de futebol tem estas dimensões:

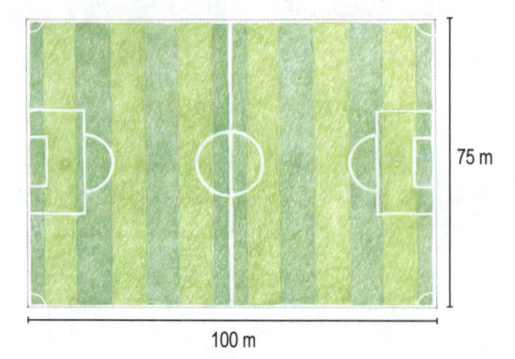

75 m
100 m

a) Qual é a área desse campo?

b) Este campo foi recoberto com placas de grama quadradas de 2 m de lado. Quantas dessas placas foram utilizadas?

6 Quantas lajotas de 20 cm de comprimento por 30 cm de altura serão necessárias para recobrir um piso de 15 m²?

7 Uma parede com 6 m de comprimento por 3 m de largura foi recoberta com azulejos de 225 cm² de área. Quantos azulejos foram necessários?

a) 600
b) 650
c) 700
d) 750
e) 800

▶ Capítulo 14 – Medidas de volume, de capacidade e de massa

1 Adotando ▢ como unidade de medida, encontre o volume de cada sólido.

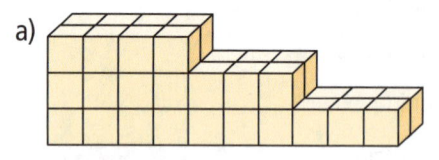

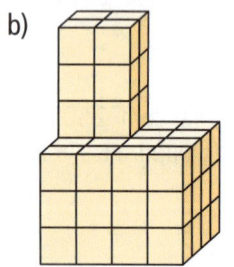

a)

b)

2 Qual dos sólidos tem o maior volume?

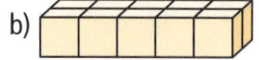

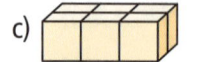

a)

b)

c)

d)

3 Quantos cubos iguais com 1 cm³ de volume cabem dentro desta figura de forma a não sobrar nenhum espaço vazio?

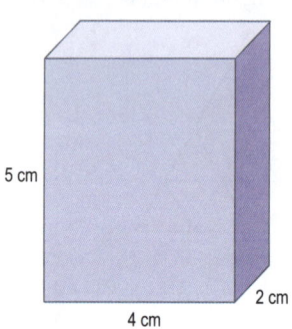

5 cm
4 cm
2 cm

a) 80   b) 50   c) 40   d) 10

4 Qual é o volume deste cubo em metros cúbicos?

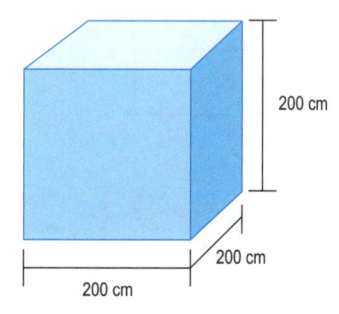

200 cm
200 cm
200 cm

a) 5 m³   c) 7 m³   e) 9 m³
b) 6 m³   d) 8 m³

238

5 Observe as dimensões do bloco retangular.

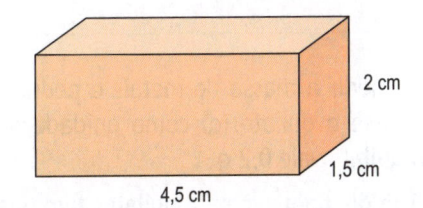

2 cm
1,5 cm
4,5 cm

a) Qual é o volume desse bloco retangular?
_____

b) Se duplicarmos cada uma das dimensões desse bloco, o volume também duplicará?
_____

6 Uma parede foi levantada com blocos de concreto como este:

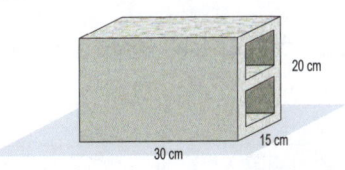

20 cm
30 cm 15 cm

a) Qual é o volume, em centímetros cúbicos, de cada bloco?

b) Sabendo que para fazer a parede foram usados 120 blocos, qual é, em metros cúbicos, o volume dessa parede?
_____
_____

7 Qual é a unidade mais adequada para medir a capacidade de uma jarra de água?

a) mililitro
b) litro
c) quilolitro
d) hectolitro

8 Numa residência, no último mês, foram consumidos 48 m³ de água. Quantos litros de água foram gastos? _____

9 A capacidade de uma colher de sopa é, aproximadamente, de 5 mL.

Jorge precisa tomar, ao todo, 0,08 L de um xarope para tosse. Quantas colheres desse xarope deverá tomar?
_____
_____

10 Observe as dimensões deste aquário:

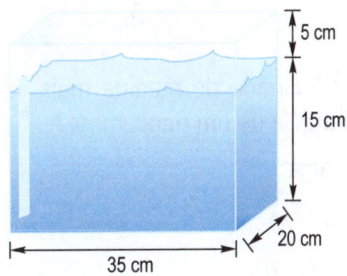

5 cm
15 cm
35 cm 20 cm

a) Qual é a capacidade desse aquário em centímetros cúbicos? E em decímetros cúbicos?
_____
_____

b) Quantos litros de água foram colocados nesse aquário? _____
_____
_____

11 Um cubo tem 8 L de capacidade.

a) Qual é o volume desse cubo em decímetros cúbicos? _____

b) Quantos decímetros tem cada aresta desse cubo? _____

12 348 L de suco suco serão distribuídos em garrafas de 290 mL de capacidade. Quantas garrafas deverão ser utilizadas?
_____

13 Um recipiente tem as seguintes dimensões: 35 cm de comprimento, 0,25 m de largura e 5 dm de altura. Ele contém 35 dm³ de água. Quantos litros de água faltam para que esteja cheio?

a) 7,75 L   c) 9,75 L   e) 11,75 L
b) 8,75 L   d) 10,75 L

239

14 Daniel precisa tomar uma colher de sopa de determinado medicamento, três vezes ao dia, durante 30 dias. Em cada colher de sopa cabem aproximadamente 5 mL. Cada frasco de remédio contém 0,15 dm³ de medicamento. Quantos frascos de medicamento Daniel deverá tomar?

a) 1
b) 2
c) 3
d) 4

15 Qual é a unidade de medida mais indicada para medir a massa de um rinoceronte?

a) miligrama
b) grama
c) tonelada
d) centigrama
e) decigrama

16 Observe a informação nutricional de uma lata de ervilhas.

INFORMAÇÃO NUTRICIONAL		
Porção de 15 g (1 colher de sopa)		
Quantidade por porção		% VD
Valor calórico	15 kcal	1%
Carboidratos	3 g	1%
Proteínas	1 g	2%
Gorduras totais	0 g	0%
Sódio	65 mg	3%

a) Quando Camila come uma colher de sopa dessas ervilhas, está ingerindo quantos mg de cada um dos nutrientes: carboidratos, proteínas e sódio?

b) Qual é a massa total desses nutrientes, em mg, em uma colher de sopa? _____

17 Observe a massa indicada na balança.

- Qual é a massa, em gramas, de cada bola?
_____

18 Para medir a massa de metais e pedras preciosas utiliza-se o quilate (q) como unidade de medida. Um quilate vale 0,2 g.

a) Um diamante com 74 quilates tem quantos gramas?
_____

b) Uma pedra preciosa tem 19,6 g. Quantos quilates ela possui?
_____

19 Um automóvel "pesa" 980 kg. Qual é sua massa em toneladas?
_____

20 (Saeb) No supermercado Preço Ótimo, a manteiga é vendida em caixinhas de 200 gramas. Para levar para casa dois quilogramas de manteiga, Marisa precisaria comprar:

a) 2 caixinhas
b) 4 caixinhas
c) 5 caixinhas
d) 10 caixinhas

21 (Saresp) De uma lata com 2 kg de goiaba foram consumidos 250 g no primeiro dia, 200 g no segundo e 450 g no terceiro. A quantidade que sobrou na lata foi:

a) 900 g
b) 1 100 g
c) 1 550 g
d) 1 650 g